U0215722

从零开始

神龙工作室 策划　衣玉翠 编著

五笔打字基础教程

人民邮电出版社

北　京

图书在版编目（CIP）数据

从零开始：五笔打字基础教程 / 神龙工作室策划；
衣玉翠编著. -- 北京：人民邮电出版社，2020.7
ISBN 978-7-115-52242-9

Ⅰ．①从… Ⅱ．①神… ②衣… Ⅲ．①五笔字型输入
法—教材 Ⅳ．①TP391.14

中国版本图书馆CIP数据核字（2019）第220904号

内 容 提 要

　　本书是指导初学者快速掌握五笔字型输入法打字的入门书籍。书中详细地介绍了初学者应该掌握的基础知识和操作方法，并对初学者在使用五笔字型输入法打字时经常会遇到的问题进行了专家级的指导，以免初学者在起步的过程中走弯路。本书分为 6 章，第 1 章介绍键盘的基本操作和指法练习；第 2 章介绍五笔打字前的准备工作；第 3 章介绍快速记忆五笔字根的方法；第 4 章介绍汉字的拆分与输入方法；第 5 章介绍五笔字型的简码和词组的输入方法；第 6 章介绍五笔字型输入法的实际应用。本书最后还提供了五笔字型编码表，以便读者查询汉字编码。

　　本书附赠内容丰富、实用的教学资源，读者可以关注公众号"职场研究社"获取资源下载方法。教学资源包含 41 集与本书内容同步的视频讲解、280 页 PPT 课件等内容。

　　本书主要面向用五笔字型输入法打字的初级用户，适合专业打字人员、文秘和各行各业需要快速打字的人员使用。同时，本书也可以作为五笔字型打字培训班的培训教材。

◆　策　　划　神龙工作室

　　编　　著　衣玉翠

　　责任编辑　马雪伶

　　责任印制　马振武

◆　人民邮电出版社出版发行　　北京市丰台区成寿寺路 11 号
　　邮编　100164　电子邮件　315@ptpress.com.cn
　　网址　https://www.ptpress.com.cn
　　北京隆昌伟业印刷有限公司印刷

◆　开本：787×1092　1/16
　　印张：12
　　字数：300 千字　　　　　　　　2020 年 7 月第 1 版
　　印数：1 – 2 600 册　　　　　　2020 年 7 月北京第 1 次印刷

定价：39.80 元

读者服务热线：(010)81055410　印装质量热线：(010)81055316
反盗版热线：(010)81055315
广告经营许可证：京东市监广登字20170147号

前　言

毋庸置疑，电脑作为人们办公、生活中必不可少的工具，已经深入到各行各业中。而打字则是使用电脑的一项基本操作，很多时候都会用到打字这一技能。可以说，掌握打字技能已经成为信息化时代对每个人最基本的要求。然而，有很多人对五笔打字感到"畏惧"，觉得其过于复杂，所以他们基本不懂如何使用，或者只会一点点。

五笔打字真的这么难学吗？

🕐 教学特点

本书采用"课前导读→课堂讲解→课堂实训→常见疑难问题解析→课后习题"五段教学法，激发读者的学习兴趣，细致讲解理论知识，重点训练动手能力，有针对性地解答常见问题，并通过课后练习帮助读者巩固所学的知识和技能。

◎ 课前导读：介绍本章相关知识点会应用于哪些实际情况，以及学完本章内容读者可以做什么，帮助读者了解本章知识点在办公中的作用，以及学习这些知识点的必要性和重要性。

◎ 课堂讲解：深入浅出地讲解理论知识，理论内容的设计以"必需、够用"为度，强调"应用"，着重实际训练，配合经典实例介绍如何在实际工作当中灵活应用这些知识点。

◎ 课堂实训：紧密结合课堂讲解的内容给出操作要求，并提供适当的操作思路以及专业背景知识供读者参考，要求读者独立完成操作，以充分训练读者的动手能力，并提高其独立完成任务的能力。

◎ 常见疑难问题解析：根据笔者多年的教学经验，精选出读者在理论学习和实际操作中经常会遇到的问题并进行答疑解惑，以帮助读者吃透理论知识和掌握其应用方法。

◎ 课后习题：结合每章内容给出难度适中的操作习题，读者可通过练习，巩固每课所学知识，达到温故而知新的效果。

🔍 教学内容

本书融入多名五笔打字专业人员的实践经验，可以让读者在学习过程中少走弯路。阅读完本书，读者会发现：五笔打字真的不难学。全书共有6章内容和一个附录，具体内容如下。

◎ 第1章：主要讲解键盘的各个区位、键盘的操作规则、各个键位的练习和如何安装专门练习打字的软件等。

◎ 第2章：主要讲解五笔字型输入法、五笔字型输入法的优点以及怎样使用五笔输入法。

◎ 第3章：主要讲解汉字的基本结构、五笔字型的字根和五笔字根助记词。

◎ 第4章：主要讲解汉字的拆分、如何练习汉字的拆分及输入键面字和键外字等。

◎ 第5章：主要讲解五笔字型输入法的简码输入、五笔字型输入法的词组输入。

◎ 第6章：主要讲解五笔字型输入法的设置、特殊字符的输入和造字。

◎ 附录：为了便于读者学习五笔打字，本书的附录中提供了常用汉字的五笔字型编码表，读者可以将本书当作字典类工具书来使用。

教学资源

◎ 关注公众号"职场研究社",回复"52242",获取本书配套教学资源下载方式。

◎ 在教学资源主界面中单击相应的内容即可开始学习。

本书由神龙工作室策划,衣玉翠编写。由于时间仓促,书中难免有疏漏和不妥之处,恳请广大读者不吝批评指正。

本书责任编辑的联系邮箱:maxueling@ptpress.com.cn。

编 者

目　录

第1章
学五笔先练指法

本章内容简介

本章主要介绍键盘的键位分布和功能、键盘的操作规则、各键位的练习方法、安装金山打字通以及使用金山打字通练习键盘指法等内容。

学完本章我能做什么

学完本章，你能熟悉相应键位的分布，找到按键的感觉，实现电脑打字的"盲打"。

学习目标

▶ **了解键盘的键位分布**

▶ **掌握键盘操作规则**

▶ **进行各键位练习**

▶ **使用金山打字通练习指法**

1.1 认识键盘

键盘是电脑的外接设备，通过键盘可以向电脑输入信息，包括文字、数字、字母和其他符号等。

首先来了解一下键盘的组成。下面以常见的键盘为例，介绍一下键盘的布局。键盘一般可以分为功能键区、主键盘区、编辑键区、数字键区和指示灯区等，如图1.1-1所示。

扫码看视频

图1.1-1

1.1.1 主键盘区

主键盘区位于键盘的左下部分，包括26个英文字母键、10个阿拉伯数字键、一些常用符号键和一些控制键，如图1.1-2所示。该区是用户操作电脑时使用频率最高的键盘区域。

图1.1-2

字母键

键盘上共有26个（A~Z）字母键，用来输入26个英文字母，如图1.1-3所示。默认状态下，用户按某个字母键就会输入相应的小写字母。

图1.1-3

数字键

键盘上共有10个（0~9）数字键，用来输入数字和符号，如图1.1-4所示。

图1.1-4

每个数字键上显示了上下两种字符，这些键又称为双字符键，上部分字符称为上档字符，下部分字符称为下档字符。要输入下档字符，即数字时，直接按相应的键即可；要输入上档字符时，则需按住"Shift"键不放，再按相应的键，如图1.1-5所示。

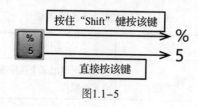

图1.1-5

符号键

在主键盘区的右侧有10个符号键,左侧有1个符号键,如图1.1-6所示。这些符号键和数字键一样,都是双字符键,其按键方法与数字键相同。

图1.1-6

"Ctrl"键和"Alt"键

"Ctrl"键在主键盘区的最下面一行,左右两边各有一个。"Alt"键又称变换键,在主键盘区的下方靠近空格键的位置,也是左右各一个。它们必须和其他的键配合使用才能实现各种功能,这些功能是在操作系统或其他的应用软件中设定的。例如"Ctrl+C"组合键用于复制,"Ctrl+X"组合键用于剪切,"Ctrl+V"组合键用于粘贴,"Alt+F4"组合键用于关闭当前窗口等。

"Shift"键

"Shift"键又称上档或者换档键,在主键盘区左右两端各有一个。按下"Shift"键不放,再按其他的符号键,则会显示符号键上方的符号;按字母键,则会完成字母A~Z的大小写转换,如图1.1-7所示。"Shift"键还可以与其他的控制键组合成快捷键。该键不能单独使用。

如果用户快速连续按5次"Shift"键,即会弹出【粘滞键】对话框,询问用户是否启用粘滞键,用户可根据自身的需要选择是否启用。

粘滞键是专为同时按下两个或多个键有困难的人而设计的。当快捷方式需要组合键时,例如"Ctrl+P"组合键,粘滞键可以使用户一次只按一个键,进行连续按键即可,而不用同时按两个键。

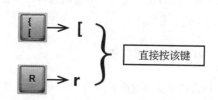

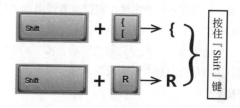

图1.1-7

"Tab"键

"Tab"键又称跳格键或者制表定位键。按一次"Tab"键,可以使光标向右移动一个制表位。

"Back space"键

"Back space"键又称退格键,键面上的标记符号为"Back space"或"←"。按下此键将删除光标左侧的一个字符,光标位置向前移动一个字符。

"Caps Lock"键

"Caps Lock"键即大写字母锁定键。系统启动成功后,默认的是小写字母状态,这时键盘右上方的"Caps Lock"指示灯不亮,按字母键输入的都是小写字母。按下"Caps Lock"键后,对应的"Caps Lock"指示灯变亮,这时按下字母键输入的字母就是大写字母。再次按下"Caps Lock"键后,指示灯熄灭,切换回小写字母状态。

"Windows"键，即 ⊞ 键

"Windows"键一般位于"Ctrl"键和"Alt"键之间。"Windows"键的标志符号是Windows操作系统的徽标，由此而得名。此键通常需要和其他键配合使用，单独使用时的功能是打开"开始"菜单。

"APP"键，即 ▣ 键

该键位于主键盘区右边的"Windows"键和"Ctrl"键之间。它在不同的应用程序中有不同的定义，一般等效于单击鼠标右键或者调出选定对象的属性。

例如在文本文档中选取文字后，按"APP"键，则与单击鼠标右键的效果一样，即弹出一个快捷菜单。

"Enter"键

"Enter"键是使用最频繁的一个键，又称为回车键或者换行键。它在运行程序时起确认作用，在文字编辑的过程中起换行作用。

"Space"键

该键又称空格键，它是整个键盘上最长的一个键，在主键盘区最下方一排的中间，上面无标记符号。在文本文档中按下该键，将输入一个空白字符，光标向右移动一个位置。在不同的应用程序中，此键的作用不同。

1.1.2 功能键区

功能键区位于键盘的最上方，它由"Esc"键、"F1"～"F12"键以及右侧的3个键组成，如图1.1-8所示。

Esc F1 F2 F3 F4 F5 F6 F7 F8 F9 F10 F11 F12 PrtSc SysRq Scroll Lock Pause Break

图1.1-8

下面分别认识功能键区各键的功能，如表1.1-1所示。

表1.1-1 功能键区各键功能

键位	功能
"Esc"键	按该键可退出某个程序或放弃某个操作
"F1"～"F12"键	各键在不同软件中的作用是不同的，如在某些软件中，按"F1"键可启动帮助
"PrtSc SysRq"键	按此键可将当前屏幕中的内容截图复制到剪贴板
"Scroll Lock"键	在DOS状态下按此键可使屏幕停止滚动，直到再次按下该键为止
"Pause Break"键	在DOS状态下按此键可使屏幕显示暂停，直到按下"Enter"键为止

1.1.3 编辑键区

编辑键区又称光标控制键区，位于键盘的中间部分，共有10个键，如图1.1-9所示。该区的键主要用于控制或移动光标（光标是指文字编辑区中一根闪烁的短竖线，即文本插入点）所在位置。

图1.1-9

下面分别认识编辑键区各键的功能，如表1.1-2所示。

表1.1-2 编辑键区各键功能

键位	功能
"Insert"键	在编辑文本时,该键用作插入/改写状态的切换键。系统默认该键的状态是"插入"状态。在"插入"状态下,输入的字符将插入到光标处,同时光标右边的字符依次向后移一个字符的位置。在此状态下按该键则变为"改写"状态,这时在光标处输入的字符将覆盖原来的字符
"Home"键	在桌面或窗口环境中按"Home"键会自动选定第1个对象;在文本编辑的时候,按"Home"键会使光标快速地移动到光标所在行的行首
"Page Up"键	按下此键光标会快速前移一页,所在列不变
"Delete"键	在文字编辑状态下按下此键,可以删除光标后面的字符;在窗口中按下此键,可以删除被选中的文件。效果等同于选中文件后单击鼠标右键,在弹出的快捷菜单中单击"删除"菜单项
"End"键	该键的功能是快速移动光标至当前编辑行的行尾
"Page Down"键	与"Page Up"键正好相反,按下此键可快速移动光标至下一页,所在列的位置不变
"↑""↓""←"和"→"键	按相应的键,光标将按箭头所指方向移动,且只移动光标,不移动文字

1.1.4 指示灯区

键盘右上角区域就是指示灯区,从左到右分别是"Num Lock"指示灯、"Caps Lock"指示灯和"Scroll Lock"指示灯,其作用是提醒用户是否开启了相应的功能。单击相应的按键,即可以打开指示灯,"Num Lock"键对应的是"Num Lock"指示灯,"Caps Lock"键对应的是"Caps Lock"指示灯,"Scroll Lock"键对应

的是"Scroll Lock"指示灯。再次单击相应的按键,可以熄灭指示灯。各指示灯代表的状态如表1.1-3所示。

表1.1-3 各指示灯代表的状态

键位	功能
"Num Lock"灯	该指示灯亮,表示可以在数字键区输入数字,否则输入的是数字键区的下档键
"Caps Lock"灯	该指示灯亮,表示按字母键时输入的是大写字母,否则输入的是小写字母
"Scroll Lock"灯	该指示灯亮,表示在DOS状态下不能滚动显示屏幕,反之则可以

1.1.5 数字键区

数字键区又称为小键盘区,位于键盘的最右面,如图1.1-10所示。在数字键区有"Num Lock"键,它是数字锁定键。按下该键后,键盘右上方的"Num Lock"灯亮,此时可以按小键盘上的数字和符号键进行输入;如果再按"Num Lock"键,则"Num Lock"指示灯灭,此时数字键可作为光标移动键使用,例如"8""2""4"和"6"等键分别对应的是编辑键区的"↑""↓""←"和"→"等键。

在数字键区,各个数字符号键分布紧凑、合理,适合单手操作。在录入内容为纯数字符号的文本时,使用数字键盘比使用主键盘更方便,更有利于提高输入的速度。

图1.1-10

1.2　键盘操作规则

了解了键盘的布局之后，就可以操作键盘了。如果用户想熟练快速地操作键盘，就必须掌握正确的操作方法。

扫码看视频

1.2.1　采用正确的打字姿势

打字通常是在坐着的状态下进行的，坐姿的好坏会直接影响打字的效率和打字者的身体健康。正确的坐姿如下。

身体躯干挺直且微前倾，全身自然放松；座位的高度以肘部与台面相平为宜；上臂和双肘靠近身体，前臂和手腕略向上，使之与键盘保持相同的斜度；手指微曲，轻轻悬放在与各个手指相关的基准键上；双脚踏地，踏时双脚可稍呈前后参差状。具体的坐姿如图1.2-1所示。

图1.2-1

1.2.2　手指的键位分工

打字有其指法规则，即各个手指在使用键盘时，有它们应该摆放的正确位置和它们所管辖的键位。

掌握键盘指法的分工是熟练打字的基础，每个手指都有它们各自的"地盘"，应该各司其职。在键盘的主键盘区中，第3排中的按键"A""S""D""F""J""K""L"和";"等8个按键被称为基准键或者导位键，如图1.2-2所示。

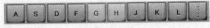

图1.2-2

基准键和空格键是10个手指不按键时的停留位置。通常将左小拇指、无名指、中指、食指分别置于"A""S""D""F"键上，将右手食指、中指、无名指、小拇指分别置于"J""K""L"";"键上，左右手大拇指均轻置于空格键上，如图1.2-3所示。

图1.2-3

按键时，各个手指分别从基准键出发击打各自对应的键位。各个手指的具体分工如图1.2-4所示。

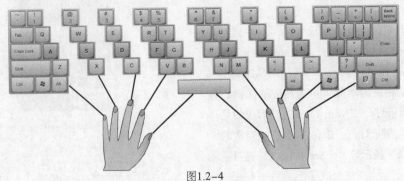

图1.2-4

1.2.3 掌握按键要领

要想打字效率高，并且使键盘的使用寿命增长，在使用键盘打字时，还需要掌握以下几点按键要领。

（1）用指尖部位按键，不要用指甲按键。

（2）按键时伸出手指要果断、迅速，按过之后要习惯性地放回原来的位置上，这样会使得敲击其他键时平均移动的距离最短，有利于提高按键的速度。

（3）按键时力度要适当，按键过重会导致声音太响，不但会缩短键盘的使用寿命，而且容易疲劳。太轻则不能有效地按键，会使差错增

多。按键时，手指不应抬得过高，否则按键时间与恢复时间都太长，影响输入的速度。初学者要熟记键盘和各个手指分管的键位，这对达到操作自如的程度是至关重要的。各个手指一定要各司其职，千万不可"越俎代庖"。一个良好的打字习惯必须从基础做起，否则以后很难纠正。

（4）为了更好地掌握按键的方法，请按5字歌练习。

手腕要平直，手臂贴身体。手指稍弯曲，指头放中央。输入才按键，按后往回放。

拇指按空格，千万不能忘。眼不看键盘，忘记想一想。速度要平均，力量不可大。

1.3 各键位练习

用户要想熟练地打字，需要经过长久的指法练习。要进行指法练习，用户就需要选择一款打字练习软件，这里就以Windows自带的记事本软件为例进行英文输入指法练习。

扫码看视频

1.3.1 基准键位练习

本小节从最基本的基准键位开始练习。每次敲击完毕，手指都应返回基准键位。

按照上一节所提到的键位分工，依次将左右手指放在相应的基准键位上，在新建的文本文档中练习输入基准键上的字母。

```
aaaa  ssss  dddd  ffff  jjjj  kkkk  llll  ;;;;
llll  kkkk  jjjj  ffff  kkkk  ssss  dddd  ;;;;
aaaa  ssss  ffff  aaaa  ;;;;  jjjj  llll  dddd
```

手指在相邻和不相邻的基准键位上敲击，进一步加深对基准键位的印象。

```
asdk  dfsl  adsl  ;lkj  dksa  ldks  slf;  skal
a;dk  kdla  fdsa  ;ksk  sjak  jdal  sla;  djal
dksl  fjka  fjdk  l;kd  sdfa  fdsa  gfjk  dghs
```

现在尽量不要看键盘，在基准键位上开始练习"盲打"。

```
jdks  kska  skdl  dkal  dlkf  ld;s  djkl  alkd
ldla  kdk;  ska;  ksdk  kdfs  ljdk  dka;  djfk
kdka  dkfl  fhdj  aksd  jkl;  kdja  jdfs  lsja
```

1.3.2 左手上、下排键位练习

本小节进行左手上、下排键位的指法练习。切记敲击完键位后，手指要立即返回基准键位。

在文本文档中输入下面的字母和数字，熟悉左手每个手指的"地盘"。

```
1111  qqqq  aaaa  zzzz  xxxx  ssss  wwww
2222  3333  eeee  dddd  cccc  vvvv  ffff  rrrr
4444
5555  tttt  gggg  bbbb  1qaz  2wsx  3edc
4rfv  5tgb
```

尽量不看键盘，输入下面的字母和数字，练习"盲打"。

> 1234 3213 qere asdf zcvc sadf vfre
>
> asdf w32a sdfa sdfe sdds adas dsaw
>
> 13sa dsad wwe2 1221 sdaf qwws 3edc

1.3.3 右手上、下排键位练习

本小节进行右手上、下排键位的指法练习。切记敲击完键位后，手指要立即返回基准键位。

在文本文档中输入下面的字母和数字，熟悉右手每个手指的"地盘"。

> 6666 yyyy hhhh nnnn mmmm jjjj
>
> uuuu 7777 llll kkkk oooo pppp 0000
>
> 9999 //// 8888 iiii kkkk ,,,, ... ;;;;

尽量不看键盘，输入下面的字母和数字，练习"盲打"。

> pujm kimo komy ;poi iojn mi8o komh
>
> klmh nm98 n97i 90ki mkum komu
>
> 09ij mumk iujn m08j jiun koum 9ujh

1.3.4 大、小写指法练习

进行大、小写字母的转换练习时，用户需要利用"Caps Lock"键和"Shift"键，两键结合使用可以提高效率。

按下"Caps Lock"键切换到大写输入状态，就可以输入大写字母；再次按下此键，就可以退出大写输入状态。

> ASDF IEND FDOE FSDO EOGF
>
> FOWD FKRO FKOW OQNF FRAR
>
> FRIA OGNA YUEN DIAD FEWI

在小写字母输入状态下按住"Shift"键不放，同时按一下字母键，即可输入大写字母，松开"Shift"键后输入的字母为小写字母。

> Asfd IdNr FesE dsaO Osfd Fdsf Fvfs
>
> fKOe OaMa Odsf Osad Ffdr FRIA
>
> sdfg gUgN DddD rEWr rOrr AraI

> 提示：通常情况下，连续输入多个大写字母时，可按下"Caps Lock"键进行输入；大小写间隔时则可按住"Shift"键完成输入。

1.3.5 数字键位练习

本小节进行数字键区的练习，首先确认键盘右上方的"Num Lock"指示灯已经变亮；如果没有，则必须按一下"Num Lock"键，然后才能输入数字和符号。

> 123456789 9874561235 897+79816
>
> 45.03++*/- 651+-5820 +12.5656

1.3.6 符号键位练习

在中文状态下输入的符号与在英文状态下输入的符号有所不同。按同一个键在中文和英文状态下输入的符号对比如表1.3-1所示。

表1.3-1 同一个键在中文和英文状态下输入的符号

符号	英文状态	中文状态
.	.	。
\	\	、
:（Shift+；）	:	：
;	;	；
?（Shift+/）	?	？

续表

符号	英文状态	中文状态
!（Shift+1）	!	!
@（Shift+2）	@	@
#（Shift+3）	#	#
$（Shift+4）	$	¥
%（Shift+5）	%	%
^（Shift+6）	^	……
&（Shift+7）	&	&
*（Shift+8）	*	*
(（Shift+9）	(	(
)（Shift+0）	)	)

续表

符号	英文状态	中文状态
（Shift+）	_	——
+（Shift+=）	+	+
|（Shift+\）				
{（Shift+[）	{	{
}（Shift+]）	}	}
"（Shift+"）第1次	"	"
"（Shift+"）第2次	"	"
~（Shift+、）	~	~
<（Shift+，）	<	《
>（Shift+.）	>	》

1.4　课堂实训——在记事本中进行指法练习

练习在记事本中输入如下的英文故事。通过这个练习，读者可以熟练掌握键位分布，为实现"盲打"打下坚实基础。

扫码看视频

> **The Lion, The Bear And The Fox**
>
> Long ago a lion and a bear saw a kid. They sprang upon it at the same time. The lion said to the bear, "I caught this kid first, and so this is mine." "No, no," said the bear, "I found it earlier than you, so this is mine." And they fought long and fiercely. At last both of them got very tired and could no longer fight. A fox who hid himself behind a tree not far away and was watching the fight between the lion and the bear, came out and walked in between them, and ran off with the kid. The lion and the bear both saw the fox, but they could not even catch the fox. The lion said to the bear, "We have fought for nothing. That sly fox has got the kid away."

实训目的

熟悉键盘操作，掌握键位分布；轻松练习指法，提高打字速度。

操作思路

启动【记事本】软件，将语言栏的输入法设置为英文状态 英，然后完成输入。

1.5　专门练习指法的软件

如果用户在练习指法时只使用记事本，可能会感觉枯燥无味，而且不能准确地测算自己打字的速度，此时可以选择专门练习指法的软件进行练习。

1.5.1　安装金山打字通

金山打字通是一款功能齐全、数据丰富、界面友好、集打字练习和测试于一体的打字软件。使用该软件，用户可以循序渐进地突破盲打障碍，完全摆脱枯燥感，并且可以联网进行打字游戏。安装金山打字通2016的具体步骤如下。

扫码看视频

❶　首先在网站上下载金山打字通2016安装程序，然后在电脑中双击其安装图标，会弹出图1.5-1所示的安装界面。

图1.5-1

❷　单击 急速安装 按钮，会弹出图1.5-2所示的"金山打字通 2016安装"界面。

图1.5-2

❸　单击 下一步(N) > 按钮，会弹出图1.5-3所示的许可证协议界面。

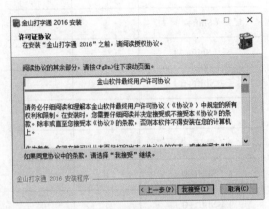

图1.5-3

❹　单击 我接受(I) 按钮，会弹出图1.5-4所示的WPS Office界面。如果用户喜欢使用WPS Office，可以选中【WPS Office，让你的打字学习更有意义（推荐安装）】复选框，否则就取消选中。

图1.5-4

❺　单击 下一步(N) > 按钮，会弹出图1.5-5所示的选择安装位置界面。在【目标文件夹】文本框中显示的是默认的安装位置，一般采用默认安装位置即可。

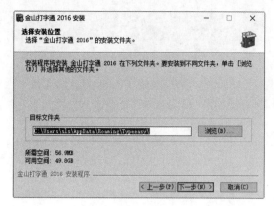

图1.5-5

❻ 单击 [下一步(N) >] 按钮,会弹出图1.5-6所示的"选择'开始菜单'文件夹"界面。

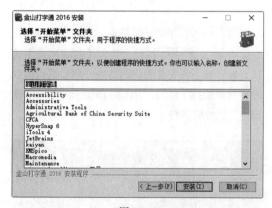

图1.5-6

❼ 采用默认设置,直接单击 [安装(I)] 按钮,系统开始安装。安装完毕,会弹出正在完成"金山打字通 2016"安装向导界面,单击 [完成(F)] 按钮即可完成安装,如图1.5-7所示。

图1.5-7

1.5.2 使用金山打字通练习打字

安装完金山打字通后,用户就可以使用功能强大的金山打字通来练习打字了。

扫码看视频

❶ 启动并登录金山打字通 2016,在打开的主界面中单击【英文打字】按钮,如图1.5-8所示。

图1.5-8

❷ 弹出图1.5-9所示的英文打字窗口。

图1.5-9

❸ 在该窗口中有3个按钮,分别是【单词练习】【语句练习】和【文章练习】,对应着打字练习的第一、二、三关。如果是初学者,建议先从第一关【单词练习】开始。单击【单词练习】按钮,进入图1.5-10所示的窗口。

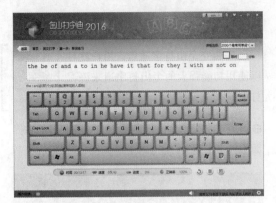

图1.5-10

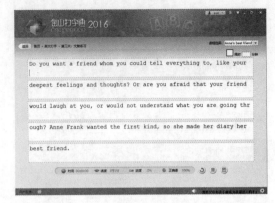

图1.5-12

❹ 在该窗口右上角的【课程选择】下拉列表中可以选择单词练习课程。如果选中【限时】复选框，则在其右面的文本框中可以输入限时多少分钟；输入后在键盘的下方可以即时看到和输入相关的各项参数。

用户单词练习熟练以后，就可以返回英文打字窗口，单击【语句练习】按钮，在进入的图1.5-11所示的窗口中进行语句练习。

❻ 练习完后，单击右上角的【关闭】按钮即可退出金山打字通 2016。

如果练习打字时感到枯燥，用户也可以在主界面中单击 ⬛打字游戏 按钮，进入【打字游戏】窗口，选择并下载安装相应的游戏，然后运行游戏进行有趣的打字练习。图1.5-13所示的是"激流勇进"游戏的界面。

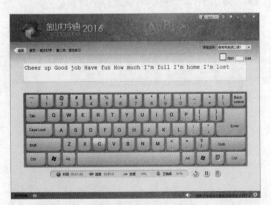

图1.5-11

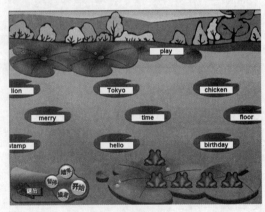

图1.5-13

❺ 参考输入相关的各项参数值，用户感觉语句练习已经达到熟练程度以后，就可以返回英文打字窗口，单击【文章练习】按钮，在进入的图1.5-12所示的窗口中进行文章练习。

1.6 常见疑难问题解析

问： 使用数字键盘快速输入数字，手指头有分工吗？

答： 有分工，即中指放在"5"键上，大拇指负责"0"键，食指负责"1""4""7"键，中指负责"2""5""8"键，无名指负责"3""6""9"和"."键，小拇指负责"+""Enter""–"键。

问： 可以使用Word练习打字吗？

答： 可以。如果仅是进行打字练习，金山打字通 2016就是非常好的打字练习软件；如果打完字后还想进行美化排版，并且把所打的内容保存或打印出来，则Word软件就是不错的选择。

1.7 课后习题

（1）在记事本中输入图1.7-1所示的英文故事。打字的时候不要看键盘，即使打不快也要尽量做到"盲打"。

扫码看视频

The Lion and the Mouse
When a lion was asleep, a little mouse began running up and down beside him. This soon wakened the lion. He was very angry, and caught the mouse in his paws.
"Forgive me, please." cried the little mouse, "I may be able to help you someday." The lion was tickled at these words.
He thought, "How could this little mouse help me?" However he lifted up his paws and let him go.
A few days later, the lion was caught in a trap.
The hunters wanted to take him alive to the king, so they tied him to a tree, and went away to look for a wagon.
Just then the little mouse passed by, and saw the sad lion.
He went up to him, and soon gnawed away the ropes. "Was I not right?" Asked the little mouse.

图1.7-1

（2）在金山打字通 2016主界面中，单击【打字测试】按钮，进入图1.7-2所示的"英文测试"窗口，在"课程选择"下拉列表中选择不同的课程进行测试练习。

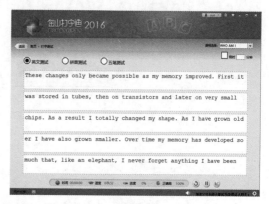

图1.7-2

第2章
五笔打字必备

本章内容简介

　　本章主要介绍五笔字型输入法及其优点、如何安装五笔字型输入法、如何切换五笔字型输入法、五笔字型输入法状态条等内容。

学完本章我能做什么

　　学完本章，你能熟练安装和设置五笔字型输入法。

学习目标

▶ 了解五笔字型输入法

▶ 安装、设置五笔字型输入法

2.1　五笔字型输入法简介

五笔字型输入法是王永民教授在1983年8月发明的一种汉字输入法，它主要有86版和98版两种编码方案。86版是老式的五笔字型输入法，使用130个字根，可处理GB 2312汉字集中的6 763个汉字。98版则是一种改进型的方案，其编码的科学性更强、更易于学习和使用。该版使用245个码元，可处理中、日、韩大字集中的21 003个汉字。但二者在编码原则上大同小异。王码五笔18030的推出，是由于部分用户不适应98版，且又有输入更多汉字的需求。它基本沿用了86版的编码，能处理中国国家的强制性标准GB 18030–2000字集的汉字，该字集可以处理27 533个汉字。

在王码五笔出现之后，又出现了许多其他的五笔输入法，如极点五笔、智能五笔和搜狗五笔等。由于86版编码的专利已开放，因此这些五笔输入法大多采用86版的编码方式，但也有使用者个人提供98版编码的码表，它们在造词等功能上对98版编码加以改进，也获得了一定的用户群。这其中也有一部分是以五笔编码的形式为主的输入平台，它们不仅可以以五笔的方式输入，也可以根据用户的需求安装不同的码表，以提供其他编码的输入方式。

2.2　五笔字型输入法的优点

五笔字型输入法是一种遵循五笔编码规则的中文输入法，与其他中文输入法相比，五笔字型输入法有以下优点。

✎ 不知汉字读音也能输入汉字

由于五笔字型输入法是完全根据汉字的字型结构进行编码的，与汉字的读音没有任何关系，所以对于普通话不标准或不认识某些汉字的用户来说，只要知道字型就能准确输入汉字。

◉ 按键次数少，重码少，输入方便

使用五笔字型输入法输入一组编码时，最多按键4次，且编码为4码的汉字不需要按空格键确认，从而提高了打字速度；重码少，基本上不需要进行重码选择；词组输入方便，词组量达4 000个；对一些字型复杂、比较难拆解的字，可以使用替代码"Z"查找，并能给出正确的输入码。五笔字型输入法简码较多，设有1级、2级、3级简码，能覆盖常用字；输入词组时，一次能够输若干汉字长度的词组。

2.3　使用五笔字型输入法

对于首次使用五笔字型输入法的用户来说，首先需要选择并安装一种合适的五笔字型输入法，然后才能使用五笔字型输入法输入汉字。

❖ 2.3.1　安装五笔字型输入法

在安装五笔字型输入法之前，用户需要在网上找到其安装程序。

各种五笔字型输入法的安装方法大同小异，下面以安装王码五笔输入法为例进行介绍，具体的操作步骤如下。

扫码看视频

❶ 在网站上下载王码五笔输入法安装程序，然后在电脑中双击其安装图标，会弹出图2.3-1所示的安装对话框。选中【安装64位王码五笔输入法】单选按钮（如果是32位的Windows 10系统，请选中【安装32位王码五笔输入法】单选按钮），然后单击 确定 安装 按钮。

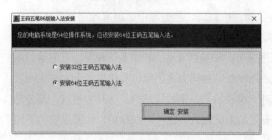

图2.3-1

❷ 弹出图2.3-2所示的最终用户许可协议对话框，单击 接受协议(A) 按钮。

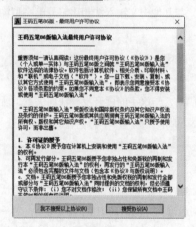

图2.3-2

❸ 弹出图2.3-3所示的选择软件安装目录对话框，一般选择默认的软件安装目录即可。如果想重新选择安装目录，则单击 浏览(B) 按钮重新选择软件安装目录，然后单击 安装(S) 按钮。

图2.3-3

❹ 系统开始安装，安装完成后弹出图2.3-4所示的安装完成对话框，单击 完成(O) 按钮即可完成安装。

图2.3-4

2.3.2 切换到五笔字型输入法

在安装完王码五笔字型输入法后，用户若要使用王码五笔字型输入法输入汉字，则必须将其切换为当前输入状态，其步骤如下。

扫码看视频

❶ 在图2.3-5所示的桌面任务栏右边单击输入法图标 。

图2.3-5

❷ 在弹出的图2.3-6所示的菜单中选择【王码五笔字型输入法86版】选项，系统将切换到王码五笔字型输入法，任务栏右边的输入法图标将变为 ，如图2.3-7所示。此时屏幕上将出现一个图2.3-8所示的浮动输入法状态条，表示可以使用王码五笔字型输入法输入汉字了。

图2.3-6

图2.3-7

图2.3-8

2.3.3　五笔字型输入法状态条

五笔字型输入法状态条由5个图标组成，各图标的作用如下。

图标

单击该图标可以使图标在图与A之间切换。其中图图标表示中文输入状态，A图标表示英文输入状态。

五笔型 图标

该图标显示的是当前输入法名称，单击该图标会弹出图2.3-9所示的快捷菜单，可以进行各种选项设置。

属性设置(S)
添加用户词(M)

输入方案(P)　　>
码表检索(R)　　>
上屏选项(O)　　>
软键盘(K)　　　>

帮助(H)　　　　>
皮肤(K)　　　　>

嵌入状态栏(R)

取消(C)

图2.3-9

图标

单击该图标可以使图标在 与 之间切换。其中 图标表示半角状态，即输入的字符占半个汉字的宽度； 图标表示全角状态，即输入的字符占一个汉字的宽度。

图标

单击该图标可以使图标在 与 之间切换。其中 图标表示中文标点输入，即输入的标点符号占一个汉字的宽度； 图标表示英文标点输入，即输入的标点符号占半个汉字的宽度。

图标

单击该图标会弹出图2.3-10所示的软键盘，单击其中的任意字符按钮即可输入相应的字符。

图2.3-10

右键单击该图标，弹出图2.3-11所示的快捷菜单，从中选择任意选项即可切换到相应的软键盘。

1　PC 键盘
2　希腊字母
3　俄文字母
4　注音符号
5　拼音符号
6　日文平假名
7　日文片假名
8　标点符号
9　数字序号
10　数字符号
11　制表符号
12　单位符号
13　特殊符号

C　关闭软键盘
E　取消

图2.3-11

2.4　课堂实训——安装搜狗五笔字型输入法

练习在电脑中安装搜狗五笔字型输入法，以便熟练掌握多种五笔字型输入法的安装。

实训目的

熟练掌握多种五笔字型输入法的安装。

操作思路

从网站上下载搜狗五笔字型输入法安装程序，然后在电脑中找到并双击它，在打开的安装向导对话框中根据提示操作即可完成安装。

2.5 常见疑难问题解析

问： 我安装了王码五笔输入法，能否将其设置为电脑启动后的系统默认输入法？

答： 可以，方法如下。

在输入法图标上单击鼠标左键，在弹出的快捷菜单中选择【语言首选项】，在打开的【设置】对话框中的【区域和语言】选项卡中单击【高级键盘设置】超链接，进入【高级键盘设置】选项卡，从【替代默认输入法】下拉列表框中选择"中文(简体，中国) –王码五笔型输入法86版"选项即可。

2.6 课后习题

下载并安装极品五笔字型输入法，然后在记事本中使用极品五笔字型输入法输入汉字，效果如图2.6–1所示。

扫码看视频

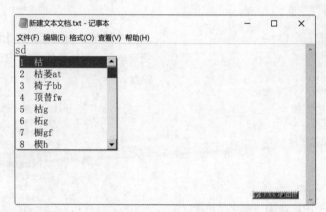

图2.6–1

第3章
快速记忆五笔字根

本章内容简介

本章主要介绍汉字的基本结构、字根和字根分布，以及五笔字根分区详解等。

学完本章我能做什么

学完本章，你能熟练掌握字根的分布，达到熟记五笔字根的目的。

学习目标

▶ 了解汉字的基本结构

▶ 掌握五笔字型的字根

▶ 掌握五笔字根助记词

3.1 汉字的基本结构

由于五笔字型输入法是从汉字的字型上对其进行编码，因此，要掌握五笔字型输入法，必须先掌握汉字的基本结构，这样才能更好地理解五笔字型输入法的编码原理，并为以后熟练掌握汉字拆分和速记五笔字根打下基础。

扫码看视频

3.1.1 汉字的 3 个层次

从结构来划分，汉字可以分为笔画、字根和单字等3个层次。

在日常生活中，我们经常会听到人们说"木子——李""三口——品"等。可见，一个汉字可以由几个基本部分拼合而成，如"品"是由3个"口"字拼合而成。这些用来拼合汉字的基本部分被称为"字根"。这些"字根"是构成汉字的最基本单位。任何一个字根都是由笔画构成的，任何一个字根都可以由若干个笔画交叉连接而成。因此，笔画、字根、单字是汉字结构的3个层次，由笔画组合产生字根，由字根拼合构成汉字，这种结构可以表示为：基本笔画→字根→汉字。

3.1.2 汉字的 5 种笔画

笔画是书写汉字时一次写成的一个连续不断的线段，它是构成汉字的最小单位。

从一般的书写形态上来看，汉字的笔画有点、横、竖、撇、捺、提、钩和折等8种。五笔字型编码将汉字的笔画分为横、竖、撇、捺、折（一、丨、丿、乀、乙）等5种笔画。

或许有的读者会问，前面不是说有8种笔画吗，怎么在五笔字型方案中只有5种呢？点、提、钩这3种笔画没有了吗？其实它们并没有丢失。从它们的书写方式可以看出，"点"与"捺"的运笔方向基本一致，因此"点"被归为"捺"类；同理，"提"被归为"横"类；除左钩用竖来代替外，其他带转折的笔画都被归为"折"类。为了便于记忆和应用，按照它们从高到低的使用频率，依次用1、2、3、4、5作为代号，如表3.1-1所示。

表3.1-1 汉字的5种基本笔画

代号	笔画	笔画名称	笔画走向	笔画及其变形
1	一	横	左→右	✓
2	丨	竖	上→下	亅
3	丿	撇	右上→左下	
4	乀	捺	左上→右下	丶
5	乙	折	带转折	乚→乛乚乚乚

3.1.3 汉字的 3 种字型

在五笔字型输入法中，根据汉字中各个字根之间的位置关系，可以把汉字分为3种类型：左右型、上下型和杂合型，分别赋予它们1、2、3的代码，如表3.1-2所示。

表3.1-2 汉字的3种字型

代码	字型	图示	位置关系	字例
1	左右型	⊞ ⊞ ⊞ ⊞	左右、左中右	和 树 提 部
2	上下型	⊟ ⊟ ⊟ ⊟	上下、上中下	节 态 丛 架
3	杂合型	▢ ◯ ⊟ ◺ ◣	独体、全包围、半包围	国 凶 同 函 连

左右型

字根之间可以有间隔，但是整体呈左右或者左中右排列，例如好、知和撒等。

上下型

字根之间可以有间隔，但是整体呈上下或者上中下排列，例如李、昊、爷和字等。

杂合型

汉字主要由单字、内外和包围等结构组成，例如冈、田、围、凶、口和句等。

3.2 课堂实训——判断汉字的字型和末笔画

判断表3.2-1所示的汉字字型属于3种字型的哪一种，以及其末笔画属于5种笔画中的哪一种。

扫码看视频

表3.2-1 判断汉字的字型和末笔画

汉字	字型	末笔画	汉字	字型	末笔画	汉字	字型	末笔画
荡			验			文		
判			割			茂		
围			乘			凹		
课			匆			借		

实训目的

熟练掌握汉字的字型结构。

操作思路

如果一个汉字能分成左、右两部分或左、中、右3部分，包括左（右）侧部分分为上、下两部分，则该汉字就是左右型的；如果一个汉字能分成上、下两部分或上、中、下3部分，包括上（下）面部分分为左、右两部分，则该汉字就是上下型的；如果一个汉字的各组成部分之间没有明确的左右或是上下关系，则该汉字就是杂合型的。

3.3　认识五笔字型的字根

字根是五笔字型输入法中组成汉字的基本单位，它是学习五笔字型输入法的基础。

扫码看视频

3.3.1　字根的概念

汉字中由若干个笔画交叉连接而成的相对不变的结构叫作字根。在五笔字型中，那些组字能力特强且被大量重复使用的字根被挑选出来作为基本字根，这样的基本字根共有130个，所有的汉字都可以由这些基本字根组成。在五笔字型输入法中，字根的选取标准主要基于以下两点。

组字能力强、使用频率高的偏旁部首

如目、日、是、口、田、王、土、大、木、工等。但是某些偏旁部首本身即是一个汉字。

组字能力不强、但组成的字使用频率高的偏旁部首

例如由"白"字和"勺"字组成的"的"字，可以说是全部汉字中使用频率最高的。

3.3.2　字根的区位号

五笔字型输入法中的基本字根有130个，再加上一些基本字根的变型，则共有字根200个左右。要想掌握五笔字型的字根分布，读者就必须先弄清楚字根的区、位以及区位号。

什么是区、位？这需要和前面所讲的汉字的5种笔画结合起来。字根的5个区是指将键盘上除"Z"键外的25个字母键按照5种基本笔画分为横、竖、撇、捺、折等5个区，依次用代码1、2、3、4、5表示区号。其中，以横起笔的在1区，从字母G到A，其位号依次为1到5；以竖起笔的在2区，从字母H到L，再加上M，其位号依次为1到5；以撇起笔的在3区，从字母T到Q，其位号依次为1到5；以捺起笔的在4区，从Y到P，其位号依次为1到5；以折起笔的在5区，从字母N到X，其位号依次为1到5。

区位号就是每个字母键对应位置的号码，以区号在前、位号在后构成两位数的区位号。例如第1区的F键对应的位号是2，F键的区位号就是12。区位号的顺序有一定的规律，都是从键盘的中间开始向外扩展进行编号的，如图3.3-1所示。

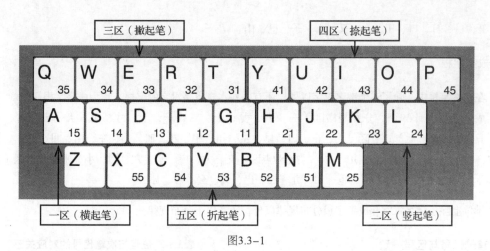

图3.3-1

3.3.3 字根的键盘分布和规律

读者要使用五笔字型输入法输入汉字，需要掌握五笔字根在键盘中的分布和规律。五笔字型输入法将汉字的基本字根合理地分布在除"Z"键之外的25个英文字母键上，构成了字根键盘，图3.3-2所示为86版五笔字根在键盘上的分布情况。

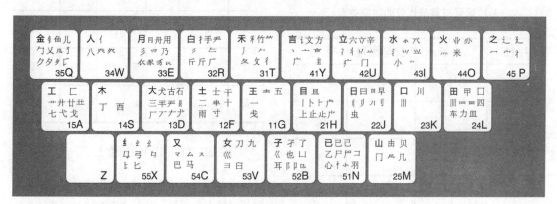

图3.3-2

从图3.3-2上看起来，键盘上的字根分布好像杂乱无章，其实它是有规律的。读者只要掌握了它的分布规律，学习起来就轻松多了。下面以2区5位的"M"键为例，介绍每个键位上字根的分布规律。一个键位上包括键名汉字、成字字根、字根、区位号和键名，如图3.3-3所示。且每个区的所有键位上包括的字根都是以固定的笔画起笔，如2区所有键位上的字根都是以"竖"笔画起笔。

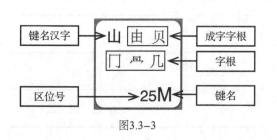

图3.3-3

键名汉字

键名汉字也称主字根汉字，它是每个键的五笔字型中文键名，也可以说它是每个键所包含的字根中最主要的一个。

键名汉字共计25个，分别是金、人、月、白、禾、言、立、水、火、之、工、木、大、

土、王、目、日、口、田、纟、又、女、子、已、山。

成字字根

在基本字根中，除了25个键名汉字以外，还有一些本身也是汉字的字根，称为成字字根。

成字字根共计69个，分别是横区（一、五、戋、士、二、干、十、寸、雨、犬、三、古、石、厂、丁、西、戈、七）、竖区（上、止、曰、早、虫、川、甲、四、皿、力、车、由、贝、几）、撇区（竹、手、斤、乃、用、八、儿、夕）、捺区/点区（文、方、广、辛、六、门、小、米）、折区（已、己、心、尸、羽、乙、耳、了、也、刀、九、臼、巴、马、幺、弓、匕）。

键位上除了键名汉字和成字字根分布规律以外，还有以下分布规律。

首笔代号与区号一致

同一键位上的所有字根的首笔代号与它的区号一致。例如"大""犬""古"字根的首笔为横，代号为1，因此它们位于1区。表3.3-1所示为字根区号与首笔代号的对应关系。

表3.3-1 区号与首笔代号的对应关系

字根	首笔	首笔代号	区号
雨	横（一）	1	1
上	竖（丨）	2	2
月	撇（丿）	3	3
米	捺（丶）	4	4
民	折（乙）	5	5

次笔代号与位号一致

通常情况下，字根的第2笔代号与它的位号一致。例如"犬"字根的第2笔为撇，其代号为3，因此它的位号是3。表3.3-2所示为字根位号与次笔代号的对应关系。

表3.3-2 位号与次笔代号的对应关系

字根	首笔	代号	次笔	代号	位号
土	横（一）	1	竖（丨）	2	12
山	竖（丨）	2	折（乙）	5	25
人	撇（丿）	3	捺（丶）	4	34
言	捺（丶）	4	横（一）	1	41
女	折（乙）	5	撇（丿）	3	53

相似的字根在相同的键位上

一些字形相似的字根，它们往往都分配在相同的键位上。例如"已""巴""己"和"乙"都在"N"键上，如表3.3-3所示。

表3.3-3 相似的字根在相同的键位上

键位	近似字根
"D"键	厂、犬、大、ナ、广
"F"键	士、二、干、十、土
"G"键	五、王、
"N"键	已、巴、己、乙

基本笔画数与位号一致

"横""竖""撇""捺""折"基本笔画和它们的复合笔画形成的字根，其笔画的数量与位号一致，如表3.3-4所示。

表3.3-4 基本笔画个数与位号一致

字根	笔画数	区位号	字根	笔画数	区位号	字根	笔画数	区位号
一	1	11	丿	1	31	乙	1	51
二	2	12	彡	2	32	巜	2	52
三	3	13	彡	3	33	巛	3	53
丨	1	21	、	1	41			
刂	2	22	冫	2	42			
川	3	23	氵	3	43			
刂刂	4	24	灬	4	44			

3.4 课堂实训——判断字根的键位和区位号

判断表3.4-1所示的字根的首笔、次笔、区位号和键位。

扫码看视频

表3.4-1 判断字根的键位和区位号

字根	首笔	次笔	区位号	键位	字根	首笔	次笔	区位号	键位
七					上				
竹					王				
人					言				
尸					又				
门					贝				
石					山				

实训目的

熟练掌握各字根的分布规律。

操作思路

根据汉字的书写顺序，先判断字根的首笔画，然后再判断字根的次笔画。如字根"石"的首笔画为横笔画"一"，次笔画为撇笔画"丿"，因此其区位号为"13"，对应的键位为"D"键。按此方法依次判断其他字根的首笔画、次笔画、区位号和键位。

3.5 五笔字根助记词

与拼音输入法相比，五笔字型输入法需要记忆五笔字根，对于初学者来说，这是一个难点。为此王永民教授特为每一个区的字根编写了一首类似口诀的助记词，便于用户快速记忆，如表3.5-1所示。

扫码看视频

表3.5-1 五笔字根助记词

	一区		二区		三区		四区		五区
11G	王旁青头戋（兼）五一	21H	目具上止卜虎皮	31T	禾竹一撇双人立反文条头共三一	41Y	言文方广在四一高头一捺谁人去	51N	已半巳满不出已左框折尸心和羽
12F	土士二干十寸雨	22J	日早两竖与虫依	32R	白手看头三二斤	42U	立辛两点六门疒（病）	52B	子耳了也框向上
13D	大犬三羊（羊）古石厂	23K	口与川，字根稀	33E	月彡（衫）乃用家衣底	43I	水旁兴头小倒立	53V	女刀九臼山朝西
14S	木丁西	24L	田甲方框四车力	34W	人和八，三四里	44O	火业头，四点米	54C	又巴马，丢矢矣
15A	工戈草头右框七	25M	山由贝，下框几	35Q	金（钅）勹缺点无尾鱼 犬旁留乂儿一点夕氏无七（妻）	45P	之宝盖摘礻（示）衤（衣）	55X	慈母无心弓和匕，幼无力

如果仅仅依靠表3.5-1中的五笔字根助记词与键位对应表，很难快速掌握五笔字根的键位分布状况。为了加深对五笔字根助记词的理解和记忆，下面将分区详解五笔字根的每句助记词与相应键位的对应关系。

3.5.1 一区字根详解

下面讲解一区五笔字根的每个键位与助记词的对应关系，并对助记词进行含义解释和组字举例，如表3.5-2所示。

表3.5-2 一区字根每个键位与助记词的对应关系

键位	助记词	助记词含义	组字举例
王 G	王旁青头戈（兼）五一	"王旁"指偏旁部首"王"，即王字旁；"青头"指"青"字上半部分"龶"；"兼"指"戈"（同音）；"五一"指字根"五""一"	玮、静、盏、吾、旦
土 F	土士二干十寸雨	分别指"土、士、二、干、十、寸、雨"这7个字根，以及"革"字的下半部分"卄"	坡、志、运、刊、卖、贲、过、雪、革
大犬古石 D	大犬三羊（羊）古石厂	"大、犬、三、石、古、厂"为"D"键位上的6个字根；"古"可以看成"石"的变形；"羊"是指"龶"；"厂"还包括变形字根"𠂆"和"丆"；"犬"还包括变形字根"ナ"；"镸"字根需要特别记忆	奔、三、样、差、肆、伏、故、确、厂、有、百、龙
木 S	木丁西	"木"的末笔是捺，捺的代号是4；"丁"在"甲乙丙丁……"中排在第4位；"西"字的下部是个"四"。它们都与4有关，以横起笔，所以分布在区位号为14的"S"键上	槐、贾、顶
工 A	工戈草头右框七	"工戈"指字根"工"和"戈"及"戈"的变形"弋"；"草头"为偏旁部首"艹"及与它类似的"廾、廿、丗"，"右框"指开口向右的方框"匚"；"七"可看成"戈"的变形字根	攻、匡、劳、弁、世、共、东、划、式、切

3.5.2 二区字根详解

下面讲解二区五笔字根的每个键位与助记词的对应关系，并对助记词进行含义解释和组字举例，如表3.5-3所示。

表3.5-3 二区字根每个键位与助记词的对应关系

键位	助记词	助记词含义	组字举例
目具 ⊢卜ト广 上止止广 上 H	目具上止卜虎皮	"目"指字根"目"；"具"指"具"的上半部分"具"；"上止卜"指"上、止、卜"及变形"⊢、ト"；"虎皮"指"虎"的上部"广"和"皮"的上部"广"	眇、具、旧、卢、补、忐、此、彪、走、披
日日四早 刂丿刂刂 虫 是 J	日早两竖与虫依	"日"指字根"日、日"以及它们的变形"四"；"早"即字根"早"，是一个独立字根，不要再拆成"日、十"；"两竖"包括字根"刂、丿、刂、刂"；"与虫依"指字根"虫"	明、电、临、章、坚、帅、进、刚、虾
口 川 Ⅲ 中 K	口与川，字根稀	"字根稀"指该键上字根少，只有字根"口"和"川"，及"川"的变形"Ⅲ"	号、训、带
田甲口 川⊓四四 车力皿 国 L	田甲方框四车力	"田甲"指字根"田"和"甲"；"方框"为字根"口"，与"K"键上的"口"不同；"四"指字根"四"和变形字根"⊓""四"和"皿"；"车力"指字根"车"和"力"；四竖字根"川"也位于该键位上	胃、钾、国、泗、罘、默、盐、轿、劝、舞
山由贝 门⊓几 同 M	山由贝，下框几	"山由贝"指字根"山、由、贝"；"⊓"字根需要特别记忆；"下框几"为字根"门"以及"几"	岩、抽、贻、同、骨、凤

3.5.3 三区字根详解

下面讲解三区五笔字根的每个键位与助记词的对应关系，并对助记词进行含义解释和组字举例，如表3.5-4所示。

表3.5-4 三区字根每个键位与助记词的对应关系

键位	助记词	助记词含义	组字举例
禾 禾竹竹 丿 夂 夂 彳 和 T	禾竹一撇双人立反文条头共三一	"禾竹"为字根"禾""竹、⺮"；一撇即"丿"；"双人立"指"彳"；"反文"即"夂"；"条头"指"条"的上部分"夂"；"共三一"指这些字根在代码为31的"T"键上	秃、秒、竺、乏、气、改、各、很
白 扌手 乑 彡 匕 斤 斤 厂 的 R	白手看头三二斤	"白手"指"白"和"手、扌"等字根；"看头"指"看"字的上半部分"乑"；"三二"是指这些字根位于代码为32的"R"键上；"斤"是"斤"和"斤"字根	皁、手、摆、掰、行、后、氛、丘、所
月 月舟用 彡 罒 乃 衣家 彡 比 有 E	月彡（衫）乃用家衣底	"月"为字根"月"，还有"罒"字根；"衫"指字根"彡"；"乃用"指字根"乃、用"；"家衣底"指"家、衣"的下部分"豖、𧘇"及其变形"豕、彐、匕"等	服、须、且、船、佣、觅、扔、琢、陈、象、偎、貓
人 亻 八 癶 癶 人 W	人和八，三四里	"人八"指字根"人、亻"和"八"；"癶""夾"字根需要特别记忆	仝、亿、分、瞥、癸
金 钅鱼儿 勹 乂 儿 丿 ク タ タ 匚 我 Q	金（钅）勹缺点无尾鱼犬旁留乂儿一点夕，氏无七（妻）	"金"即字根"金、钅"；"勹缺点"指"勹"字去掉一点为"勹"；"无尾鱼"即字根"鱼"；"犬旁"指"丿"，要注意并不是偏旁"犭"；"留叉"指字根"乂"；"儿"指字根"儿、儿"；"一点夕"指字根"夕"和变形"ク、夕"；"氏无七"指"氏"字去掉中间的"七"而剩下的字根"匚"	鉴、钉、鲂、兆、匐、狈、兜、毓、兔、炙、多、卯

3.5.4　四区字根详解

下面讲解四区五笔字根的每个键位与助记词的对应关系，并对助记词进行含义解释和组字举例，如表3.5-5所示。

表3.5-5　四区字根每个键位与助记词的对应关系

键位	助记词	助记词含义	组字举例
言讠文方 丶一亠高 广丨 圭 Y	言文方广在四一 高头一捺谁人去	"言文方广"指"言、文、方、广"等字根；"高头"即"高"字头"亠、高"；"一捺"指基本笔画"乀"以及"丶"字根；"谁人去"指去掉"谁"字左侧的"讠"和"亻"，剩下的字根"圭"；"在四一"指这些字根在代码为41的"Y"键上	詳、谋、斌、 施、亩、床、 勃、淮
立六立辛 冫丬丷平 广门 疒 U	立辛两点六门疒 （病）	"立辛"指"立"和"辛"字根；"两点"指"冫"以及它的变形字根"丬、丷、丶丶"；"六"指字根"六"和"亠"；"门"即字根"门"；"疒"指"病"的偏旁"疒"	竟、帝、辩、 半、美、冲、 妆、兖、闫、 疲
水氺 氵灬兴 小 业 不 I	水旁兴头小倒立	"水旁"指"氵"和"氺、水、氺"等字根；"兴头"指"兴"字的上半部分"业、⺍"字根；"小倒立"指字根"小、⺌"，以及它们的变形字根"光"字的上半部分"⺌"	潜、氽、兆、岿、 举、省、肖、光、 沄
火 业 小 灬 米 为 O	火业头，四点米	"火"指字根"火"；"业头"指"业"字的上半部分"业"字根；以及其变形字根"⺌"；"四点"指"灬"字根；"米"是指一个单独的字根"米"	灯、凿、变、 点、籽、奕
之辶廴 一宀礻 这 P	之宝盖， 摘礻（示）衤（衣）	"之"指"之"字根，"宝盖"指偏旁"宀"和"冖"字根，"摘礻衤"指将"礻"和"衤"的部分笔画摘掉后的字根"礻"	之、迫、延、 写、宁、礼

3.5.5　五区字根详解

下面讲解五区五笔字根的每个键位与助记词的对应关系，并对助记词进行含义解释和组字举例，如表3.5-6所示。

表3.5-6　五区字根每个键位与助记词的对应关系

键位	助记词	助记词含义	组字举例
已巳己 乙尸严コ 心忄忄羽 民　N	已半巳满不出己 左框折尸心和羽	"已半巳满不出己"指字根"已、巳、己"；"左框"指开口向左的方框"コ"；"折"指字根"乙"；"尸"指字根"尸"和它的变形字根"眉"字的上部"严"；"心和羽"指字根"心"和"羽"，以及"心"的变形字根"忄"和"忄"	已、异、岂、假、 局、眉、怂、情、 慕、羿、乙
子孑了 《也山 耳阝巴 了　B	子耳了也框向上	"子耳了也"指字根"子、孑、耳、了、也"，以及"耳"的变形字根"阝、冂、巳"；"框向上"指开口向上的方框"凵"；另外，在"B"键上还有一个字根"《"需要特别记忆	孟、孙、疗、范、 池、耿、阳、却、 岜
女刀九 《 ヨ白 发　V	女刀九臼山朝西	"女刀九臼"指"女、刀、九、臼"等4个字根；"山朝西"指形似开口向西的山字即"ヨ"；另外在"V"键上还有一个字根"巛"需要特别记忆	好、刀、馗、录、 津、舅、甾
又 マムス 巴马 以　C	又巴马，丢矢矣	"又巴马"指字根"又、巴、马"和"又"的变形字根"ス、マ"，以及"马"去掉一横的字根"马"；"丢矢矣"指"矣"字去掉下半部分的"矢"字剩下的字根"ム"	邓、又、径、矛、 牟、邑、驹
纟纟幺 母弓屮 匕匕 经　X	慈母无心弓和匕， 幼无力	"慈母无心"指去掉"母"字中间部分笔画剩下的字根"口"，以及变形字根"屮"；"弓和匕"指字根"弓"和"匕"，以及变形字根"匕"；"幼无力"指去掉"幼"字右侧的"力"剩下的字根"幺"及"纟、纟"	线、呓、幼、每、 引、比、北、蟊

3.6 课堂实训——根据键位来对应字根

练习各个键位上应该对应的助记词和所有字根。通过本实训的学习，读者可以熟练记住每个字根。

扫码看视频

实训目的

熟练掌握每个键位对应的字根。

操作思路

对应键盘上的键位，写出与键位相对应的助记词和字根，如表3.6-1所示。

表3.6-1 键位对应字根

键位	助记词	字根
W	人和八，三四里	人、亻、八、癶、夕
J	日早两竖与虫依	日、曰、四、早、刂、刂、刂、刂、虫
R	白手看头三二斤	白、手、𡗗、扌、𠂆、斤、斤、厂
C	又巴马，丢矢矣	又、マ、マ、厶、巴、马
S	木丁西	木、丁、西

3.7 常见疑难问题解析

问：怎样快速记住五笔字根？

答：正所谓熟能生巧，读者初学时完全不必要刻意去记字根表。可以先大概看看整体的编码规则，然后自己猜着拆，拆完后就去找字根所对应的键。找键的过程对于开始没有记字根表的人来说是非常困难的，但还是那句话，熟能生巧。读者刚开始找的时候，肯定会很慢，等时间长了，自然就会快一些了，不断地练，速度就会越来越快。

3.8 课后习题

确定下方的汉字由哪些字根组成，并写出各个字根所在的键位，如表3.8-1所示。

扫码看视频

表3.8-1 根据汉字对应键位及字根

汉字	键位	字根
军		
牧		
雷		
徨		
厅		

第4章
汉字的拆分与输入

本章内容简介

　　本章主要介绍字根之间的关系、汉字拆分的原则、如何拆分汉字、如何输入键面字和键外字等。

学完本章我能做什么

　　学完本章，你能熟练掌握汉字的拆分原则和方法，并且在看到某个汉字时，能迅速想到其拆分的字根。

学习目标

▶ 了解字根之间的关系

▶ 掌握汉字拆分的原则

▶ 熟练掌握汉字的拆分

▶ 输入键面字和键外字

4.1 汉字的拆分

汉字是由字根组成的，要输入汉字，首先要将汉字拆分成一个个的字根，然后找到字根所在键位，再按键位输入字根组成汉字。在拆分汉字时，除了要了解字根之间的关系，还要遵循一定的原则。

4.1.1 字根之间的关系

基本字根在组成汉字时，按照它们之间的位置关系可以分成单、散、连、交4种类型。分析汉字的字型结构是为了确定汉字的字型。

扫码看视频

1. 单

单：表示字根本身就是一个汉字。包括25个键名字根和字根中的汉字，如"言、虫、寸、米、夕"等。

2. 散

散：指构成汉字的字根不止一个，且汉字之间有一定的距离。如"艺"字，由"艹"和"乙"两个字根组成，字根间还有点距离。再如"时、汀、昌、芊、笔、型"等。

3. 连

连：指一个基本字根与一单笔画相连，这样组成的字称为连结构的字。五笔字型中字根间的相连关系有以下两种情况。

单笔画与某基本字根相连

单笔画连接的位置不限，可上可下，可左可右，如"千""主"和"下"等。

其中"下"字由"一"单笔画下连"卜"字根组成。

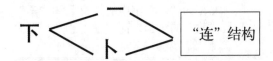

带点结构认为相连

此种情况指汉字中的点和别的基本字根之间可连可不连，可稍远可稍近。如"寸""书""玉"和"犬"等。

其中"犬"字由"大"字根和"、"字根组成。

4. 交

交：指由两个或多个字根交叉叠加而成的汉字，主要特征是字根之间部分笔画重叠，如"果""天""中"和"失"等。

其中"果"字由"日"字根和"木"字根组成。

由基本字根交叉构成的汉字,其基本字根之间是没有距离的,因此,这一类汉字的字型一定是杂合型。字根组成的字中,还有一种情况是杂合型,即几个字根之间既有连的关系、又有交的关系,如"丙、重"等。

> ⓘ 注意:一些结构复杂的汉字,由于组成字根之间的相连、包含或嵌套的关系,可能同时出现前面讲解的4种结构混合的情况,如"歼"字中的"歹"和"千"是"散"的结构,而"丿"和"十"是"连"的结构。

🔍 4.1.2 汉字拆分的原则

每个汉字都由一个或多个字根组成,读者在用五笔字型输入法输入汉字时,要把汉字拆分为各种基本字根。拆分汉字应遵照以下规则。

扫码看视频

1. 书写顺序

拆分"合体字"时,一定要按照正确的书写顺序进行。按书写顺序拆分汉字是最基本的拆分原则。书写顺序通常为从左到右、从上到下、从外到内及综合应用,拆分时也应该按照该顺序来拆分。

◉ 从左到右

拆分汉字时先拆分出左边的字根,后拆分出右边的字根。

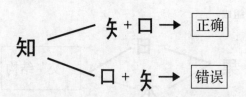

◉ 从上到下

拆分汉字时先拆分出上边的字根,后拆分出下边的字根。

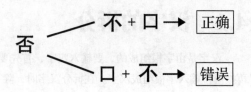

◉ 从外到内

拆分汉字时先拆分出外边的字根,后拆分出里边的字根。

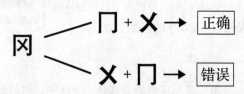

> ⓘ 提示:拆分"廴"和"辶"字根的汉字时应先拆分出"廴"和"辶"内部包含的字根,如"迷"字的书写顺应为"迷=米+辶"。

◉ 综合应用

有些汉字可以拆分为多个字根,字根之间可以是上、下、左、右或混合关系,这时可以综合应用"书写顺序"原则来拆分汉字。

如"圆"字应先考虑从外到内,将其拆分为"囗"和"员",再考虑从上到下,将"员"拆分为"口"和"贝"。

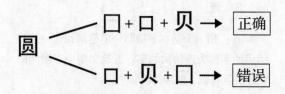

2. 取大优先

取大优先也叫作"优先取大"。按书写顺序拆分汉字时,应以"再添一个笔画便不能使其成为字根"为限,每次都拆取一个"尽可能大"的,即笔画尽可能多的字根。

使用"取大优先"原则拆分汉字，除了拆分出来的字根笔画应尽量多，拆分的字根数量应尽量少，还要保证拆分的字根必须是键面上的基本字根。

如"世"字，"一、凵、乙"都是字根表上的字根，但是根据"取大优先"原则应采用"廿"，而不能将其再拆分为更小的字根"一、凵"。

廿 + 乙 → 正确

一 + 凵 + 乙 → 错误

总之，"取大优先"俗称"尽量往前凑"，是一个在汉字拆分中最常用到的基本原则。至于什么才算"大"，"大"到什么程度才到极限，这要等熟悉了字根后，才不会出错误。

3. 兼顾直观

在拆分汉字时，为了照顾汉字字根的完整性，有时不得不暂且牺牲一下"书写顺序"和"取大优先"的原则，将汉字拆分成容易辨认的字根。

如"囚"字按"书写顺序"应拆成"冂、人、一"。但这样便破坏了汉字构造的直观性，故只好违背"书写顺序"，拆成"囗、人"。

囗 + 人 → 正确

冂 + 人 + 一 → 错误

如"白"字按"取大优先"应拆成"亻、乙、二"。但这样拆，不仅不直观，而且也有悖于"白"字的字源，故只能拆作"丿、日"，这叫作"兼顾直观"。

白 丿 + 日 → 正确

亻 + 乙 + 二 → 错误

4. 能连不交

当一个汉字既可以拆分成"连"结构，也可以拆分成"交"结构时，将汉字拆分成"连"结构是正确的。

如"丑"字，拆分成"乙、土"字根时，"乙"和"土"的字根关系为"连"结构；拆分成"刀、二"字根时，"刀"和"二"的字根关系为"交"结构。根据"能连不交"的原则，应拆分为"乙"和"土"。

丑 乙 + 土 → 正确

刀 + 二 → 错误

5. 能散不连

"能散不连"原则是指在拆分汉字时，能将汉字拆分为"散"结构就不要拆分成"连"结构的字根。

如"百"字，拆分成"丆、日"字根时，"丆"和"日"的字根关系为"散"结构；拆分成"一、白"字根时，"一"和"白"的字根关系是"连"结构。根据"能散不连"的原则，应拆分成"丆"和"日"。

百 丆 + 日 → 正确

一 + 白 → 错误

字根与字根之间的关系，可以分为"散"结构、"连"结构和"交"结构3种关系。

如"倡"字，拆分成"亻、日、曰"字根，3个字根之间的关系是"散"结构；如"白"字拆分成"丿、日"字根，两个字根之间的关系是"连"结构；如"夷"字，拆分成"一、弓、人"字根，三个字根之间的关系是"交"结构。字根之间的关系，决定了汉字的字型（上下、左右、综合）。

几个字根都"交""连"在一起的，如"夷""丙"等，肯定是"杂合型"，属于能散不连型字，不会有争议。而"散"结构的字必定是"取大优先"型或"兼顾直观"型字。

值得注意的是，有时候一个汉字被拆成的几个部分都是复笔字根（不是单笔画），它们之间的关系在"散"结构和"连"结构之间模棱两可。如"占"字，"卜""口"两者按"连"结构处理，便是杂合型（能连不交型）；两者按"散"结构处理，便是上下型（兼顾直观型）。当遇到这种既能"散"，又能"连"的情况时，五笔字型输入法规定：只要不是单笔画，一律按"能散不连"判别。因此，例子中的"占"被认为是"上下型"。

4.2 课堂实训——判断字根之间的关系

分辨表4.2-1所示的汉字字根之间的关系。通过本案例的学习，读者能够熟练判断字根之间的关系。

扫码看视频

表4.2-1 分辨字根之间的关系

汉字	字根关系	汉字	字根关系
月	（ ）结构	产	（ ）结构
勺	（ ）结构	汉	（ ）结构
里	（ ）结构	木	（ ）结构
斗	（ ）结构	不	（ ）结构
五	（ ）结构	未	（ ）结构
仇	（ ）结构	犬	（ ）结构
米	（ ）结构	啡	（ ）结构
入	（ ）结构	王	（ ）结构

实训目的

熟练掌握汉字字根之间的关系。

操作思路

在【字根关系】列中判断汉字的字根关系，如"月"字是独立的汉字，因此字根关系属于"单"结构；"产"字是由"立"和"丿"字根组成，并且字根之间有一定的距离，因此字根关系属于"连"结构。

在【字根关系】列中判断汉字的字根关系，如"不"字是由"一"和"小"字根组成，并且由单笔画和基本字根上下连接，因此字根关系属于"连"结构；"里"字是由"日"和"土"字根组成，并且字根相互交叉重叠，没有距离，因此字根关系属于"交"结构。

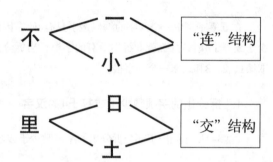

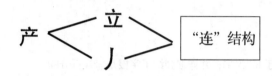

依次判断其他汉字的字根关系。如"仉"字由"亻、几"字根组成，并且"亻"和"几"字根之间还有距离，因此字根关系属于"散"结构；"未"字是由"一、木"字根组成，并且"一"和"木"字根相互交叉，因此字根关系属于"交"结构。字根关系的判断结果如表4.2–2所示。

表4.2-2 字根关系的判断结果

汉字	字根关系	汉字	字根关系
月	（单）结构	产	（连）结构
勺	（连）结构	汉	（散）结构
里	（交）结构	木	（单）结构
斗	（连）结构	不	（连）结构
五	（单）结构	未	（交）结构
仉	（散）结构	犬	（连）结构
米	（单）结构	啡	（散）结构
入	（连）结构	王	（单）结构

4.3 练习汉字的拆分

扫码看视频

按照前面介绍的汉字拆分原则，我们可以将所有的汉字拆分成多个字根。为了帮助读者快速掌握汉字的拆分原则，熟悉某些特殊的汉字构成，本节将对大量的汉字进行拆字练习，并对容易出现拆分错误的汉字进行解析。

4.3.1 拆分常见的汉字

在五笔字型中一个汉字的编码最多只有4码，因此汉字最多只能拆分为4个字根。当拆分出的字根数少于或等于4时，那么就要拆出所有的字根；当拆分出的字根数多于4时，就需要按照"书写顺序"原则取第1、2、3和最末一个的字根。

1. 拆分出的字根数少于或等于4的汉字

表4.3-1所示列出了部分拆分出的字根数少于或等于4的汉字，并详细介绍了字根是怎样拆分的。

表4.3-1 拆分出的字根数少于或等于4

汉字	拆分字根	汉字	拆分字根
舀	爫+臼	卦	土+土+卜
夭	丿+大	苓	艹+人+丶+マ
卯	匚+丿+卩	啊	口+阝+丁+口
检	木+人+一+䒑	急	勹+彐+心
孜	子+攵	裁	十+戈+宀+仪
畸	田+大+丁+口	兜	匚+白+彐+儿
词	讠+乙+一+口	婵	女+丷+日+十
暴	日+共+八+氺	氡	匚+乙+宀+女
盆	门+大+皿	悲	三+刂+三+心
册	冂+冂+一	扒	扌+八+丶
匐	勹+一+口+田	觇	卜+口+冂+儿
铵	钅+宀+女+一	卷	䒑+大+㔾

2. 拆分出的字根数多于4的汉字

拆分字根数多于4的汉字时，只取汉字的第1、2、3和最后一个字根。表4.3-2所示列出了部分字根数多于4的汉字。

表4.3-2 拆分出的字根数多于4

汉字	拆分字根	汉字	拆分字根
溁	氵+山+人+乙	喘	口+山+厂+刂
媛	女+爫+冖+又	臧	厂+乙+厂+丿
踪	口+止+宀+小	欲	八+人+口+人
鸭	甲+勹+丶+一	楦	木+宀+一+一
菀	艹+勹+口+丶	褊	礻+丬+丶+艹
薄	艹+氵+一+寸	璨	王+卜+夕+米
酬	西+一+丶+刂	揞	扌+宀+八+刂
漪	氵+犭+丿+口	骤	马+耳+又+氺
凳	癶+一+口+几	蒂	艹+亠+冖+刂
髓	𠀃+月+𠂆+辶	释	丿+米+又+刂
窒	宀+八+一+土	黠	囲+土+灬+口
儋	亻+勹+厂+言	踢	口+止+日+𠃌
续	纟+十+乙+大	甄	西+土+一+乙
撤	扌+宀+厶+攵	氅	䒑+冂+口+乙
懿	土+宀+一+心	隅	阝+日+冂+丶
惴	忄+山+厂+刂	祚	礻+丶+广+二
搬	扌+丿+舟+又	鳌	圭+勹+攵+一

4.3.2 容易拆错的汉字

对于部分特殊的汉字拆法，读者只需记住并多加练习，自然而然就能将其拆分出来。表4.3-3所示列出了一些容易拆错的汉字，并对其进行汉字解析。

表4.3-3 容易拆错的汉字

汉字	拆分字根	注意
魁	白+儿+厶+又	"鬼"的拆分
章	立+早	取大优先
舅	臼+田+力	书写顺序
末	一+木	兼顾直观
未	二+小	与"末"区分
饿	饣+丿+扌+丿	"我"的拆分
暨	彐+厶+匚+一	"厶"和"匚"的变形
茶	艹+人+禾	"禾"的变形
补	礻+丨+卜	"礻"不是字根
尬	尢+乙+人+刂	左包围不是"九"
姝	女+仁+小	书写顺序
煅	火+亻+三+又	"亻"的变形
厉	厂+丆+乙	"万"的拆分
关	丷+大	兼顾直观
牡	丿+扌+土	"牛"的拆分
乘	禾+丬+匕	"禾"的变形
压	厂+土+丶	书写顺序
庄	广+土	书写顺序
丞	了+八+一	兼顾直观
城	土+厂+乙+丿	笔画折的不同形状
狈	犭+丿+贝	"犭"不是字根
橡	木+勹+日+豕	"勹"的变形
塞	宀+二+刂+土	"共"的拆分

4.4 课堂实训——练习拆分汉字

对表4.4-1所示的汉字进行拆分。通过本案例的学习，读者能够掌握汉字的拆分规则和部分汉字的特殊拆法。

扫码看视频

表4.4-1 练习汉字的拆分

汉字	拆分字根	汉字	拆分字根
岱		气	
隅		眯	
磷		席	
唬		絮	
牾		钦	
腾		彼	
琉		账	
般		筹	
霞		嵘	
塬		晟	
魁		哦	
袖		狼	

实训目的

熟练掌握汉字拆分的原则和特殊拆法。

操作思路

在【拆分字根】列中判断汉字拆分的字根，

如"岱"字按"书写顺序"原则拆分后少于4个字根，即"亻、弋、山"。

$$岱 = 亻 + 弋 + 山$$

又如"气"字按"取大优先"原则拆分后少于4个字根，即"𠂉、乙"。

$$气 = 乞 + 乙 \qquad 隅 = 阝 + 日 + 冂 + 丶$$

"隅"字按"兼顾直观"原则拆分后多于4个字根，按照前面介绍的内容，会选择前3个字根和最后一个字根，即"阝、日、冂、丶"。

"睬"字按"取大优先"原则拆分后少于4个字根，即"目、𠁾、木"。

$$睬 = 目 + 𠁾 + 木$$

依次列出其他汉字的拆分字根。如"磷"字由"石、米、夕、丨"字根组成，是按照"书写顺序"原则拆分后多余4个字根，所以选择前3个字根和最后一个字根；"席"字是由"广、卅、冂、丨"字根组成，按照"取大优先"原则拆分后等于4个字根。汉字拆分的结果如表4.4-2所示。

表4.4-2 汉字拆分后的结果

汉字	拆分字根	汉字	拆分字根
岱	亻+弋+山	气	乞+乙
隅	阝+日+冂+丶	睬	目+𠁾+木
磷	石+米+夕+丨	席	广+卅+冂+丨
唬	口+广+七+几	絮	女+口+幺+小
牾	丿+扌+五+口	钦	钅+𠂉+人
腾	月+䒑+大+马	彼	彳+𠂆+又
琉	王+亠+厶+川	账	贝+丿+七+丶
般	丿+丹+几+又	莠	卅+三+丿+寸
霞	雨+彐+丨+又	嵊	山+禾+爿+匕
塬	土+厂+白+小	晟	日+厂+乙+丿
魁	白+儿+厶+十	哦	口+丿+扌+丿
袖	衤+丿+由	狼	犭+丿+丶+𧘇

4.5 输入键面字和键外字

键面字：在五笔字型输入法中键盘上显示的文字，包括键名汉字和成字字根。键外字：在五笔字型输入法中键面字以外的汉字，称为键外字，包括四字根键外字、超过四字根的键外字和不足四字根的键外字。

4.5.1 输入键面字

键面字是在五笔字根键盘上显示的文字，它包括5种单笔画、键名字根和成字字根，下面分别介绍它们各自的输入方法。

扫码看视频

1. 输入5种单笔画

"五笔"顾名思义是由5种笔画组成的，即横（一）、竖（丨）、撇（丿）、捺（丶）、折（乙）等5种基本笔画，也称单笔画。输入单笔画构成的汉字时，第1、2键是相同的，在五笔字型中特别规定了其输入的方法为：先按两次该单笔画所在的键位，然后再按两次"L"键。如图4.5-1所示。

笔画	一	丨	丿	丶	乙
五笔编码	GGLL	HHLL	TTLL	YYLL	NNLL

图4.5-1

2. 输入键名汉字

键名汉字是在按键上，使用频率比较高的汉字（"X"键除外），如"A"键的键名汉字为工，如图4.5-2所示。

键名汉字的输入方法很简单，将键名对应的键连按4次即可。例如输入"金"字，只需按"Q"键4次即可。

图4.5-2

各键名字根的输入方法如图4.5-3所示。

金（QQQQ）	人（WWWW）	月（EEEE）
白（RRRR）	禾（TTTT）	言（YYYY）
立（UUUU）	水（IIII）	火（OOOO）
之（PPPP）	工（AAAA）	木（SSSS）
大（DDDD）	土（FFFF）	王（GGGG）
目（HHHH）	日（JJJJ）	口（KKKK）
田（LLLL）	又（CCCC）	女（VVVV）
子（BBBB）	已（NNNN）	山（MMMM）
纟（XXXX）		

图4.5-3

3. 输入成字字根

在五笔字根键盘的每个字母键上，除了一个键名汉字外，还有一些其他类型的字根。有些字根本身就是一个汉字，这样的字根称为成字字根。

成字字根的输入方法是：先按一下该成字字根所在键（称为"报户口"），再按该成字字根的首笔、次笔及最末一个笔画所在键，若不足4码则补空格。例如"早"字字根所在键为"J"，首笔是"竖"——"H"键，次笔是"折"——"N"键，末笔是"竖"——"H"键，所以其编码为"JHNH"。当成字字根仅为两笔时，编码则只有3码。

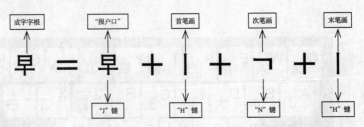

需要注意的是，首、次、末笔指的是单笔画，而不是字根。例如把"贝"字拆成"贝""冂""人"是错的，正确的是"贝""丨""乙""、"，即"MHNY"。

贝 = 贝 + 丨 + 乛 + 、

| 成字根 | 报户口 | 首笔画 | 次笔画 | 末笔画 |
| "M"键 | "H"键 | "N"键 | "Y"键 |

4.5.2 输入键外字

在五笔字型输入法中，键面字以外的汉字都是键外字。要输入键外字，需要将其拆分成字根表里已有的字根。它包括四字根键外字、超过四字根的键外字、不足四字根的键外字。

扫码看视频

1. 输入四字根键外字

四字根键外字是指汉字刚好能拆分为4个字根。要输入四字根键外字，应按照拆分原则中的"书写顺序"原则来拆分汉字，并提取该汉字的第1、2、3、4个字根，找到并按下这4个字根对应的键位。如"练"字，只需依次输入与字根"纟、七、乙、八"对应的"X""A""N""W"键即可。

练 = 纟 + 七 + 乙 + 八

| 第1个字根 | 第2个字根 | 第3个字根 | 第4个字根 |
| "X"键 | "A"键 | "N"键 | "W"键 |

2. 输入超过四字根的键外字

要输入超过四字根的键外字，应按照拆分原则中的"书写顺序"原则来拆分汉字，并提取该汉字的第1、2、3和最后一个字根，找到并按下这4个字根对应的键位。如"颜"字，只需依次输入与字根"立、丿、彡、贝"对应的"U""T""E""M"键即可。

颜 = 立 + 丿 + 彡 + 贝

| 第1个字根 | 第2个字根 | 第3个字根 | 末字根 |
| "U"键 | "T"键 | "E"键 | "M"键 |

3. 输入不足四字根的键外字

输入不足4个字根的汉字时，需要用到末笔字型识别码。不足4个字根的汉字的输入方法是：拆分字根的编码加上末笔字型识别码。例如"汉"字可以拆成"氵、又"，编码为"I、C"，末笔字型识别码为Y，因此"汉"字的编码为"ICY"。

末笔字型识别码适用于两个汉字编码相同而字型结构不同或最后一个笔画不同的情况，即末笔字型识别码=末笔识别码+字型识别码。

单独使用字型代码或末笔代码都不能区分所有的重码，因此应将字型代码或末笔代码对应的数字结合起来，组成一个数字。

末笔代码为十位，字型代码为个位，再将其与区位号联系起来，用区位号对应的字母作为识别码。如"汉"和"汁"都是左右型，代码均为1，因此字型识别码并不能区分它们。但是它们的最后一笔笔画不同，"汉"的末笔画为"、"，"汁"的末笔画为"丨"。"汉"字的末笔代码为4，字型为1，将字型代码和末笔代码组合起来，则"汉"字的末笔字型识别码为41，对应的键位为"Y"键，因此"汉"字的编码为"ICY"。"汁"字末笔代码为2，字型为1，即"汁"字的末笔字型识别码为21，对应的键位为"H"键，因此"汁"字的编码为"IFH"。

前面讲的"汉"和"汁"都是左右型的汉字，接下来再输入左右型和上下型的汉字。如"仍"和"亢"，它们的最后一笔笔画为折（乙），末笔代码均为5，因此末笔识别码不足以区分它们。但是它们的字型结构不同，"仍"属于左右型，"亢"属于上下型，代码分别为1和2。因此"仍"的字型代码为1，"亢"的字型代码为2，将字型代码和末笔代码组合起来，则"仍"的末笔识别码为51，"亢"的末笔识别码为52，对应的键分别为"N"和"B"键。故"仍"字的编码为"WEN"，"亢"字的编码为"YMB"。

根据汉字的5种笔画和3种字型可将末笔字型识别码分为15种，并且每个区位的前3位作为识别码使用，如表4.5-1所示。

表4.5-1 末笔字型识别码

末笔识别码	字型识别码		
	左右型 1	上下型 2	杂合型 3
横（一）1	G（11）	F（12）	D（13）
	杜 SFG	备 TLF	丹 MYD
	洱 IBG	刍 QVF	刁 NGD
竖（丨）2	H（21）	J（22）	K（23）
	仃 WSH	弁 CAJ	斗 UFK
	汗 IFH	竿 TFJ	弗 XJK

末笔识别码	字型识别码		
	左右型 1	上下型 2	杂合型 3
撇（丿）3	T（31） 矿 DYT 浅 IGT	R（32） 笺 TGR 声 FNR	E（33） 戎 ADE 毋 XDE
捺（丶）4	Y（41） 忖 NFY 吠 KDY	U（42） 艾 AQU 泵 DIU	I（43） 叉 CYI 尺 NYI
折（乙）5	N（51） 把 RCN 仇 WVN	B（52） 笆 TCB 夯 DLB	V（53） 厄 DBV 亏 FNV

使用末笔字型识别码输入汉字时，对汉字的末笔还有以下几点特殊约定。

（1）对偏旁为"辶""廴"的字和一个部分被另一个部分全包围的字，它们的末笔规定为被包围部分的末笔。如"匝"字的最后一笔是横，字型为杂合型，因此其末笔识别码为"D"键（13）。

（2）"我""栈""成"等字，按照书写顺序中的"从上到下"原则，末笔笔画是"丿"。如"栈"字的最后笔画为撇，字型为左右型，因此其末笔识别码为"T"键（31）。

（3）汉字中含有单独点的字，如"寸""犬""勺"等字中的"单独点"，离字根的距离很难确定远近之分，可以将其认为"丶"与附近的字根"相连"，因此其字型为杂合型，识别码为"I"（43）。

（4）五笔字型中规定，当需要判断末笔代码时，一律以其伸得最长的"折"作为末笔。如"花"字的末笔画为折（乙），字型为上下型，因此其末笔识别码为"B"键（52）。

4．输入重码字

在输入汉字时，一般都要对汉字进行编码。但在汉字编码的实践中，有时同一组编码会对应几个不同的汉字（或词组），这种现象称为"重码"。

虽然末笔字型识别码对于区别多数编码相同的汉字很有用，但像"尢、万、尤"这3个字，它们的编码和识别码都完全相同，均为"DNV"，此时末笔识别码将不能区分编码相同的汉字。在五笔字型输入法中，具有相同编码的汉字被称为"重码字"。

要输入重码字，可在重码字的选字框中按相应的键输入。

通常在重码字的选字框的第1个位置放置了最常用的重码字，要输入该汉字，直接按空格键即可。要输入选字框中的其他重码字，可以按选字框中汉字前对应的数字键"1、2、3……"。如输入"尢"字，只需输入编码"DNV"后按空格键即可；输入"万"字，则需要按选字框中汉字前对应的数字"2"，如图4.5-4所示。

> **dnv** | 当前打字速度:0字/分
> 1.尢 2.万 3.尤 4.成婚q 5.成群t 6.万灵o ◀ ▶

图4.5-4

4.6 课堂实训——练习输入汉字

对表4.6-1所示的汉字进行输入，并将汉字的拆分字根和对应的键位一一列出。通过本案例的学习，读者能熟练掌握汉字的输入。

扫码看视频

表4.6-1 汉字的输入

汉字	拆分字根	编码	汉字	拆分字根	编码
沙			峦		
运			帅		
径			戾		
贪			重		
倚			擒		
纂			椰		

实训目的

熟练掌握键外字的输入方法。

操作思路

在【拆分字根】列中输入汉字拆分的字根，并根据列出的字根输入相对应的编码。

在【拆分字根】列中输入汉字的拆分字根，如"沙"字按不足四字根的键外字的输入方法，可将其拆分为"氵、小、丿"，并且其末笔画为"丿"，字型结构为左右型，因此"沙"字的末笔字型识别码为31，对应的键位为"T"键。根据拆分的字根各自所对应的编码，按下"IITT"即可输入"沙"字。

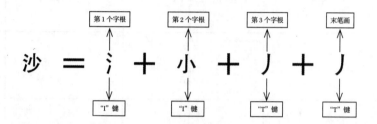

如"贪"字按四字根的键外字的输入方法，刚好可以将汉字拆分为"人、丶、乙、贝"。按照书写顺序取这个汉字的第1、2、3、4个字根，并找到这4个字根对应的键位。根据拆分的字根各自所对应的编码，按下"WYNM"即可输入"贪"字。

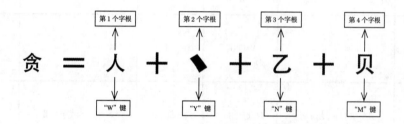

如"擒"字按超过四字根的键外字的输入方法，按照"书写顺序"原则，取"擒"字的第1、2、3和最后一个字根，即可将其拆分为"扌、人、文、厶"。根据拆分的字根各自所对应的编码，按下"RWYC"即可输入"擒"字。

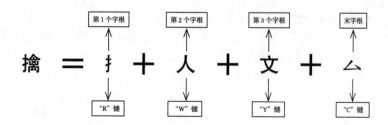

依次列出其他汉字的字根和编码，并根据编码输入汉字。如"峦"字拆分后的字根为"亠、小、山"，并且末笔画为"丨"，因此编码为"YOMJ"。所有汉字的字根和编码结果如表4.6-2所示。

表4.6-2 汉字的输入结果

汉字	拆分字根	编码	汉字	拆分字根	编码
沙	氵+小+丿	IITT	峦	亠+小+山	YOMJ
运	二+厶+辶	FCPI	帅	丿+冂+丨	JMHH
径	彳+スス+工	TCAG	戾	丶+尸+犬	YNDI
贪	人+丶+乙+贝	WYNM	重	丿+一+日+土	TGJF
倚	亻+大+丁+口	WDSK	擒	扌+人+文+厶	RWYC
篆	竹+彑+大+小	THDI	榔	木+丶+彐+阝	SYVB

4.7 常见疑难问题解析

问：五笔字型输入法中"Z"键有何功能？

答：五笔字根键位只使用了25个字母键，"Z"键上没有任何字根，被称为"万能学习键"。在初学者对字根键位不太熟悉，或对某些汉字的字根拆分感到困难时，"Z"键可以提供帮助，因为一切未知的编码都可以用"Z"键来表示。它有两个主要的作用：①代替未知的识别码；②代替模糊不清或分解不准的字根。由于使用"Z"键会增加重码，增加选择时间，所以，希望初学者能尽早记住基本的字根和五笔字型的编码方法，多做练习，尽量少用或不用"Z"键。

4.8 课后习题

判断表4.8-1所示的汉字由哪些字根组成，并写出各个字根所对应的编码，再通过汉字的编码输入该汉字。

扫码看视频

表4.8-1 汉字的拆分与编码

汉字	拆分字根	编码	汉字	拆分字根	编码
矮			猜		
邪			润		
魍			岸		
鸟			愎		
霈			歆		
屠			栀		
窘			衷		
撰			兔		
毯			菝		
酱			虐		

按照汉字的输入原则，表4.8-1中的汉字拆分与编码的输入结果如表4.8-2所示。

表4.8-2 汉字的输入结果

汉字	拆分字根	编码	汉字	拆分字根	编码
矮	宀+大+禾+女	TDTV	猜	犭+丿+青+月	QTGE
邪	匚+丨+丿+阝	AHTB	润	氵+门+王	IUGG
魍	白+儿+厶+人	RQCW	岸	山+厂+干	MDFJ
鸟	勹+丶+乙+一	QYNG	愎	忄+宀+日+夂	NTJT
霏	雨+氵+一+丨	FIGH	欮	立+日+宀+人	UJQW
屠	尸+土+丿+日	NFTJ	栀	木+厂+一+巴	SRGB
窘	宀+八+彐+口	PWVK	衷	亠+口+丨+依	YKHE
撰	扌+巳+巳+八	RNNW	兔	夕+口+儿+丶	QKQY
毯	丿+二+乙+火	TFNO	菝	艹+人+一+夂	AWGT
酱	丬+夕+西+一	UQSG	虐	虍+七+匚+一	HAAG

第 5 章
输入五笔字型的简码与词组

本章内容简介

本章主要介绍如何快速输入五笔字型的简码与词组。

学完本章我能做什么

学完本章，你能熟练拆分汉字，并能快速输入汉字，提高打字速度。

学习目标

▶ 掌握五笔字型的简码输入

▶ 掌握五笔字型的词组输入

5.1 五笔字型的简码输入

五笔字型将常用汉字设置成三级简码，一级简码、二级简码和三级简码只需分别键入该汉字的前一个字根、前两个字根、前三个字根，再按空格键即可输入。

扫码看视频

5.1.1 输入一级简码

五笔字型输入法挑出了在汉语中使用频率最高的25个汉字，根据每个字母键上的字根形态特征，把它们分布在键盘的25个字根字母键上，这就是一级简码。

输入一级简码很简单，按一下简码所在的键，再按一下空格键即可。一级简码分布的规律是按第一笔画来分类的（少数除外），分为5个区，即横开始的汉字放在一区，竖开始的汉字放在二区，撇开始的汉字放在三区，捺开始的汉字放在四区，折开始的汉字放在五区。图5.1所示是一级简码的键盘分布，一级简码分别是"一地在要工，上是中国同，和的有人我，主产不为这，民了发以经"。

图5.1

5.1.2 输入二级简码

一个汉字的五笔字型全码通常为4个，需要按键4次才能输入。为了加快输入速度，五笔字型输入法把使用频度比较高的600多个汉字设计为二级简码汉字。

二级简码是指该字只需输入其前面的两个代码，再按空格键，该字即可上屏。以"到"字为例，二级简码为"GC"，输入后按空格键，该字立即上屏。而该字的全码为"GCFJ"，虽也可以全码输入，但会大大影响输入效率。

在输入词汇时，若为两字词汇（使用最为频繁），也是取每个汉字的前两个代码，因此，采用二级简码输入只是针对单个汉字输入的情况。

对于某些汉字，采用二级简码的编码输入还可以避开末笔字型识别码的干扰，因此，熟记汉字中哪些是二级简码汉字十分重要。以下依据键盘的区位顺序，依次给出25个键位的全部二级简码汉字及其代码。在记忆这些汉字代码时，一律只记两码。

要输入某个字，可以先按其所在行的字母键，再按其所在列的字母键。如果该列交叉点为空，则表示该键位上没有对应的二级简码。

表5.1-1所示列出了五笔字型中的所有二级简码，其中空白的地方表示该键位上没有对应的二级简码。

表5.1-1 二级简码

	G F D S A 11~15	H J K L M 21~25	T R E W Q 31~35	Y U I O P 41~45	N B V C X 51~55
11G	五于天末开	下理事画现	玫珠表珍列	玉平不来琼	与屯妻到互
12F	二寺城霜载	直进吉协南	才垢圾夫无	坟增示赤过	志地雪支姆
13D	三夺大厅左	丰百右历面	帮原胡春克	太磁砂灰达	成顾肆友龙
14S	本村枯林械	相查可楞机	格析极检构	术样档杰棕	杨李要权楷
15A	七革基苛式	牙划或功贡	攻匠菜共区	芳燕东蒌芝	世节切芭药
21H	睛睦睚盯虎	止旧占卤贞	睡睥肯具餐	眩瞳步眯瞎	卢 眼皮此
22J	量时晨果虹	早昌蝇曙遇	昨蝗明蛤晚	景暗晃显晕	电最归紧昆
23K	呈叶顺呆呀	中虽吕另员	呼听吸只史	嘛啼吵噗喧	叫啊哪吧哟
24L	车轩因困轼	四辑加男轴	力斩胃办罗	罚较 辚边	思团轨轻累
25M	同财央朵曲	由则迥崭册	几贩骨内风	凡赠峭嵝迪	岂邮 凤嵌
31T	生行知条长	处得各务向	笔物秀答称	入科秒秋管	秘季委么第
32R	后持拓打找	年提扣押抽	手折抑失换	扩拉朱搂近	所报扫反批
33E	且肝须采肛	胆肿肋肌	用遥朋脸胸	及胶腔脒爱	甩服妥肥脂
34W	全会估休代	个介保佃仙	作伯仍从你	信们偿伙	亿他分公化
35Q	钱针然钉氏	外旬名甸负	儿铁角欠多	久匀乐炙锭	包凶争色锴
41Y	主计庆订度	让刘训为高	放诉衣认义	方说就变这	记离良充率
42U	闰半关亲并	站间部曾商	产瓣前闪交	六立冰普帝	决闻妆冯北
43I	汪法尖洒江	小浊澡渐没	少泊肖兴光	注洋水淡学	沁池当汉涨
44O	业灶类灯煤	粘烛炽烟灿	烽煌粗粉炮	米料炒炎迷	断籽娄烃糯
45P	定守害宁宽	寂审宫军宙	客宾家空宛	社实宵灾之	官字安 它
51N	怀导居怵民	收慢避惭届	必怕 愉懈	心习悄屡忱	忆敢恨怪尼
52B	卫际承阿陈	耻阳职阵出	降孤阴队隐	防联孙耿辽	也子限取陛
53V	姨寻姑杂毁	叟旭如舅妞	九姝奶臾婚	妨嫌录灵巡	刀好妇妈姆
54C	骊对参骠戏	骒台劝观	矣牟能难允	驻骈 驼	马邓艰双
55X	线结顷绌红	引旨强细纲	张绵级给约	纺弱纱继综	纪弛绿经比

> 技巧：要查找并输入二级简码表中的某个字，可以先按下它所在行的字母键，再按下它所在列的字母键。如输入"记"字，应先按下它所在行的字母键"Y"，再按下它所在列的字母键"N"。

5.1.3 输入三级简码

三级简码由一个汉字的前3个字根组成，只要一个汉字的前3个字根的编码在整个编码体系中是唯一的，一般都作为三级简码来输入。

与输入一级简码、二级简码时一样，三级简码的输入是敲完3个字根代码后再敲空格键。虽然加上空格键后也要敲4下，但因为很多字不需要用到识别码，而且空格键比其他键更容易击中，因此这样在无形之中也就提高了输入的速度。

5.2 课堂实训——练习输入简码字

练习输入表5.2-1所示的简码字。通过本实训的学习，读者能熟练掌握汉字对应的所在行和所在列的字母键。

扫码看视频

表5.2-1 练习输入简码字

汉字	键位	汉字	键位	汉字	键位
人		凡		全	
呈		听		没	
队		秋		刘	
如		包		此	
百		七		雪	
术		来		无	
多		答		全	
双		六		在	
引		只		手	
电		果		半	
义		取		肯	
洋		信		采	

实训目的

熟练掌握每个汉字对应的键位。

操作思路

切换到五笔字型输入法后，在键盘上找到"人"字对应的键位"W"，并按下该键位，然后按下空格键即可输入"人"，如图5.2-1所示。

w	当前打字速度:3字/分
1.人 2.但jg 3.八 4.从w 5.⑧ ◀ ▶	

图5.2-1

用同样的方法依次输入其他简码字，如"凡"字只需按下该汉字的前两个字根的键位，即"M"键和"Y"键，然后按下空格键便可输入，如图5.2-2所示。

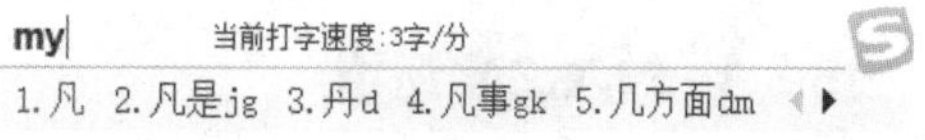

my	当前打字速度:3字/分
1.凡 2.凡是jg 3.丹d 4.凡事gk 5.几方面dm ◀ ▶	

图5.2-2

又如"全"字只需按下键盘上的"W"键和"G"键，然后按下空格键即可输入。剩余所有简码字对应的键位如表5.2-2所示。

表5.2-2 输入简码字对应的键位

汉字	键位	汉字	键位	汉字	键位
人	W	凡	MY	全	WG
呈	KG	听	KR	没	IM
队	BW	秋	TO	刘	YJ
如	VK	包	QN	此	HX
百	DJ	七	AG	雪	FV
术	SY	来	GO	无	FQ
多	QQ	答	TW	全	WG
双	CC	六	UY	在	D
引	XH	只	KW	手	RT
电	JN	果	JS	半	UF
义	YQ	取	BC	肯	HE
洋	IU	信	WY	采	ES

5.3 五笔字型的词组输入

五笔字型输入法增强了词汇输入的功能。可以说，五笔字型输入法中最实用的还是词组输入。

字是汉字的基本单位，由字组成了含义丰富的词，再由字和词组成句子。在句子中如果把词作为基本的输入单位，输入速度就会很快。五笔字型输入法中的词和字一样，一个词只需4码。输入词组按字数分为4种：输入二字词组、输入三字词组、输入四字词组和输入多字词组。

扫码看视频

5.3.1 输入二字词组

二字词组的取码规则为"一字一、二码，二字一、二码"，指的是分别取每个字的前两个字根构成词汇简码。

二字词组在汉语词汇中占有相当大的比重。例如"代理"，取"亻、弋、王、日"，输入编码"WAGJ"即可。

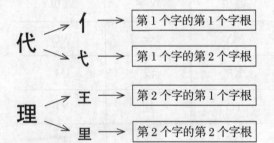

5.3.2 输入三字词组

三字词组的取码规则为"一、二字一码，三字前两码"，指的是取前两个汉字的第1个字根和第3个字的前两个字根。

例如"读后感"，取"讠、厂、厂、一"，输入"YRDG"即可。

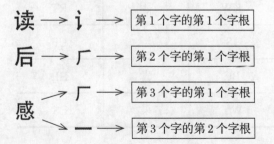

5.3.3 输入四字词组

四字词组的取码规则为"字字第一码"，指的是分别取每个汉字的第1个字根作为编码。

例如"励精图治"，取"厂、米、口、氵"，输入编码"DOLI"即可。

励 → 厂 → 第1个字的第1个字根

精 → 米 → 第2个字的第1个字根

图 → 口 → 第3个字的第1个字根

治 → 氵 → 第4个字的第1个字根

5.3.4 输入多字词组

多字词组的取码规则为"前三第一码，最后第一码"。

多字词是指构成词的单个汉字数超过4个。多字词的编码按"一、二、三、末"的规则，即分别取第1、第2、第3及最末一个汉字的第1个字根构成编码。例如"图书管理员"，取"口、乙、竹、口"，输入编码"LNTK"即可。

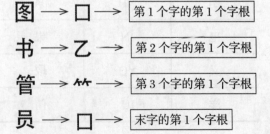

5.4 课堂实训——练习输入词组

练习输入表5.4–1所示的词组。通过本实训的学习，读者能熟练掌握汉字拆分后的各个字根和字根对应的键位，从而掌握词组的输入方法。

扫码看视频

表5.4-1 练习输入词组

词组	拆分字根	编码	词组	拆分字根	编码
熟悉			遥远		
动物			数字		
风景			颜色		
千里眼			近义词		
倒计时			感叹号		
无所谓			拿不准		
卧薪尝胆			差强人意		
因地制宜			余音绕梁		
高级 工程师			闻名不如 见面		
非淡泊无 以明志			行百里者 半九十		

实训目的

熟练掌握每个词组的拆分字根和对应的键位，并熟练地输入词组。

操作思路

在【拆分字根】列中写出词组的拆分字根，并在【编码】列中写出词组的编码，然后根据编码输入词组。

如二字词组"熟悉"中，"熟"字的前两个字根为"亠、子"，对应的键位为"Y"和"B"键；"悉"字的前两个字根为"丿、米"，对应的键位为"T"和"O"键。因此输入编码"YBTO"即可输入词组"熟悉"。

三字词组"近义词"中，"近"字的第1个字根为"斤"，对应的键位为"R"键；"义"字的第1个字根为"丶"，对应的键位为"Y"键；"词"字的前两个字根为"讠、乙"，对应的键位为"Y"和"N"键。因此输入编码"RYYN"即可输入词组"近义词"。

四字词组"余音绕梁"中，"余"字的第1个字根为"人"，对应的键位为"W"键；"音"字的第1个字根为"立"，对应的键位为"U"键；"绕"字的第1字根为"纟"，对应的键位为"X"键；"梁"字的第1个字根为"氵"，对应的键位为"I"键。因此输入编码"WUXI"即可输入词组"余音绕梁"。

多字词组"高级工程师"中，"高"字的第1个字根为"亠"，对应的键位为"Y"键；"级"字的第1个字根为"纟"，对应的键位为"X"键；"工"字的第1字根为"工"，对应的键位为"A"键；"师"字的第1个字根为"刂"，对应的键位为"J"键。因此输入编码"YXAJ"即可输入词组"近义词"。

剩余所有词组对应的拆分字根和编码如表5.4-2所示。

表5.4-2 输入简码字对应的键位

词组	拆分字根	编码	词组	拆分字根	编码
熟悉	亠+子+丿+米	YBTO	遥远	爫+匚+二+儿	ERFQ
动物	二+厶+丿+扌	FCTR	数字	米+女+宀+子	OVPB
风景	几+乂+日+亠	MQJY	颜色	立+丿+ク+巴	UTQC
千里眼	丿+日+目+彐	TJHV	近义词	斤+丶+讠+乙	RYYN
倒计时	亻+讠+日+寸	WYJF	感叹号	厂+口+口+一	DKKG
无所谓	二+厂+讠+田	FRYL	拿不准	人+一+冫+亻	WGUW
卧薪尝胆	匚+艹+⺌+月	AAIE	差强人意	⸒+弓+人+立	UXWU
因地制宜	口+土+⺊+宀	LFRP	余音绕梁	人+立+纟+氵	WUXI
高级 工程师	亠+纟+工+刂	YXAJ	闻名不如 见面	门+夕+一+ㄱ	UQGD
非淡泊无 以明志	三+氵+氵+士	DIIF	行百里者 半九十	彳+ㄱ+日+一	TDJG

5.5　常见疑难问题解析

问：怎样快速记住五笔字型的编码规则？

答：掌握汉字的编码规则，熟悉每个汉字的编码，是掌握五笔字型输入法的基础。以五笔中的单字编码为例，可熟记以下口诀：五笔字型均直观，依照笔顺把码编；键名汉字打四下，基本字根请照搬；一二三末取四码，顺序拆分大优先；不足四码要注意，交叉识别补后边。

5.6　课后习题

输入表5.6-1所示的简码和词组，从而达到熟练输入简码和词组的目的。

扫码看视频

表5.6-1　练习输入简码和词组

汉字	编码	汉字	编码
一		中	
上		地	
有		主	
国		经	
是		要	
为		产	
暗		垢	
碧		昏	
惆		迥	
短		究	
结果		严肃	
勤劳		勉强	
安静		谦虚	
承包商		北戴河	
省略号		繁体字	
无微不至		奋发图强	
举重若轻		有备无患	
隔行如隔山		百思不得其解	
树欲静而风不止		青出于蓝而胜于蓝	

按照前面讲解的内容，读者掌握了汉字的拆分与输入方法后，还可以善用词组来提高汉字的输入速度。表5.6-1中的简码和词组的输入结果如表5.6-2所示。

表5.6-2 简码和词组的输入结果

汉字	编码	汉字	编码
一	G	中	K
上	H	地	F
有	E	主	Y
国	L	经	X
是	J	要	S
为	O	产	U
暗	JU	垢	FR
珠	GR	氏	QA
届	NM	迥	MK
知	TD	空	PW
结果	XFJS	严肃	GOVI
勤劳	AKAP	勉强	QKXK
安静	PVGE	谦虚	YUHA
承包商	BQUM	北戴河	UFIS
省略号	ILKG	繁体字	TWPB
无微不至	FTGG	奋发图强	DNLX
举重若轻	ITAL	有备无患	DTFK
隔行如隔山	BTVM	百思不得其解	DLGQ
树欲静而风不止	SWGH	青出于蓝而胜于蓝	GBGA

第6章
五笔字型输入法的实际应用

本章内容简介

　　本章主要介绍了五笔字型输入法的设置、特殊字符的输入和用造字程序造字的相关知识。

学完本章我能做什么

　　学完本章，你能熟练对五笔字型输入法进行设置，能快速输入特殊的字符，还可以根据需要自己造字。

学习目标

▶ 掌握五笔字型输入法的设置

▶ 掌握特殊字符的输入

▶ 掌握用造字程序造字

6.1 五笔字型输入法的设置

在使用五笔字型输入法输入汉字时，为了提高文字的输入速度，用户可以对输入法进行设置，还可以使用"造字程序"创造一些五笔字型输入法中没有的生僻字。

6.1.1 输入法的添加和删除

用户想要添加一些其他的输入法，或者感觉有些输入法用不到时，需要对其进行添加或者删除操作。

扫码看视频

添加输入法

在电脑中添加输入法需要在【控制面板】中操作，因此在添加输入法之前，需要先将【控制面板】打开，打开【控制面板】的具体操作步骤如下。

❶ 在电脑桌面上单击左下角的【开始】按钮，在弹出的菜单中找到【Windows系统】菜单项，如图6.1-1所示。

图6.1-1

❷ 单击【Windows系统】菜单项，在打开的列表中选择【控制面板】选项，如图6.1-2所示。

图6.1-2

❸ 弹出【控制面板】对话框后，单击【时钟、语言和区域】选项，如图6.1-3所示。

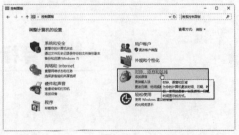

图6.1-3

❹ 弹出【时钟、语言和区域】窗口后，单击【语言】选项，如图6.1-4所示。

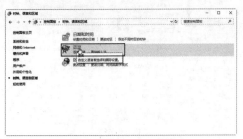

图6.1-4

❺ 弹出【语言】窗口后，单击【选项】选项，如图6.1-5所示。

图6.1-5

❻ 弹出【语言选项】窗口后，在【输入法】列表框中单击【添加输入法】选项，如图6.1-6所示。

图6.1-6

❼ 弹出【输入法】窗口后，在【添加输入法】列表框中选择要添加的输入法选项。例如，这里选择【微软五笔】，然后单击【添加】按钮，如图6.1-7所示。

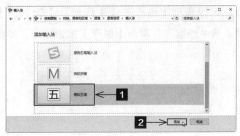

图6.1-7

❽ 返回【语言选项】窗口后，即可看到【微软五笔】已经添加到【输入法】区域中，然后单击【保存】按钮，如图6.1-8所示。

图6.1-8

✐ 删除输入法

删除输入法与添加输入法方法大致相同，具体的操作步骤如下。

❶ 按照前面介绍的方法，在【控制面板】中按步骤打开【语言选项】窗口，在【输入法】列表框中选择要删除的输入法。这里选择【微软五笔】，单击输入法后面的【删除】选项，如图6.1-9所示。

图6.1-9

❷ 可以看到【微软五笔】已经从【输入法】列表框中删除了，单击【保存】按钮即可，如图6.1-10所示。

图6.1-10

6.1.2 输入法属性的设置

添加五笔字型输入法后，用户可以根据自身需求对输入法的属性进行设置。

扫码看视频

设置输入法属性的操作需要在【控制面板】中完成，下面以【词语联想】和【编码逐渐提示】属性的设置为例来介绍其具体的操作步骤。

词语联想

❶ 按照前面介绍的方法，在【控制面板】中按步骤打开【语言选项】窗口，在【输入法】列表框中选择要设置的输入法，这里选择【搜狗五笔输入法】，然后单击其后面的【选项】选项，如图6.1-11所示。

图6.1-11

❷ 弹出【属性设置】对话框后，切换到【高级】选项卡，在【辅助功能】区域中选中【词语联想】复选框，单击【确定】按钮，如图6.1-12所示。

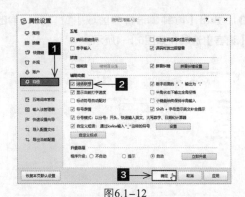

图6.1-12

> 提示：在对话框中选中某个复选框后，单击【确定】按钮将启动相应的功能。

【词语联想】功能是建立在词库中词语的基础上的，启用该功能后，用户输入某个字或词组时，屏幕将显示以该字或词组开头的相关词组。在使用五笔字型输入法时一般不会启用【词语联想】，因为这样会增加按键盘的次数。

编码逐渐提示

❶ 按照前面介绍的方法打开【属性设置】对话框，切换到【高级】选项卡，可以看到在【五笔】区域中【编码逐渐提示】复选框已经被选中，直接单击【确定】按钮，如图6.1-13所示。

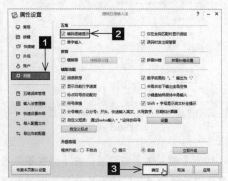

图6.1-13

❷ 启用【编码逐渐提示】功能后，汉字输入框中将显示所有以输入的字根开始的字和词，从而方便用户选择。未启用该功能时，不会出现汉字输入框，所以此功能在【属性设置】中属于默认勾选功能。

用户可以根据自己的需求来设置输入法的各项功能，并比较在输入法中启用和不启用各项功能的效果。

6.1.3 手工造词

在实际工作中，会出现一些五笔字型中没有的词语，这时用户就可以使用五笔字型输入法中自带的造词工具。合理地使用该工具可以极大提升用户的打字速度。

扫码看视频

通过手工造词，用户可以自定义新词，也可以对扩展词库进行维护，以满足特殊的需要。下面以"闻名不如见面"为例进行介绍，具体的操作步骤如下。

❶ 按"Ctrl+Shift"组合键切换出五笔输入法，如图6.1-14所示。

图6.1-14

❷ 单击【工具箱】按钮，在弹出的界面中选择【自造词】选项，如图6.1-15所示。

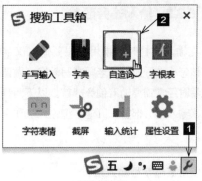
图6.1-15

❸ 弹出【造新词】对话框，在【新词】文本框中输入"闻名不如见面"，这时【新词编码】文本框中会自动出现其输入编码"uqgd"，【已有重码】文本框中会出现五笔中相同编码的字，单击【确定】按钮，如图6.1-16所示。

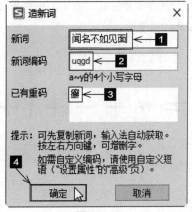
图6.1-16

> 提示：设置造词功能时，词语的字符必须是全角字符，并且一个词最多不能超过20个汉字或全角字符。

6.2 特殊字符的输入

在日常应用的过程中，除了需要输入一些普通的汉字，还会遇到需要输入某些特殊字符的情况，例如偏旁部首、繁体字、生僻字等，部分文件还需要输入其他国家的一些文字。这时用户就需要掌握一些较常用的特殊字符的输入方法。

6.2.1 输入偏旁部首

续表

在输入文档时如果用户想要输入汉字偏旁部首该怎么办？尤其是老师在写教案、做课件和出试卷时经常需要输入偏旁部首。以下两种方式可用来输入偏旁部首：五笔字型输入法和全拼输入法。

使用五笔字型输入法

在五笔字型输入法中，偏旁部首在各个键位上都可以找到，因此可以将其当作字根来处理。偏旁部首的输入方法与成字字根的输入方法完全相同。

偏旁部首＝报户口＋首笔画＋次笔画＋末笔画，如果偏旁部首不足四码，可用空格键补充；另外有些偏旁部首需要借助末笔字型识别码才能输入，如表6.2-1所示。

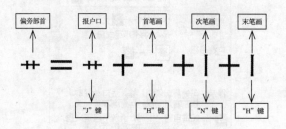

表6.2-1 偏旁对应编码

偏旁	拆分字根	编码
扌	扌＋一＋丨＋一	RGHG
廾	廾＋一＋丿＋丨	AGTH
艹	艹＋一＋丨＋丨	AGHH
廿	廿＋一＋丨＋一	AGHG
忄	忄＋丶＋丨＋丶	NYHY
弋	弋＋一＋乙＋丶	AGNY
彡	彡＋丿＋丿＋丿	ETTT
彳	彳＋丿＋丿＋丨	TTTH

偏旁	拆分字根	编码
夂	夂＋丿＋乙＋丶	TTNY
勹	勹＋丿＋乙	QTN
尢	尢＋乙＋巛	DNV
亻	亻＋丿＋丨	WTH
疒	疒＋丶＋一＋一	UYGG
刂	刂＋丨＋丨	JHH
丬	丬＋丶＋一＋丨	UYGH
冫	冫＋丶＋一	UYG
氵	氵＋丶＋丶	IYYG
灬	灬＋丶＋丶＋丶	OYYY
囗	冂＋丨＋乙＋一	LHNG
厶	厶＋乙＋丶	CNY
衤	衤＋冫＋冫	PUI
礻	礻＋丶＋冫	PYI
凵	凵＋乙＋丨	BNH
隹	亻＋丶＋一	WYG
屮	凵＋丨＋川	BHK
匚	匚＋一＋乙	AGN
卩	卩＋乙＋丨	BNH
阝	阝＋乙＋丨	BNH
虍	虍＋七＋巛	HAV
冖	冖＋丶＋乙	PYN
巛	巛＋乙＋乙＋乙	VNNN
钅	钅＋丿＋一＋乙	QTGN
辶	辶＋丶＋乙	PYNY
夂	夂＋乙＋丶	PNY
髟	镸＋彡＋丿	DET
冂	冂＋丨＋乙	MHN
纟	（键名）	XXXX
系	丿＋幺＋小＋冫	TXIU
宀	宀＋丶＋丶＋乙	PYYN
聿	⇛＋丨＋川	VHK

使用全拼输入法

切换到全拼输入法，在全拼输入法状态下输入偏旁这两个汉字的拼音字母"pianpang"，会出现图6.2-1所示的汉字列表框，然后通过翻页去选择所需要的偏旁。

图6.2-1

6.2.2 输入繁体字

在日常工作中，我们在电脑上输入的文字一般都是简体字，那怎样在电脑中输入繁体字呢？

下面我们通过五笔字型输入法和拼音输入法来详细介绍如何在电脑中输入繁体字。

扫码看视频

使用搜狗五笔字型输入法

使用搜狗五笔字型输入法输入繁体字的具体操作步骤如下。

❶ 切换到搜狗五笔字型输入法，即可看到【工具箱】按钮 🔧，如图6.2-2所示。

图6.2-2

❷ 将鼠标指针定位在【工具箱】按钮上，单击鼠标右键，在弹出的菜单中选择【简繁】→【繁体】选项，如图6.2-3所示。

图6.2-3

❸ 设置完成后，即可在电脑中输入需要的繁体字，如图6.2-4所示。

图6.2-4

使用拼音输入法

除了使用搜狗五笔字型输入法外，还可以通过拼音输入法来输入繁体字，设置方法与搜狗五笔字型输入法类似，具体的操作步骤如下。

切换到搜狗拼音输入法，在【工具箱】按钮上单击鼠标右键，在弹出的菜单中选择【简繁切换】→【繁体（常用）】选项，如图6.2-5所示，即可切换到繁体输入法。

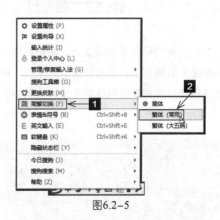

图6.2-5

提示：在Word文档中输入任何汉字的简体，通过简繁体转换可以快速地将简体转换为繁体。

6.2.3 输入特殊符号

在输入文字或者对文字进行排版时，用户经常需要输入一些特殊符号，这时可以用"软键盘"来实现特殊符号的输入。具体的操作步骤如下。

扫码看视频

使用搜狗五笔字型输入法

❶ 切换到搜狗五笔字型输入法，将鼠标指针移动到软键盘按钮上，单击鼠标右键，在弹出的菜单中选择【特殊符号】选项，如图6.2-6所示。

图6.2-6

❷ 弹出带有特殊符号的软键盘，将鼠标指针悬停在要输入的键位上，当指针变为"手形"时，单击该键即可将需要的特殊符号输入文档中，如图6.2-7所示。

图6.2-7

❸ 如果想要输入一些其他的符号，可以在弹出的菜单中选择合适的选项，如图6.2-8所示。

图6.2-8

使用搜狗拼音输入法

切换到搜狗拼音输入法，将鼠标指针移动到【输入方式（小键盘符号）】按钮上，单击鼠标右键，在弹出的菜单中选择【特殊符号】选项，如图6.2-9所示，然后在弹出的软键盘中单击符号所对应的字母键，即可将字母键上对应的符号输入到文档中。

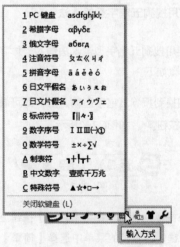

图6.2-9

6.2.4　输入生僻汉字

在录入的过程中如果遇到某些生僻的汉字无法输入，用户则可通过Windows自带的"字符映射表"程序来输入。

扫码看视频

下面以"杵"为例，介绍如何输入生僻字。具体的操作步骤如下。

❶　在电脑桌面上单击左下角的【开始】按钮，在弹出的菜单中找到【Windows附件】菜单项，如图6.2-10所示。

图6.2-10

❷　单击【Windows附件】菜单项，在弹出的列表中选择【字符映射表】选项，如图6.2-11所示。

图6.2-11

❸　弹出【字符映射表】对话框，在【字体】下拉列表中选择一种合适的字体。这里选择【宋体】选项，如图6.2-12所示。

图6.2-12

❹ 选中【字符映射表】对话框中的【高级查看】复选框,在对话框的下方会显示高级设置选项,在【字符集】下拉列表中选择要插入的字符类型,例如选择【Windows:简体中文】选项,如图6.2-13所示。

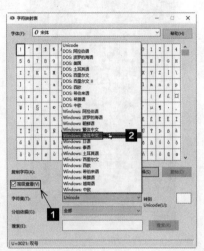

图6.2-13

❺ 在【分组依据】下拉列表中选择查找字符的方式,例如选择【按偏旁部首分类的表意文字】选项,在【字符映射表】对话框的旁边则会显示【分组】对话框,在该对话框中会显示汉字的各个偏旁部首,如图6.2-14所示。

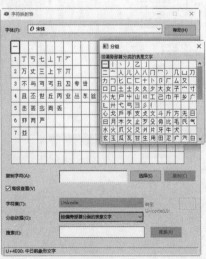

图6.2-14

❻ 在【分组】对话框中选择要输入汉字的偏旁,例如选择【木】选项,在【字符映射表】对话框中就会显示所有"木"字旁的汉字,如图6.2-15所示。

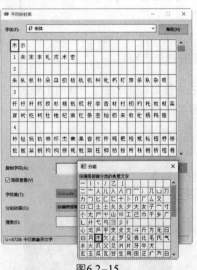

图6.2-15

❼ 根据要输入的汉字另一部分的笔画数来确定该汉字所属的位置,如"杅"字右侧部分的笔画数为4,则可在【字符映射表】对话框中数字4的下边单击所需的汉字,如图6.2-16所示。

图6.2-16

❽ 选中所需的汉字后，单击【字符映射表】对话框中的【选择】按钮或者双击该字符，那么所选的汉字就会出现在【复制字符】文本框中，然后单击【复制】按钮即可，如图6.2-17所示。

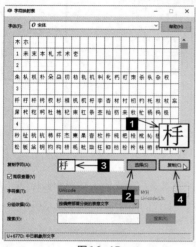

图6.2-17

❾ 切换到需要输入该生僻字的文件中，然后单击鼠标右键，从弹出的快捷菜单中选择【粘贴】菜单项或者按"Ctrl"+"V"组合键即可粘贴"杊"字。输入完成后，在【字符映射表】对话框中单击右上角的【关闭】按钮即可，如图6.2-18所示。

图6.2-18

6.3 课堂实训——练习输入特殊字符

练习输入图6.3-1所示的各种特殊字符。通过本实训的学习，读者能够掌握不同字符的各种输入方法。

扫码看视频

廿	勹	凵	隹	衤	刂	乂	冖
屮	氵	卩	厶	囗	冂	卅	彡
條（条）	藍（蓝）	亂（乱）	島（岛）	罷（罢）	爾（尔）	發（发）	鴿（鸽）
奪（夺）	財（财）	輔（辅）	幹（干）	機（机）	凱（凯）	續（续）	閱（阅）
§	△	★	※	#	♂	◎	€
¤	♀	No	●	‰	◇	≡	☆
丩	丂	孓	卋	彐	劧	乚	圡
扒	円	叕	圓	尭	禾	髙	夲
廲	匦	彣	圭	罃	尫	歾	亜
鈮	斠	廔	朢	毭	犕	睯	牔

图6.3-1

实训目的

熟练掌握输入不同特殊字符的输入方法。

操作思路

输入偏旁

切换到五笔字型输入法，按照前面介绍的五笔字型偏旁部首的编码来输入图6.3-1中的偏旁部首。

如偏旁"廿"，其拆分字根为"廿一丨一"，编码为"AGHG"，在文本中单击"AGHG"即可输入偏旁"廿"，如图6.3-2所示。

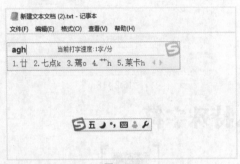

图6.3-2

使用同样的方法输入表格中其余的偏旁部首，如图6.3-3所示。

图6.3-3

输入繁体字

切换到搜狗拼音输入法，按照前面介绍的方法来切换输入法，在【简繁切换】中选择【繁

体】选项，如图6.3-4所示，即可输入繁体字。

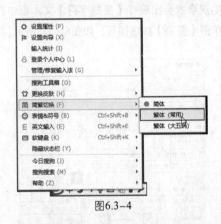

图6.3-4

按照常规方式来输入需要的繁体字，并在其后面输入对应的简体字，如图6.3-5所示。

图6.3-5

输入特殊符号

切换到五笔字型输入法或者搜狗拼音输入法，在输入法界面上的软键盘图标上单击鼠标右键，在弹出的界面中选择【特殊符号】选项，即可弹出软键盘，如图6.3-6所示。

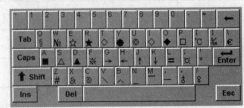

图6.3-6

然后将鼠标指针移动到要输入的键位上，当指针变为"手形"时单击鼠标即可输入对应的符号，如图6.3-7所示。

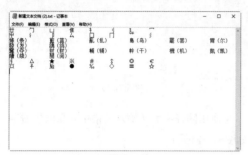

图6.3-7

输入注音符号

切换到五笔字型输入法或者搜狗拼音输入法，在输入法界面上的软键盘图标上单击鼠标右键，在弹出的界面中选择【注音符号】选项，如图6.3-8所示。

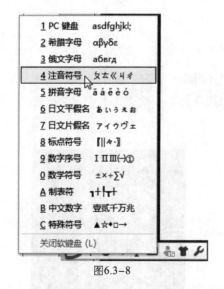

图6.3-8

弹出软键盘，然后将鼠标指针移动到要输入的键位上，当指针变为"手形"时单击鼠标即可输入对应的符号，如图6.3-9所示。

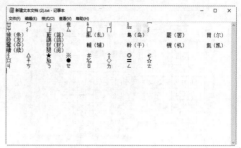

图6.3-9

输入生僻字

单击【开始】按钮，在【Windows附件】列表中选择【字符映射表】选项，弹出【字符映射表】对话框，如图6.3-10所示。

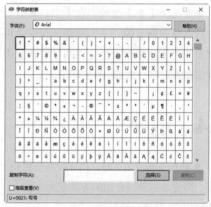

图6.3-10

在【字符映射表】对话框中的【字体】下拉列表中选择【宋体】，选中【高级查看】复选框，在对话框的下方就会显示高级设置选项，在【字符集】下拉列表中选择要插入的字符类型，在【分组依据】下拉列表中选择【按偏旁部首分类的表意文字】选项，在【字符映射表】对话框的旁边则会显示【分组】对话框，在该对话框中会显示汉字的各个偏旁部首，如图6.3-11所示。

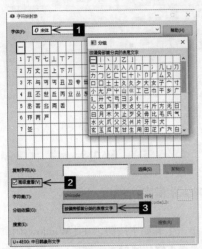

图6.3-11

在【分组】对话框中选择要输入汉字的偏旁，例如选择【扌】选项，在【字符映射表】窗口中就会显示所有的"扌"字旁的汉字，再按照前面介绍的方法操作。最后在【字符映射表】中复制需要的汉字，如图6.3-12所示。

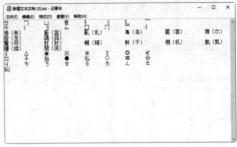

图6.3-12

使用同样的方法输入表格中其余的生僻字，如图6.3-13所示。

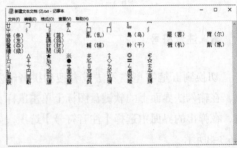

图6.3-13

6.4 造字

在输入或编辑文字时，用户经常会遇到一些在字库中找不到的怪僻字，即使是用前面介绍的方法也无法输入，此时就可以使用造字程序造字。

扫码看视频

1. 启动造字程序

造字程序是Windows系统自带的一个小程序，用户可以使用它创建各种特殊的字符。

在启动造字程序时，了解专用字符编辑程序的编辑窗口的组成部分非常有必要。具体的操作步骤如下。

❶ 在电脑桌面上单击左下角的【开始】按钮，在弹出的菜单中单击【Windows系统】菜单项，在弹出的下拉列表中选择【控制面板】选项，如图6.4-1所示。

图6.4-1

❷ 弹出【控制面板】窗口后，在窗口中的【搜索框】中输入关键词"字符"，然后按下"Enter"键确定输入，如图6.4-2所示。

图6.4-2

❸ 弹出【字符-控制面板】窗口，单击窗口中【字体】下方的【专用字符编辑程序】选项，如图6.4-3所示。

图6.4-3

❹ 弹出【专用字符编辑程序】窗口，当前活动的对话框为【选择代码】对话框。如果此电脑没有造过字，那么窗口里面的显示区域则是空白的，没有任何内容，如图6.4-4所示。

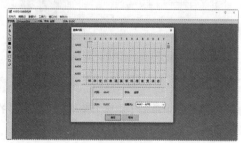

图6.4-4

❺ 单击【确定】按钮，进入专用字符编辑程序的编辑窗口，如图6.4-5所示。

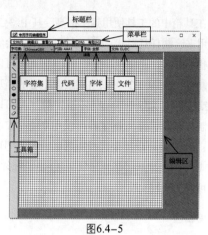

图6.4-5

图6.4-5所示的窗口中主要组成部分的作用如下。

标题栏

标题栏用来显示程序的名称。

菜单栏

菜单栏包含了程序中能使用的大部分命令。

代码

代码用来显示该字符的十六进制代码。

字体

字体用来显示关联字体或全部字体的名称。

工具箱

工具箱包含了用来绘制字符的所有工具。单击工具箱中的工具按钮，将鼠标指针移动到编辑区，按住鼠标左键拖曳，即可绘制所需要的图形。

工具箱中的工具使用频率很高，其中 ⟨🖊⟩ 工具可以用来绘制任意形状；⟨🖌⟩ 工具可以用来绘制任意形状的图形，还可以填充图形；⟨＼⟩ 工具可以用来绘制直线；⟨□⟩ 工具可以用来绘制空心的矩形；⟨■⟩ 工具可以用来绘制实心的矩形；⟨○⟩ 工具可以用来绘制空心的椭圆；⟨●⟩ 工具可以用来绘制实心的椭圆；⟨▢⟩ 工具可以用来选择矩形区域内的图形；⟨⬡⟩ 工具可以用来选择任意形状区域内的图形；⟨⟩ 工具可以用来擦除图形。

✎ 编辑区

编辑区是用来编辑字符的场所。

2. 造字的方法

造字包括"写入"和"输入"两种方法。"输入"又分为"拼接法"和"复制法"两种。

下面依次介绍各种不同的造字方法。具体的操作步骤如下。

✎ 写入法

"写入法"就是利用窗口左侧工具箱中的铅笔和画笔等工具，在编辑区内拖动绘制图形。

❶ 按照前面介绍的方法打开【专用字符编辑程序】窗口，然后在打开的【选择代码】对话框中，单击AAA1对应的按钮，再单击【确定】按钮，如图6.4-6所示。

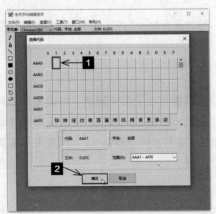

图6.4-6

❷ 单击左侧工具箱中的 ⟨🖊⟩ 工具，当鼠标指针变为铅笔形状时，即可在编辑区绘制需要的字符，如图6.4-7所示。

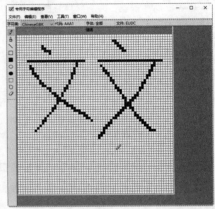

图6.4-7

❸ 将文字绘制完成后，在菜单栏中单击【编辑】菜单项，在弹出的菜单中选择【保存字符】选项，即可将字符保存在相应的代码中，如图6.4-8所示。

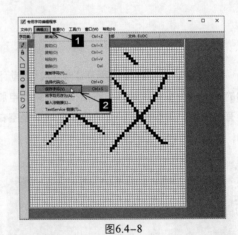

图6.4-8

❹ 在菜单栏中单击【编辑】菜单项，在弹出的菜单中选择【选择代码】选项，如图6.4-9所示。

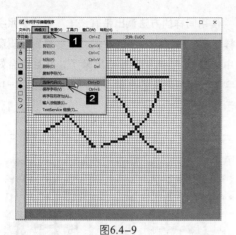

图6.4-9

❺ 打开【选择代码】对话框，即可看到在对话框中会出现刚才创建的字符，并显示该字符的所有信息，例如代码、字体、文件和代码所属的范围，单击【确定】按钮，如图6.4-10所示。

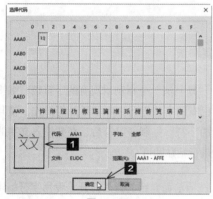

图6.4-10

✍ 拼接法

"拼接法"就是找两个与所要造的字有部分相同的字，切去不需要的部分，把有用的部分拼接起来。例如要将"火"和"羊"字组合在一起形成"烊"字，具体的操作步骤如下。

❶ 按照前面介绍的方法打开【专用字符编辑程序】窗口，在菜单栏中单击【窗口】菜单项，在弹出的菜单中选择【参照】选项，如图6.4-11所示。

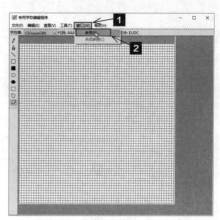

图6.4-11

❷ 弹出【参照】对话框，单击【字体】按钮，弹出【字体】对话框，在【字体】列表框中选择【方正中等线简体】选项，单击【确定】按钮，如图6.4-12所示。

图6.4-12

❸ 返回【参照】对话框，在【形状】预览框中输入要参照的字，这个字要带"火"的偏旁，例如"烟"，即可在【参照】对话框中显示所有带偏旁"火"的字，然后单击【确定】按钮，如图6.4-13所示。

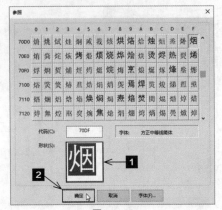

图6.4-13

❹ 返回【专用字符编辑程序】窗口中，可以看到在编辑区的右侧出现了"烟"字。然后单击左侧【工具箱】中的【空心矩形】工具，如图6.4-14所示。

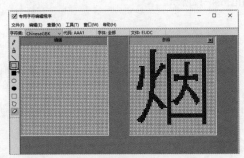

图6.4-14

❺ 将鼠标指针移动到【参照】对话框中，当鼠标指针变为"十"字时，按住鼠标左键拖动鼠标指针选中整个偏旁"火"；当鼠标指针变为"双向十字箭头"时，按住鼠标左键将其拖动到左边的编辑区，效果如图6.4-15所示。

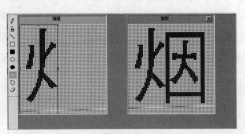

图6.4-15

❻ 使用同样的方法调出带有"羊"字的参照字"样"字，将"样"字的右侧"羊"移到编辑窗口中，这样"烊"字就造出来了，并且组合好的字可以保持原来的比例不变，效果如图6.4-16所示。

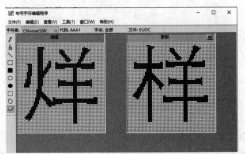

图6.4-16

❼ 在菜单栏中单击【编辑】菜单项，在弹出的菜单中选择【保存字符】选项即可保存新文字。

复制法

"复制法"是指利用现有的字符进行编辑，即对已有的字符进行擦除和添加等操作，使其成为新的字符。复制新字符后，在要输入文字的文件中进行粘贴即可。

❶ 按照前面介绍的方法打开【专用字符编辑程序】窗口，在菜单栏中单击【编辑】菜单项，在弹出的菜单中选择【复制字符】选项，如图6.4-17所示。

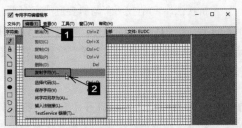

图6.4-17

❷ 弹出【复制字符】对话框，在【形状】预览框中输入"同"字，单击【确定】按钮，如图6.4-18所示。

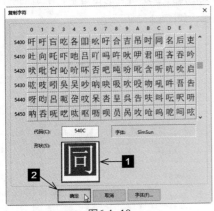

图6.4-18

❸ 返回【专用字符编辑程序】窗口中，即可看到复制的字。在左侧【工具箱】中单击【橡皮擦】工具，将不要的部分擦除，即可得到想要的字，如图6.4-19所示。

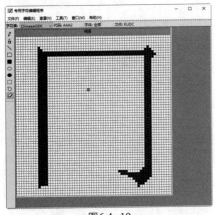

图6.4-19

3. 使用自造字

造字是为了能够将造出的字应用到文件中。输入自造字的方法有区位输入法、复制粘贴法和字符映射表输入等3种。

用区位输入法输入

区位输入法即"中文（简体）-内码"输入法，是Windows系统自带的一种输入法。如果用户的电脑中没有显示该输入法，可采用前面介绍的方法添加。用区位输入法在写字板中输入前面创建的因为"烊"字的方法很简单，因为"烊"字的字符代码为图6.4-20所示的AAA1，所以在Word文档中依次按"A""A""A""1"键即可输入相应的字符。

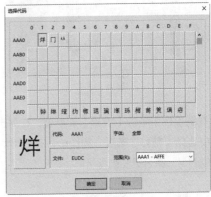

图6.4-20

用复制粘贴法输入

下面直接使用复制粘贴法来输入前面创建的"冂"字符，具体的操作步骤如下。

❶ 按照前面介绍的方法打开【选择代码】对话框，选择"冂"的字符代码"AAA2"，然后单击【确定】按钮，如图6.4-21所示。

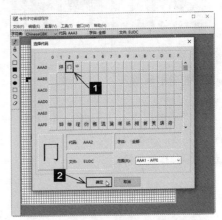

图6.4-21

❷ 打开该字符的编辑窗口，使用【空心矩形】工具在编辑区将该字符全部框选，然后按"Ctrl+C"组合键复制，如图6.4-22所示。

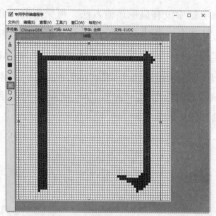

图6.4-22

❸ 在菜单栏中单击【编辑】菜单项，在弹出的菜单中选择【粘贴】选项，如图6.4-23所示，或按"Ctrl+V"组合键粘贴即可。

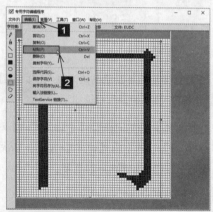

图6.4-23

用字符映射表输入

使用字符映射表不仅可以输入生僻字，也可以输入自造字。下面以输入"冂"为例介绍输入自造字的具体操作步骤。

❶ 按照前面介绍的方法打开【字符映射表】对话框，在【字体】下拉列表中选择【所有字体（专用字符）】选项，在下面就会按照区位码由小到大的顺序显示所有的自造字，刚造的字排在最前面，如图6.4-24所示。

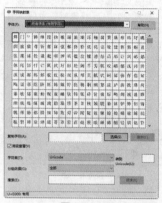

图6.4-24

❷ 选择【冂】选项，单击【复制字符】文本框右侧的【选择】按钮，该字符就会出现在【复制字符】文本框中，然后单击【复制】按钮，如图6.4-25所示。

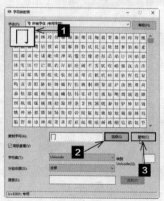

图6.4-25

❸ 在需要输入生僻字的文档的菜单栏中单击【编辑】菜单项，在弹出的菜单中选择【粘贴】选项或按"Ctrl+V"组合键粘贴即可。

6.5 课堂实训——练习输入自造字

练习创建自造字并使用自造字。通过本实训的学习，读者能够掌握汉字不同的创建方法并能将创建的汉字应用到文件中。下面以"异"为例来具体介绍。

扫码看视频

❶ 按照前面介绍的方法打开【专用字符编辑程序】窗口，当前活动的对话框为【选择代码】对话框，在对话框中确定一个保存造字的位置，如AAA4，单击【确定】按钮，如图6.5-1所示。

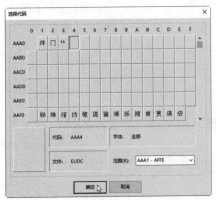

图6.5-1

❷ 进入字符的编辑窗口，单击左侧【工具箱】中的【空心矩形】工具，当鼠标指针变为"十"字时，按住鼠标左键拖动即可绘制一个空心矩形，如图6.5-2所示。

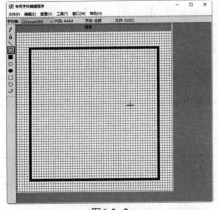

图6.5-2

❸ 在菜单栏中单击【窗口】菜单项，在弹出的菜单中选择【参照】选项，在弹出的【参照】对话框中的【形状】预览框中输入"异"，单击【确定】按钮，如图6.5-3所示。

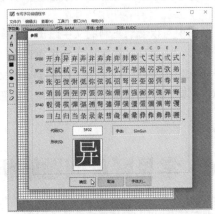

图6.5-3

❹ 返回【专用字符编辑程序】窗口中，可以看到在编辑区的右侧将出现【参照】窗口显示"异"字。然后单击左侧【工具箱】中的【空心矩形】工具，如图6.5-4所示。

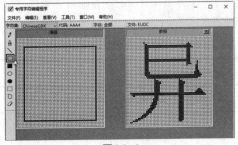

图6.5-4

❺ 将鼠标指针移动到【参照】窗口中，当鼠标指针变为"十"字时，按住鼠标左键拖动选中整个"异"字；当鼠标指针变为"双向十字箭头"时，按住鼠标左键将其拖动到左边的编辑区中，如图6.5-5所示。

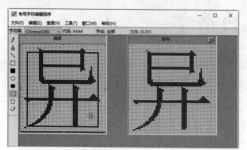

图6.5-5

❻ 从图中可以看到复制的文字超出了原来的空心矩形，此时可以将鼠标指针移动到选择框的任意一角上，按住鼠标左键向内拖动，使文字变小，效果如图6.5-6所示。然后关闭【参照】窗口。

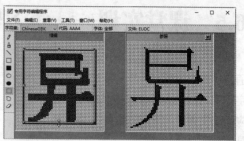

图6.5-6

❼ 在菜单栏中的【编辑】菜单中单击【保存字符】选项，然后在【工具箱】中单击【空心矩形】区，在编辑区中选中该字符，并按"Ctrl+C"组合键进行复制。在需要输入造字字符的文档中按"Ctrl+V"组合键粘贴自造字，完成后关闭【专用字符编辑程序】窗口。

6.6 常见疑难问题解析

问： 在造词的过程中应注意哪些事项？

答： 在造词时，最好检验一下是否有重码，如果出现了重码，而且不是很常用的，又不是多字词，那么用过之后最好删除。

6.7 课后习题

输入图6.7-1所示的偏旁部首、繁体字、特殊字符和生僻字，从而达到熟练输入不同字符的目的。

扫码看视频

廾	彳	虍	⺌	⻂	弋	⺻	广
匚	亻	丬	钅	彡	九	夂	忄
愛（爱）	殘（残）	參（参）	帶（带）	繼（继）	幾（几）	發（发）	閥（阀）
報（报）	廠（厂）	達（达）	禱（祷）	須（须）	級（级）	罰（罚）	飯（饭）
&	※	●	€	℃	‰	↑	△
◎	◇	☆	■	№	¤	♀	♂
夊	巛	丂	勹	曰	丗	乚	乜
歲	旹	倸	毦	斦	蘄	斳	兹
牅	瞂	菶	俎	甌	掌	乓	枕
朶	甦	弌	旅	斳	彪	齒	氂

图6.7-1

附 录

五笔字型完全编码表

当读者学完本书的时候，或许可以熟练地使用五笔字型输入法打字了。但是读者或许还不能很快地拆解某些复杂的字。所以本书在附录部分为读者提供了一份五笔字型完全编码表，供读者在学习中参考。

五笔字型完全编码表

用户在使用五笔字型输入法打字的时候，难免会碰到一些难拆分的汉字。此编码表可以帮助读者识别86版和98版汉字的编码，从而使读者达到熟练使用五笔字型输入法的目的。

（1）有些汉字在98版与86版中的拆分和编码有所不同，所以下表分别给予标注，上行为98版编码，下行为86版编码（正文中不另行标注）。若98版与86版的拆分与编码都完全相同，则只标注一个。

（2）在五笔字型的字母编码中，大写字母表示必须键入的编码。

（3）该编码表以汉语拼音为序。

a		
吖	KUHH	口丷||
	KUHh	口丷||
阿	BSkg	阝丁口一
啊	KBsk	口阝丁口
锕	QBSk	钅阝丁口
嘎	KDHT	口厂目夂
腌	EDJN	月大日乙

āi		
哎	KARy	口艹乂丶
	KAQy	口艹乂丶
哀	YEU	亠𧘇二
唉	KCTd	口厶㐃大
埃	FCTd	土厶㐃大
挨	RCTd	扌厶㐃大
锿	QYEY	钅亠𧘇丶

ái		
捱	RDFF	扌厂土土
皑	RMNn	白山己乙
	RMNN	白山己乙
癌	UKKm	疒口口山

ǎi		
嗳	KEPc	口爫冖又
矮	TDTV	矢大禾女
霭	FYJn	雨讠日乙
	FYJN	雨讠日乙

蔼	AYJn	艹讠日乙

ài		
艾	ARU	艹乂二
	AQU	艹乂二
爱	EPDc	爫冖𠂇又
	EPdc	爫冖𠂇又
砹	DARY	石艹乂丶
	DAQY	石艹乂丶
隘	BUWl	阝丷八皿
嗌	KUWl	口丷八皿
嫒	VEPc	女爫冖又
	VEPC	女爫冖又
碍	DJGf	石日一寸
暧	JEPc	日爫冖又
瑷	GEPC	王爫冖又

ān		
安	PVf	宀女二
桉	SPVg	木宀女一
氨	RPVD	气宀女三
	RNPv	𠂉乙宀女
庵	ODJn	广大日乙
	YDJN	广大日乙
谙	YUJg	讠立日一
鹌	DJNG	大日乙一
鞍	AFPv	廿串宀女

ǎn		
俺	WDJN	亻大日乙
埯	FDJn	土大日乙
铵	QPVg	钅宀女一
揞	RUJG	扌立日一

àn		
按	RPVg	扌宀女一
案	PVSu	宀女木二
胺	EPVg	月宀女一
暗	JUjg	日立日一
黯	LFOJ	罒土灬日
犴	QTFH	犭丿干|
岸	MDFJ	山厂干刂

āng		
肮	EYWn	月亠几乙
	EYMn	月亠几乙

áng		
昂	JQBj	曰𠂉卩刂

àng		
盎	MDLf	冂大皿二

āo		
凹	HNHg	|乙|一
	MMGD	几冂一三

áo		
敖	GQTY	𡗏𠂉攵丶
廒	OGQt	广𡗏𠂉攵

汉字	编码	拆分		汉字	编码	拆分		汉字	编码	拆分
廒	YGQt	广圭勹攵		芭	ACb	艹巴《		柏	SRG	木白一
嗷	KGQT	口圭勹攵		疤	UCV	疒巴巛		捭	RRTf	扌白丿十
獒	GQTD	圭勹攵犬		捌	RKEJ	扌口力刂		摆	RLFc	扌罒土厶
遨	GQTP	圭勹攵辶			RKLJ	扌口力刂		**b à i**		
熬	GQTO	圭勹攵灬		笆	TCB	竹巴《		呗	KMY	口贝丶
翱	RDFN	白大十羽		粑	OCN	米巴乙		败	MTY	贝攵丶
聱	GQTB	圭勹攵耳		**b á**				拜	RDFH	手三十丨
螯	GQTJ	圭勹攵虫		拔	RDCy	扌ナ又丶		稗	TRTf	禾白丿十
鳌	GQTG	圭勹攵一			RDCy	扌ナ又丶			TRTF	禾白丿十
麈	OXXQ	声上匕金		茇	ADCy	艹ナ又丶		**b ā n**		
	YNJQ	广彐刂金			ADCu	艹ナ又二		扳	RRCy	扌厂又丶
ǎ o				菝	ARDy	艹扌ナ又		班	GYTg	王丶丿王
袄	PUTd	衤冫丿大			ARDc	艹扌ナ又		般	TUWC	丿舟儿又
媪	VJLg	女日皿一		魃	RQCY	白儿厶丶			TEMc	丿舟儿又
à o					RQCC	白儿厶又		颁	WVDm	八刀丆贝
拗	RXEt	扌幺力丿		**b ǎ**				斑	GYGg	王文王一
	RXLn	扌幺力乙		把	RCN	扌巴乙		搬	RTUc	扌丿舟又
坳	FXEt	土幺力丿		靶	AFCn	廿串巴乙			RTEc	扌丿舟又
	FXLn	土幺力乙		**b à**				瘢	UTUC	疒丿舟又
岙	TDMj	丿大山刂		爸	WRCb	八乂巴《			UTEC	疒丿舟又
傲	WGQT	亻圭勹攵			WQCb	八乂巴《		癍	UGYG	疒王文王
奥	TMOd	丿冂米大		罢	LFCu	罒去厶二			UGYg	疒王文王
鳌	GQTG	圭勹攵一		鲅	QGDY	鱼一ナ丶		**b ǎ n**		
	GQTC	圭勹攵马			QGDC	鱼一ナ又		阪	BRCY	阝厂又丶
澳	ITMd	氵丿冂大		霸	FAFe	雨廿串月		坂	FRCy	土厂又丶
懊	NTMd	忄丿冂大		灞	IFAe	氵雨廿月		板	SRCy	木厂又丶
鏊	GQTQ	圭勹攵金		耙	FSCn	二木巴乙		版	THGC	丿丨一又
b ā					DICn	三小巴乙		舨	TURC	丿舟厂又
八	WTy	八丿丶		坝	FMY	土贝丶			TERC	丿舟厂又
	WTY	八丿丶		**b ā i**				**b à n**		
巴	CNHn	巴乙丨乙		掰	RWVR	手八刀手		办	EWi	力八冫
叭	KWY	口八丶		**b á i**					LWi	力八冫
扒	RWY	扌八丶		白	RRRr	白白白白		半	UGk	䒑丰刂
吧	KCn	口巴乙		**b ǎ i**					UFk	䒑十刂
岜	MCB	山巴《		百	DJf	丆日二		伴	WUGH	亻䒑丰丨
				佰	WDJg	亻丆日一			WUFh	亻䒑十丨

扮	RWVT	扌八刀丿	胞	EQNn	月勹巳乙	悲	HDHn	丨三丨心
	RWVn	扌八刀乙	煲	WKSO	亻口木火		DJDN	三刂三心
拌	RUGH	扌丷丰丨	龅	HWBN	止人凵巳	碑	DRTf	石白丿十
	RUFH	扌丷十丨	褒	YWKe	亠亻口衣	**běi**		
绊	XUGh	纟丷丰丨	**báo**			北	UXn	丬匕乙
	XUFh	纟丷十丨	雹	FQNb	雨勹巳巛	**bèi**		
瓣	URCu	辛厂厶辛	薄	AISF	艹氵甫寸	贝	MHNY	贝丨乙丶
	URcu	辛厂厶辛		AIGf	艹氵一寸	狈	QTMy	犭丿贝丶
bāng			**bǎo**				QTMY	犭丿贝丶
邦	DTBh	三丿阝丨	宝	PGYu	宀王丶二	邶	UXBh	丬匕阝丨
帮	DTBH	三丿阝丨	饱	QNQN	乙勹巳	备	TLf	夂田二
	DTbh	三丿阝丨	保	WKsy	亻口木		TLF	夂田二
梆	SDTb	木三丿阝	堡	WKSf	亻口木土	背	UXEf	丬匕月二
浜	IRWy	氵丘八丶		WKSF	亻口木土	钡	QMY	钅贝丶
	IRGW	氵斤一八	鸨	XFQg	匕十鸟一	倍	WUKg	亻立口一
bǎng				XFQg	匕十勹一	悖	NFPB	忄十宀子
绑	XDTb	纟三丿阝	葆	AWKs	艹亻口木	被	PUBy	衤丨皮丶
榜	SYUy	木亠丷方	褓	PUWS	衤丨亻木		PUHC	衤丨广又
	SUPy	木立宀方	**bào**			惫	TLNu	夂田心二
膀	EYUy	月亠丷方	报	RBcy	扌卩又丶	焙	OUKG	火立口一
	EUPy	月立宀方	抱	RQNn	扌勹巳乙		OUKg	火立口一
bàng			豹	EQYy	豸勹丶丶	辈	HDHL	丨三丨车
蚌	JDHh	虫三丨丨		EEQY	爫豸丶		DJDL	三刂三车
傍	WYUy	亻亠丷方	趵	KHQY	口止勹丶	蓓	AWUK	艹亻立口
	WUPy	亻立宀方	鲍	QGQn	鱼一勹巳	褙	PUUE	衤丨丬月
谤	YYUy	讠亠丷方	暴	JAWi	日业八氺	孛	FPBF	十宀子二
	YUPy	讠立宀方	爆	OJAi	火日业氺	**bei**		
棒	SDWG	木三人丰	刨	QNJH	勹巳刂丨	呗	KMY	口贝丶
	SDWh	木三人丨	曝	JJAi	日日业氺	**bēn**		
蒡	AYUY	艹亠丷方	**bēi**			奔	DFAj	大十卅丨
	AUPY	艹立宀方	背	UXEf	丬匕月二	贲	FAMu	十卄贝二
磅	DYUy	石亠丷方	陂	BBY	阝皮丶	锛	QDFa	钅大十卅
	DUPy	石立宀方		BHCy	阝广又丶	**běn**		
bāo			卑	RTFj	白丿十卅	本	SGd	木一三
包	QNv	勹巳巛		RTFJ	白丿十卅	苯	ASGf	艹木一二
孢	BQNn	子勹巳乙	杯	SDHy	木厂卜丶			
苞	AQNb	艹勹巳巛		SGIy	木一小丶			

畚	CDLf	厶大田二
bèn		
坌	WVFf	八刀土二
	WVFF	八刀土二
笨	TSGf	⺮木一二
bēng		
崩	MEEf	山月月二
绷	XEEg	纟月月一
嘣	KMEE	口山月月
	KMEe	口山月月
béng		
甭	DHEj	丆卜用‖
	GIEj	一小用‖
bèng		
泵	DIU	石 水 =
迸	UAPk	丷廾辶|||
甏	FKUY	士口丷丶
	FKUN	士口丷乙
蹦	KHMe	口止山月
	KHME	口止山月
bī		
逼	GKLP	一口田辶
bí		
荸	AFPB	艹十冖子
鼻	THL	丿目田川
bǐ		
匕	XTN	匕 丿 乙
比	XXn	⺊ 匕 乙
吡	KXXN	口⺊匕乙
	KXXn	口⺊匕乙
妣	VXXn	女⺊匕乙
俾	WRTf	亻白丿十
笔	TEB	⺮ 毛 《
	TTfn	⺮丿二乙
舭	TUXX	丿丹⺊匕
	TEXx	丿丹⺊匕

鄙	KFLb	口十囗阝
bì		
币	TMHk	丿冂丨|||
必	NTE	心 丿 彡
	NTe	心 丿 彡
毕	XXFj	⺊匕十‖
闭	UFTe	门十丿彡
庇	OXXv	广⺊匕巛
	YXXv	广⺊匕巛
畀	LGJj	田一丿‖
哔	KXXf	口⺊匕十
	KXXF	口⺊匕十
毖	XXNT	⺊匕心丿
荜	AXXF	艹⺊匕十
陛	BXxf	阝⺊匕土
毙	XXGX	⺊匕一匕
狴	QTXF	犭丿⺊十
铋	QNTT	钅心丿丿
婢	VRTf	女白丿十
庳	ORTf	广白丿十
	YRTf	广白丿十
敝	ITY	㡀 攵 丶
	UMIt	丷冂小攵
萆	ARTf	艹白丿十
弼	XDJx	弓丆日弓
愎	NTJT	忄𠂉日夂
筚	TXXf	⺮⺊匕十
	TXXF	⺮⺊匕十
滗	ITEn	氵⺮毛乙
	ITTn	氵⺮丿乙
痹	ULGJ	疒田一川
蓖	ATLx	艹丿囗匕
裨	PURf	礻冫白十
跸	KHXF	口止⺊十
弊	ITAj	㡀攵廾‖
	UMIA	丷冂小攵

碧	GRDf	王白石二
箅	TLGj	⺮田一川
蔽	AITu	艹㡀攵=
	AUMt	艹丷冂攵
壁	NKUF	尸口辛土
嬖	NKUV	尸口辛女
篦	TTLx	⺮丿囗匕
	TTLX	⺮丿囗匕
薜	ANKu	艹尸口辛
避	NKup	尸口辛辶
濞	ITHJ	氵丿目川
臂	NKUe	尸口辛月
	NKUE	尸口辛月
髀	MERF	冎月白十
璧	NKUY	尸口辛丶
襞	NKUE	尸口辛𧘇
biān		
边	EPe	力 辶 彡
	LPv	力 辶 巛
砭	DTPy	石丿之丶
笾	TEPu	⺮力辶=
	TLPu	⺮力辶=
编	XYNa	纟丶尸艹
	XYNA	纟丶尸艹
煸	OYNA	火丶尸艹
蝙	JYNA	虫丶尸艹
鳊	QGYA	鱼一丶艹
鞭	AFWr	廿串亻乂
	AFWq	廿串亻乂
biǎn		
贬	MTPy	贝丿之丶
窆	PWTP	宀八丿之
扁	YNMA	丶尸冂艹
匾	AYNA	匚丶尸艹
碥	DYNA	石丶尸艹
褊	PUYA	礻冫丶艹

biàn		
卞	YHU	丶卜二
弁	CAJ	厶廾‖
忭	NYHY	忄丶卜丶
汴	IYHy	氵丶卜丶
苄	AYHu	艹丶卜二
便	WGJr	亻一日乂
便	WGJq	亻一日乂
缠	XWGR	纟亻一乂
缠	XWGQ	纟亻一乂
变	YOCu	亠小又二
变	YOcu	亠小又二
遍	YNMp	丶尸门辶
辨	UYTU	辛丶丿辛
辨	UYTu	辛丶丿辛
辩	UYUh	辛讠辛丨
辫	UXUh	辛纟辛丨

biāo		
彪	HWEe	虍几彡彡
彪	HAME	虍七几彡
标	SFIy	木二小丶
杓	SQYY	木勹丶丶
飑	WRQN	几乂勹巳
飑	MQQN	几乂勹巳
镖	QSFi	钅西二小
骠	CGSi	马一西小
骠	CSfi	马西二小
膘	ESFI	月西二小
膘	ESFi	月西二小
瘭	USFi	疒西二小
飙	DDDR	犬犬犬乂
飙	DDDQ	犬犬犬乂
飚	WROo	几乂火火
飚	MQOo	几乂火火
镳	QOXo	钅严匕灬
镳	QYNO	钅广彐灬

biǎo		
表	GEu	丰衣二
婊	VGEY	女丰衣丶
裱	PUGE	衤丰衣

biào		
鳔	QGSI	鱼一西小
鳔	QGSi	鱼一西小

biē		
憋	ITNu	氺攵心二
憋	UMIN	丷冂小心
鳖	ITQg	氺攵鱼一
鳖	UMIG	丷冂小一

bié		
别	KEJh	口力刂丨
别	KLJh	口力刂丨
蹩	ITKH	氺攵口止
蹩	UMIH	丷冂小止

biě		
瘪	UTHX	疒丿目匕

bīn		
缤	XPR	纟宀丘
缤	XPRw	纟宀斤八
槟	SPRw	木宀丘八
槟	SPRw	木宀斤八
傧	WPR	亻宀丘
傧	WPRw	亻宀斤八
斌	YGAy	文一七止
斌	YGAh	文一弋止
滨	IPR	氵宀丘
滨	IPRw	氵宀斤八
镔	QPR	钅宀丘
镔	QPRw	钅宀斤八
濒	IHHM	氵止 贝
濒	IHIM	氵止小贝
宾	PRwu	宀丘八
宾	PRgw	宀斤一八
豳	EEM	豕豕山

bīn		
豳	EEMK	豕豕山川
玢	GWV	王八刀
玢	GWVn	王八刀乙
彬	SSEt	木木彡丿

bìn		
摈	RPR	扌宀丘
摈	RPRw	扌宀斤八
殡	GQPW	一夕宀八
殡	GQPw	一夕宀八
膑	EPR	月宀丘
膑	EPRw	月宀斤八
髌	MEPW	冎月宀八
鬓	DEPW	镸彡宀八

bīng		
冰	UIy	冫水丶
兵	RGW	斤一八
兵	RGWu	斤一八

bǐng		
丙	GMWi	一冂人冫
邴	GMWB	一冂人阝
秉	TVD	禾彐三
秉	TGVi	丿一彐小
柄	SGMW	木一冂人
柄	SGMw	木一冂人
炳	OGMw	火一冂人
饼	QNUa	𠂊乙丷廾
禀	YLKI	亠口口小

bìng		
并	UAj	丷廾二
病	UGMw	疒一冂人
摒	RNUa	扌尸丷廾
摒	RNUA	扌尸丷廾

bō		
拨	RNTy	扌乙丿丶
波	IBy	氵皮丶
波	IHCy	氵广又丶
玻	GBY	王皮丶

字	编码	拆分
玻	GHCy	王广又、
剥	VIJh	ヨ水刂丨
剥	VIJH	ヨ水刂丨
菠	AIBU	艹氵皮⺀
菠	AIHc	艹氵广又
啵	KIBy	口氵皮、
啵	KIHc	口氵广又
钵	QSGg	钅木一一
播	RTOl	扌丿米田
播	RTOL	扌丿米田
饽	QNFb	ク乙十子
饽	QNFB	ク乙十子
bó		
脖	EFPb	月十宀子
伯	WRG	亻白一
伯	WRg	亻白一
孛	FPBF	十宀子二
驳	CGRr	马一乂乂
驳	CQQy	马乂乂、
帛	RMHj	白门丨丨
泊	IRG	氵白一
泊	IRg	氵白一
柏	SRG	木白一
勃	FPBe	十宀子力
勃	FPBl	十宀子力
钹	QDCy	钅广又、
钹	QDCY	钅广又、
铂	QRG	钅白一
舶	TURg	丿舟白一
舶	TERg	丿舟白一
博	FSFy	十甫寸、
博	FGEf	十一月寸
渤	IFPe	氵十宀力
渤	IFPl	氵十宀力
鹁	FPBG	十宀子一
搏	RSFy	扌甫寸、
搏	RGEF	扌一月寸

字	编码	拆分
箔	TIRf	竹氵白二
膊	ESFy	月甫寸、
膊	EGEF	月一月寸
踔	KHUK	口止立口
薄	AISF	艹氵甫寸
薄	AIGf	艹氵一寸
礴	DAIf	石艹氵寸
亳	YPTa	亠宀丿
踔	KHUK	口止立口
bǒ		
跛	KHBy	口止皮、
跛	KHHC	口止广又
bò		
簸	TDWB	竹其八皮
簸	TADC	竹廿三又
擘	NKUR	尸口辛手
檗	NKUS	尸口辛木
bo		
卜	HHY	卜丨、
啵	KIBy	口氵皮、
啵	KIHc	口氵广又
bū		
逋	SPI	甫辶氵
逋	GEHP	一月丨辶
晡	JSY	日甫
晡	JGEY	日一月、
bú		
醭	SGOG	西一业夫
醭	SGOY	西一业、
bǔ		
卜	HHY	卜丨、
卟	KHY	口卜、
补	PUHy	礻卜
哺	KSY	口甫
哺	KGEy	口一月、
捕	RSY	扌甫
捕	RGEy	扌一月、

字	编码	拆分
bù		
不	DHI	一卜氵
不	GIi	一小氵
布	DMHj	𠂇门丨丨
步	HHr	止龰丿
步	HIr	止小丿
怖	NDMh	忄𠂇门丨
钚	QDHY	钅一卜、
钚	QGIY	钅一小、
部	UKBh	立口阝丨
部	UKbh	立口阝丨
埠	FTNf	土丿日十
埠	FWNf	土亻口十
瓿	UKGy	立口一
瓿	UKGn	立口一乙
簿	TISf	竹氵甫寸
簿	TIGf	竹氵一寸
cā		
嚓	KPWi	口宀夕小
擦	RPWI	扌宀夕小
cǎ		
礤	DAWi	石艹夕小
cāi		
猜	QTGE	犭丿龶月
cái		
才	FTe	十丿㇂
材	SFTt	木十丿丿
财	MFtt	贝十丿丿
裁	FAYe	十戈亠化
cǎi		
彩	ESEt	囨木彡丿
采	ESu	囨木
睬	HESy	目囨木、
踩	KHES	口止囨木
cài		
菜	AESu	艹囨木
菜	AEsu	艹囨木

从零开始 | 五笔打字基础教程

字	编码	拆分
蔡	AWFi	艹癶二小
cān		
参	CDer	厶大彡丿
骖	CGCE	马一厶彡
骖	CCDe	马厶大彡
餐	HQcv	卜夕又艮
餐	HQce	卜夕又㇇
cán		
残	GQGa	一夕一戈
残	GQGt	一夕戈丿
蚕	GDJu	一大虫丿
惭	NLrh	忄车斤丨
cǎn		
惨	NCDe	忄厶大彡
黪	LFOE	罒土灬彡
càn		
灿	OMh	火山丨
粲	HQCo	卜夕又米
粲	HQCO	卜夕又米
璨	GHQo	王卜夕米
cāng		
仓	WBB	人㔾巜
伧	WWBN	亻人㔾乙
沧	IWBn	氵人㔾乙
苍	AWBb	艹人㔾巜
舱	TUWB	丿舟人㔾
舱	TEWb	丿舟人㔾
cáng		
藏	AAUn	艹戈爿乙
藏	ADNT	艹厂乙丿
cāo		
操	RKKS	扌口口木
操	RKKs	扌口口木
糙	OTFp	米丿土辶
cáo		
曹	GMAJ	一门±日
曹	GMAj	一门±日
嘈	KGMJ	口一门日
漕	IGMJ	氵一门日
槽	SGMj	木一门日
槽	SGMJ	木一门日
蟛	JGMJ	虫一门日
艚	TUGj	丿舟一日
艚	TEGJ	丿舟一日
cǎo		
草	AJJ	艹早刂
cè		
册	MMgd	门门一三
侧	WMJh	亻贝刂丨
厕	DMJk	厂贝刂⺁
厕	DMJK	厂贝刂⺁
恻	NMJh	忄贝刂丨
测	IMJh	氵贝刂丨
策	TSMb	⺮木门《
策	TGMi	⺮一门小
cēn		
岑	MWYN	山人丶乙
涔	IMWn	氵山人乙
cēng		
噌	KULj	口丷田日
céng		
层	NFCi	尸二厶氵
曾	ULJf	丷田日二
曾	ULjf	丷田日二
cèng		
蹭	KHUJ	口止丷日
chā		
叉	CYi	又丶丶
叉	CYI	又丶丶
杈	SCYY	木又丶丶
差	UAF	羊工二
差	UDAf	丷手工二
插	RTFE	扌丿十白
插	RTFv	扌丿十白
馇	QNSg	夕乙木一
锸	QTFE	钅丿十白
锸	QTFV	钅丿十白
喳	KSJg	口木日一
嚓	KPWi	口宀癶小
chá		
查	SJgf	木日一二
茬	ADHF	艹ナ丨土
茶	AWSu	艹人木丷
搽	RAWS	扌艹人木
槎	SUA	木羊工
槎	SUDA	木丷手工
察	PWFI	宀癶二小
猹	QTSG	犭丿木一
猹	QTSg	犭丿木一
碴	DSJg	石木日一
楂	SSJg	木木日一
檫	SPWI	木宀癶小
chǎ		
衩	PUCy	衤丷又丶
镲	QPWi	钅宀小癶
镲	QPWI	钅宀小癶
chà		
岔	WVMJ	八刀山刂
诧	YPTa	讠宀丿七
诧	YPTA	讠宀丿七
刹	RSJh	木刂丨
刹	QSJh	木刂丨
杈	SCYY	木又丶丶
姹	VPTa	女宀丿七
差	UAF	羊工二
差	UDAf	丷手工二
汊	ICYY	氵又丶丶
chāi		
拆	RRYy	扌斤丶丶
钗	QCYy	钅又丶丶

	**chái**		铲	QUTt	钅立丿丿	鳖	IMKE	丷冂口毛
柴	HXSu	止匕木⼆	阐	UUJf	门丷曰十		IMKN	丷冂口乙
豺	EFTt	豸十丿丿		蕆	ADMU	艹戊贝⼆		**chàng**
	EEFt	𫝀豸十丿		ADMT	艹厂贝丿	怅	NTAy	忄丿七丶
侪	WYJh	亻文刂丨	骣	CGNb	马一尸子	畅	JHNr	日丨乙丿
	**chài**			CNBb	马尸子子		JHNR	日丨乙丿
虿	GQJU	一勹虫⼆	辗	UJFE	丷日十𧘇	倡	WJJG	亻日日一
	DNJU	厂乙虫⼆		**chàn**		鬯	OBXb	※凵匕巛
瘥	UUAd	疒丷工三	忏	NTFh	忄丿十丨		QOBx	乂灬凵匕
	UUDA	疒丷手工		NTFH	忄丿十丨	唱	KJJg	口日日一
	**chān**		颤	YLKm	亠口口贝	colspan=3	**chāo**
觇	HKMq	⺊口冂儿		YLKM	亠口口贝	抄	RITt	扌小丿丿
掺	RCDe	扌厶大彡	羼	NUUu	尸羊羊羊	怊	NVKg	忄刀口一
搀	RQKU	扌⺈口⼆		NUDD	尸丷手手	钞	QITt	钅小丿丿
	**chán**			**chāng**		焯	OHJh	火⺊早丨
婵	VUJf	女丷日十	伥	WTAy	亻丿七丶	超	FHVk	土龰刀口
谗	YQKu	讠⺈口⼆	昌	JJf	日曰⼆		**cháo**
孱	NBBb	尸子子子	娼	VJJg	女日日一	晁	JQIu	日儿⼀丷⼆
禅	PYUF	礻丶丷十	猖	QTJJ	犭丿日日		JIQB	日丷⼀儿巛
馋	QNQU	⺈乙⺈⼆	菖	AJJF	艹日日⼆	巢	VJSu	巛日木⼆
缠	XOJf	纟广日土	阊	UJJD	门日日三	朝	FJEg	十早月一
	XYJf	纟广日土	鲳	QGJJ	鱼一日日	嘲	KFJe	口十早月
蝉	JUJf	虫丷日十		**cháng**		潮	IFJe	氵十早月
	JUJF	虫丷日十	长	TAyi	丿七丶丿		**chǎo**
廛	OJFF	广日土土	肠	ENRt	月乙丿丿	吵	KItt	口小丿丿
	YJFf	广日土土	苌	ATAy	艹丿七丶		OITt	火小丿丿
蟾	JQDy	虫⺈厂言	尝	IPFc	丷宀二厶	炒	OItt	火小丿丿
潺	INBb	氵尸子子	偿	WIpc	亻丷宀厶		**chào**
	INBB	氵尸子子	常	IPKh	丷宀口丨	耖	FSIT	三木小丿
澶	IYLg	氵亠口一		IPKH	丷宀口丨		DIIT	三小小丿
	IYLG	氵亠口一	徜	TIMk	彳丷冂口		**chē**
躔	KHOF	口止广土	嫦	VIPH	女丷宀丨	车	LGnh	车一乙丨
	KHYF	口止广土		**chǎng**		砗	DLH	石车丨
	**chǎn**		厂	DGT	厂一丿	colspan=3	**chě**
产	Ute	立丿彡	场	FNRT	土乙丿丿	扯	RHG	扌止一
谄	YQEg	讠⺈臼一	惝	NIMk	忄丷冂口		**chè**
	YQVG	讠⺈臼一	敞	IMKT	丷冂口攵	彻	TAVT	彳七刀丿

彻	TAVN	彳七刀乙
坼	FRYy	土斤丶丶
掣	TGMR	ノ一门手
掣	RMHR	ノ门丨手
撤	RYCt	扌亠厶攵
澈	IYCT	氵亠厶攵

chēn		
抻	RJHH	扌日丨丨
抻	RJHh	扌日丨丨
琛	GPWs	王宀八木
嗔	KFHw	口十且八
嗔	KFHW	口十且八
郴	SSBh	木木阝丨

chén		
尘	IFF	小土二
臣	AHNh	匚丨乛丨
忱	NPqn	忄宀儿乙
沉	IPWn	氵宀儿乙
沉	IPMn	氵宀儿乙
辰	DFEi	厂二𠄌氵
陈	BAiy	阝七小丶
宸	PDFE	宀厂二𠄌
晨	JDfe	日厂二𠄌
谌	YDWn	讠甚八乙
谌	YADN	讠卅三乙

chěn		
碜	DCDe	石厶大彡

chèn		
衬	PUFY	衤丶寸丶
衬	PUFy	衤丶寸丶
称	TQIy	禾ノ小丶
称	TQiy	禾ノ小丶
龀	HWBX	止人凵匕
趁	FHWE	土止人彡
榇	SUSy	木立木丶
谶	YWWG	讠人人一

chēng		
称	TQIy	禾ノ小丶
称	TQiy	禾ノ小丶
柽	SCFG	木又土一
蛏	JCFG	虫又土一
铛	QIVg	钅⺌ヨ一
撑	RIPr	扌⺌冖手
瞠	HIPf	目⺌冖土

chéng		
丞	BIGf	了氺一二
成	DNi	戊乙氵
成	DNnt	厂乙乙ノ
呈	KGF	口王二
呈	KGf	口王二
承	BDii	了三氺氵
枨	STAy	木ノ七丶
诚	YDnn	讠戊乙乙
诚	YDNT	讠厂乙ノ
城	FDnn	土戊乙乙
城	FDnt	土厂乙ノ
乘	TUXi	禾北氵
乘	TUXv	禾北巛
埕	FKGg	土口王一
铖	QDNn	钅戊乙乙
铖	QDNt	钅厂乙ノ
晟	JDN	日戊乙
晟	JDNt	日厂乙ノ
盛	DNLf	戊乙皿二
盛	DNNL	厂乙乙皿
惩	TGHN	彳一止心
程	TKGg	禾口王一
程	TKGG	禾口王一
裎	PUKg	衤丶口王
酲	SGKG	西一口王
塍	EUGF	月⺀夫土
塍	EUDF	月丷大土
澄	IWGU	氵癶一丷

橙	SWGU	木癶一丷

chěng		
逞	KGPd	口王辶三
骋	CGMn	马一由乙
骋	CMGN	马由一乙

chèng		
秤	TGUf	禾一丷十
秤	TGUh	禾一丷丨

chī		
吃	KTNN	口ノ乙乙
吃	KTNn	口ノ乙乙
哧	KFOy	口土小丶
蚩	BHGj	凵丨一虫
蚩	BHGJ	凵丨一虫
鸱	QAYG	𠃌七丶一
眵	HQQy	目夕夕丶
笞	TCKf	𥫗厶口二
嗤	KBHJ	口凵丨虫
媸	VBHJ	女凵丨虫
媸	VBHj	女凵丨虫
痴	UTDK	疒⻏大口
螭	JYRC	虫亠乂厶
螭	JYBC	虫文凵厶
魑	RQCC	白儿厶厶

chí		
弛	XBN	弓也乙
弛	XBn	弓也乙
池	IBN	氵也乙
池	IBn	氵也乙
驰	CGBN	马一也乙
驰	CBN	马也乙
迟	NYPi	尸丶辶氵
茌	AWFF	卅亻士二
持	RFFy	扌土寸丶
持	RFfy	扌土寸丶
匙	JGHX	日一⻊匕
墀	FNIg	土尸水丰

堚	FNIh	土尸水丨	幢	TUUF	丿舟立土	初	PUVt	礻刀丿
跐	KHTK	口止丿口		TEUF	丿舟立土		PUVn	礻刀乙
篪	TRHw	竹厂卢儿	**chóng**			樀	SFFN	木雨二乙
	TRHM	竹厂卢儿	虫	JHNY	虫丨乙丶	**chú**		
chǐ			崇	MPFi	山宀二小	刍	QVF	勹彐二
尺	NYI	尸丶氵	重	TGJF	丿一日土	除	BWGs	阝人一木
侈	WQQy	亻夕夕丶		TGJf	丿一日土		BWTy	阝人禾
齿	HWBj	止人凵刂	**chǒng**			厨	DGKF	厂一口寸
耻	BHg	耳止一	宠	PDXy	宀尢匕丶	滁	IBWs	氵阝人木
豉	GKUC	一口䒑又		PDXb	宀尢匕巛		IBWt	氵阝人禾
褫	PURW	礻丿厂儿	**chòng**			锄	QEGE	钅月一力
	PURM	礻丿厂儿	铳	QYCq	钅亠厶儿		QEGL	钅月一力
chì			**chōu**			蜍	JWGS	虫人一木
叱	KXN	口匕乙	抽	RMg	扌由一		JWTy	虫人禾丶
斥	RYI	斤丶氵	瘳	UNWE	疒羽人彡	雏	QVWy	勹彐亻主
赤	FOu	土小灬	**chóu**			橱	SDGF	木厂一寸
饬	QNTE	𠂉乙丿力	仇	WVN	亻九乙	蹰	KHAJ	口止卄日
	QNTL	𠂉乙丿力	俦	WDTF	亻三丿寸	躇	KHDF	口止厂寸
炽	OKWy	火口八丶	帱	MHDf	冂丨三寸	**chǔ**		
	OKwy	火口八丶	惆	NMFk	忄冂土口	处	THi	夂卜氵
翅	FCNd	十又羽三	绸	XMFk	纟冂土口	杵	STFH	木丿十丨
敕	SKTY	木口攵丶	畴	LDTf	田三丿寸	础	DBMh	石凵山丨
	GKIT	一口小攵	愁	TONU	禾火心灬	储	WYFj	亻讠土日
啻	YUPK	亠丷宀口	稠	TMFK	禾冂土口	楮	SFTJ	木土丿日
	UPMK	立宀冂口	筹	TDTF	竹三丿寸	楚	SSNh	木木乙龰
傺	WWFI	亻夕二小	酬	SGYh	西一丶丨	褚	PUFj	礻土日
瘛	UDHN	疒三丨心		SGYH	西一丶丨		PUFJ	礻土日
彳	TTTH	彳丿丿丨	跨	KHDF	口止三寸	**chù**		
眙	HCKg	目厶口一	雔	WYYy	亻主讠主	亍	GSJ	一丁刂
chōng			**chǒu**				FHK	二丨刂
充	YCqb	亠厶儿巛	丑	NHGg	乙丨一一	处	THi	夂卜氵
冲	UKHh	冫口丨丨		NFD	乙土三	怵	NSYy	忄木丶丶
忡	NKHh	忄口丨丨	瞅	HTOy	目禾火丶	绌	XBMh	纟凵山丨
茺	AYCq	卄亠厶儿	**chòu**			畜	YXLf	亠幺田二
舂	DWEF	三人臼二	臭	THDU	丿目犬灬	搐	RYXL	扌亠幺田
	DWVf	三人臼二	**chū**			触	QEJY	勹用虫丶
憧	NUJF	忄立日土	出	BMk	凵山刂	憷	NSSh	忄木木龰

字	编码	拆分		字	编码	拆分		字	编码	拆分
黜	LFOM	四土灬山		chuāng				鹑	YBQg	古子鸟一
矗	FHFH	十且十且		疮	UWBv	疒人巴巛		鹑	YBQg	古子勺一
	chuāi			窗	PWTq	宀八丿夕		醇	SGYB	西一古子
揣	RMDj	扌山厂刂			chuáng				chǔn	
搋	RRHW	扌厂卢几		床	OSi	广木氵		蠢	DWJJ	三人日虫
搋	RRHM	扌厂广几		床	YSI	广木氵			chuō	
	chuài			幢	MHUf	门丨立土		踔	KHHJ	口止卜早
啜	KCCC	口又又又			chuǎng			戳	NWYA	羽亻圭戈
嘬	KJBc	口日耳又		闯	UCGD	门马一三			chuò	
踹	KHMJ	口止山刂		闯	UCD	门马三		绰	XHJh	纟卜早丨
膪	EYUK	月亠丷口			chuàng			啜	KCCC	口又又又
膪	EUPK	月立宀口		创	WBJh	人巴刂丨		辍	LCCC	车又又又
	chuān			怆	NWBn	忄人巴乙		龊	HWBH	止人凵止
川	KTHH	川丿丨丨			chuī				cī	
氚	RKK	气川 川		吹	KQWy	口夕人丶		疵	UHXv	疒止匕巛
氚	RNKJ	匚乙川刂		炊	OQWy	火夕人丶		呲	KHXN	口止匕乙
穿	PWAt	宀八匚丿			chuí			差	UAF	丷工二
穿	PWAT	宀八匚丿		垂	TGAF	丿一卄士		差	UDAf	丷𠂉工二
	chuán			垂	TGAf	丿一卄士		縒	UQWO	丷夕人米
传	WFNy	亻二乙丶		陲	BTGF	阝丿一士			cí	
传	WFNY	亻二乙丶		捶	RTGF	扌丿一士		词	YNGK	讠乙一口
舡	TUAG	丿舟工一		棰	STGF	木丿一士		祠	PYNK	礻丶乙口
舡	TEAg	丿舟工一		棰	STGf	木丿一士		齜	AHXb	卄止匕巛
船	TUWk	丿舟几口		槌	STNp	木丿目辶		茨	AUQW	卄冫夕人
船	TEMK	丿舟几口		槌	SWNp	木亻口辶		兹	UXXu	丷幺幺二
遄	MDMP	山厂门辶		锤	QTGF	钅丿一士		瓷	UQWY	冫夕人丶
遄	MDMp	山厂门辶		椎	SWYg	木亻圭一		瓷	UQWN	冫夕人乙
椽	SXEy	木彑豕丶			chūn			慈	UXXN	丷幺幺心
椽	SXEy	木彑豕丶		春	DWJf	三人日二		辞	TDUH	丿古辛丨
	chuǎn			春	DWjf	三人日二		磁	DUXx	石丷幺幺
喘	KMDj	口山厂刂		椿	SDWJ	木三人日		磁	DUxx	石丷幺幺
舛	QGH	夕匚㐄丨		蝽	JDWJ	虫三人日		雌	HXWy	止匕亻圭
舛	QAHh	夕匚丨丨			chún			鹚	UXXG	丷幺幺一
	chuàn			纯	XGBn	纟一凵乙		糍	OUXx	米丷幺幺
串	KKHk	口口丨丨		唇	DFEK	厂二𧘇口			cǐ	
钏	QKH	钅川丨		莼	AXGn	卄纟一乙		此	HXn	止匕乙
				淳	IYBg	氵古子一				

cì			猝	QTYF	犭丿亠十	毳	EEEB	毛毛毛巛
次	UQWy	冫𠂊人丶	酢	SGTF	西一𠂉二		TFNN	丿二乙乙
赐	MJQr	贝日勹丿	醋	SGAJ	西一廿日	瘁	UYWf	疒亠人十
刺	SMJh	木门刂丨	簇	TYTd	竹方𠂉大	粹	OYWF	米亠人十
	GMIj	一门小刂	蔟	AYTd	艹方𠂉大		OYWf	米亠人十
伺	WNGk	亻乙一口	蹙	DHIH	戚上小龰	翠	NYWf	羽亠人十
cōng				DHIH	厂上小龰		NYWF	羽亠人十
囱	TLQi	丿囗夕氵	蹴	KHYY	口止言丶	**cūn**		
	TLQI	丿囗夕氵		KHYN	口止言乙	村	SFy	木寸丶
匆	QRYi	勹丿丶氵	**cuān**			皴	CWTb	ㄙ八夂皮
苁	AWWU	艹人人冫	汆	TYIU	丿丶水冫		CWTC	ㄙ八夂又
枞	SWWy	木人人丶	撺	RPWH	扌宀八丨	**cún**		
葱	AQRn	艹勹丿心	镩	QPWH	钅宀八丨	存	DHBd	𠂇丨子三
	AQRN	艹勹丿心	蹿	KHPH	口止宀丨	蹲	KHUF	口止丷寸
骢	CGTN	马一丿心	**cuán**			**cǔn**		
	CTLn	马丿囗心	攒	RTFM	扌丿土贝	忖	NFY	忄寸丶
璁	GTLn	王丿囗心	**cuàn**			**cùn**		
聪	BUKN	耳丷口心	窜	PWKH	宀八口丨	寸	FGHY	寸一丨丶
cóng				PWKh	宀八口丨	**cuō**		
从	WWy	人人丶	篡	THDC	竹目大ㄙ	搓	RUAG	扌丷工一
丛	WWGf	人人一二	爨	EMGO	臼门一火		RUDa	扌丷手工
淙	IPFI	氵宀二小		WFMO	亻二门火	磋	DUAg	石丷工一
琮	GPFi	王宀二小	**cuī**				DUDa	石丷手工
còu			崔	MWYf	山亻圭二	撮	RJBc	扌日耳又
凑	UDWd	冫三人大	催	WMWy	亻山亻圭	蹉	KHUA	口止 丷工
楱	SDWD	木三人大	摧	RMWy	扌山亻圭		KHUA	口止丷工
腠	EDWd	月三人大	衰	YKGE	亠口一衣	**cuó**		
辏	LDWd	车三人大	榱	SYKe	木亠口衣	嵯	MUAg	山丷工一
cū			**cuǐ**				MUDa	山丷手工
粗	OEgg	米月一一	璀	GMWY	王山亻圭	痤	UWWf	疒人人土
cú			**cuì**			矬	TDWF	𠂉大人土
徂	TEGG	彳月一一	脆	EQDb	月𠂊厂㔾		TDWf	𠂉大人土
殂	GQEG	一夕月一	啐	KYWF	口亠人十	鹾	HLRA	卜口乂工
	GQEg	一夕月一		KYWf	口亠人十		HLQA	卜口乂工
cù			悴	NYWF	忄亠人十	瘥	UUAd	疒丷工三
促	WKHy	亻口龰丶	淬	IYWF	氵亠人十		UUDA	疒丷手工
			萃	AYWf	艹亠人十			

cuǒ		
脞	EWWf	月人人土

cuò		
厝	DAJd	厂卅日三
挫	RWWf	扌人人土
措	RAJg	扌卅日一
锉	QWWf	钅人人土
错	QAJg	钅卅日一

dā		
哒	KDPy	口大辶丶
耷	DBF	大耳二
搭	RAWK	扌卅人口
嗒	KAWK	口卅人口
褡	PUAk	衤冫卅口

dá		
达	DPi	大辶氵
妲	VJGg	女日一一
怛	NJGg	忄日一一
沓	IJF	水日二
笪	TJGf	竹日一二
答	TWgk	竹人一口
瘩	UAWk	疒卅人口
靼	AFJG	廿革日一
鞑	AFDp	廿革大辶
	AFDP	廿革大辶

dǎ		
打	RSh	扌丁丨

dà		
大	DDdd	大大大大

dāi		
呆	KSu	口木〜
呔	KDYY	口大丶丶

dǎi		
歹	GQI	一夕氵
傣	WDWi	亻三人氺
逮	VIPi	彐水辶氵

dài		
大	DDdd	大大大大
代	WA	亻弋
	WAy	亻代丶
岱	WAYM	亻弋丶山
	WAMJ	亻代山刂
贰	AFYi	弋甘丶冫
	AAFD	弋廾二三
绐	XCKg	纟厶口一
迨	CKPd	厶口辶三
带	GKPh	一刪冖丨
待	TFFY	彳土寸丶
怠	CKNu	厶口心〜
玳	GWAy	王亻弋丶
	GWAy	王代丶
殆	GQCk	一夕厶口
贷	WAYM	亻弋丶贝
	WAMu	亻代贝〜
埭	FVIy	土彐氺丶
袋	WAYE	亻弋丶衣
	WAYE	亻代亠衣
戴	FALW	十戈田八
黛	WAYO	亻弋丶灬
	WALo	亻代罒灬
骀	CGCK	马一厶口
	CCKg	马厶口一

dān		
丹	MYD	冂亠三
单	UJFJ	⍨日十刂
担	RJGg	扌日一一
眈	HPQn	目冖儿乙
耽	BPQn	耳冖儿乙
郸	UJFB	⍨日十阝
聃	BMFG	耳冂土一
殚	GQUf	一夕⍨十
箪	TUJF	竹⍨日十

儋	WQDy	亻⺈厂言

dǎn		
胆	EJgg	月日一一
疸	UJGd	疒日一三
掸	RUJF	扌⍨日十
赕	MOOy	贝火火丶

dàn		
石	DGTG	石一丿一
旦	JGF	日一二
但	WJGg	亻日一一
诞	YTHp	讠丿止辶
	YTHP	讠丿止辶
啖	KOOy	口火火丶
弹	XUJf	弓⍨日十
惮	NUJf	忄⍨日十
淡	IOOy	氵火火丶
	IOoy	氵火火丶
萏	AQEf	卅⺈臼二
	AQVF	卅⺈臼二
蛋	NHJu	乛止虫〜
瘅	UUJF	疒⍨日十
氮	ROOi	气火火氵
	RNOo	气乙火火
澹	IQDY	氵⺈厂言

dāng		
当	IVf	⍨彐二
铛	QIVg	钅⍨彐一
裆	PUIv	衤冫⍨彐
	PUIV	衤冫⍨彐

dǎng		
挡	RIVg	扌⍨彐一
党	IPkq	⍨冖口儿
谠	YIPq	讠⍨冖儿

dàng		
凼	IBK	水凵刪

宕	PDF	宀石二	德	TFLn	彳十罒心	滴	IUMd	氵立冂古
砀	DNRt	石乙丿		**de**		镝	QYUD	钅亠丷古
荡	AINr	艹氵乙丿	的	Rqyy	白勹丶丶		QUMd	钅立冂古
档	SIvg	木丷彐一	底	OQAy	广匚七丶		**dí**	
菪	APDf	艹宀石二		YQAy	广匚七丶	狄	QTOy	犭丿火丶
	dāo		地	FBn	土也乙		QTOY	犭丿火丶
刀	VNt	刀乙丿		**dēng**		籴	TYOu	丿丶米⼆
叨	KVT	口刀丿	灯	OSH	火丁丨	迪	MPd	由辶三
	KVN	口刀乙		OSh	火丁丨	敌	TDTy	丿古攵
切	NVT	忄刀丿	登	WGKU	癶一口⺍	涤	ITSy	氵夂木丶
	NVN	忄刀乙	噔	KWGU	口癶一⺍	荻	AQTO	艹犭丿火
氘	RJK	气丿川	簦	TWGU	竹癶一⺍	笛	TMF	竹由二
	RNJj	匚乙川丨	蹬	KHWU	口止癶⺍	翟	NWYF	羽亻圭二
	dǎo			**děng**		觌	FNUQ	十乙⺀儿
导	NFu	巳寸⼆	等	TFfu	竹土寸⼆	嫡	VYUd	女亠丷古
岛	QMK	鸟山川		TFFU	竹土寸⼆		VUMd	女立冂古
	QYNM	勹丶乙山	戥	JTGA	日丿⪤戈		**dǐ**	
倒	WGCj	亻一厶刂		**dèng**		诋	YQAy	讠匚七丶
捣	RQMh	扌鸟山丨	邓	CBh	又阝丨		YQAY	讠匚七丶
	RQYM	扌勹丶山	凳	WGKW	癶一口几	邸	QAYb	匚七丶阝
祷	PYDf	礻丶三寸		WGKM	癶一口几		QAYB	匚七丶阝
蹈	KHEE	口止⺈白	嶝	MWGu	山癶一⺍	坻	FQAy	土匚七丶
	KHEV	口止⺈白		MWGU	山癶一⺍	底	OQay	广匚七丶
	dào		瞪	HWGu	目癶一⺍		YQAy	广匚七丶
到	GCfj	一厶土刂	磴	DWGU	石癶一⺍	氐	QAYi	匚七丶氵
悼	NHJH	忄⼘早丨	镫	QWGU	钅癶一⺍	抵	RQAy	扌匚七丶
焘	DTFO	三丿寸灬	澄	IWGU	氵癶一⺍	柢	SQAy	木匚七丶
盗	UQWL	氵𠂇人皿		**dī**		砥	DQAy	石匚七丶
道	UThp	⺍丿目辶	低	WQAy	亻匚七丶		DQAY	石匚七丶
	UTHP	⺍丿目辶	氐	QAYi	匚七丶氵	骶	MEQy	𠕌月匚丶
稻	TEEg	禾⺈白一	羝	UQAy	丷王匚七		MEQY	𠕌月匚丶
	TEVg	禾⺈白一		UDQy	丷王匚		**dì**	
锝	QJGF	钅日一寸	堤	FJGH	土日一龰	地	Fbn	土也乙
德	TFLn	彳十罒心	提	RJgh	扌日一龰	弟	UXHt	丷弓丨丿
	dé		嘀	KYUD	口亠丷古	帝	YUPH	亠丷冖丨
得	TJgf	彳日一寸		KUMd	口立冂古		UPmh	立冖冂丨
锝	QJGF	钅日一寸	滴	IYUd	氵亠丷古	娣	VUXt	女丷弓丿

递	UXHP	∨弓丨辶		坫	FHKG	土卜口一		*dié*		
第	TXHt	⺮弓丨丿		店	OHKd	广卜口三		迭	TGPi	丿夫辶冫
	TXht	⺮弓丨丨			YHKd	广卜口三			RWPi	⺻人辶冫
谛	YYUH	讠讠∨丨		垫	RVYF	扌九丶土		垤	FGCf	土一厶土
	YUPH	讠立冖丨		玷	GHKg	王卜口一		瓞	RCYG	厂厶丶夫
棣	SVIy	木彐氺		钿	QLG	钅田一			RCYW	厂厶丶人
睇	HUXt	目∨弓丿		惦	NOHk	忄广卜口		谍	YANs	讠廿乙木
	HUXT	目∨弓丿			NYHk	忄广卜口		喋	KANs	口廿乙木
缔	XYUh	纟讠∨丨		淀	IPGH	氵宀一止			KANS	口廿乙木
締	XUPh	纟立冖丨		奠	USGD	∨西一大		堞	FANs	土廿乙木
蒂	AYUh	艹讠∨丨		殿	NAWc	尸共八又		揲	RANs	扌廿乙木
	AUPh	艹立冖丨		靛	GEPh	青月宀止		耋	FTXF	土丿匕土
碲	DYUH	石讠∨丨		癜	UNAc	疒尸又		叠	CCCG	又又又一
	DUPH	石立冖丨		簟	TSJj	⺮西早刂		喋	THGS	丿丨一木
diǎ				*diāo*				碟	DANs	石廿乙木
嗲	KWRq	口八乂夕		刁	NGD	乙一三		蝶	JANs	虫廿乙木
	KWQq	口八乂夕		叼	KNGg	口乙一一		蹀	KHAS	口止廿木
diān				凋	UMFk	冫冂土口		鲽	QGAS	鱼一廿木
掂	ROHk	扌广卜口		貂	EVKg	豸刀口一			QGAs	鱼一廿木
	RYHk	扌广卜口			EEVk	⺌豸刀口		*dīng*		
滇	IFHW	氵十且八		碉	DMFk	石冂土口		丁	SGH	丁一丨
颠	FHWM	十且八贝		雕	MFKY	冂土口圭		仃	WSH	亻丁丨
巅	MFHm	山十且贝		鲷	QGMk	鱼一冂口		叮	KSH	口丁丨
癫	UFHm	疒十且贝		*diào*				玎	GSH	王丁丨
	UFHM	疒十且贝		吊	KMHj	口冂丨刂		疔	USK	疒丁川
diǎn				钓	QQYy	钅勹丶丶		町	HSh	目丁丨
典	MAWu	冂廿八⼆			QQYY	钅勹丶丶		钉	QSh	钅丁丨
点	HKOu	卜口灬⼆		调	YMFk	讠冂土口		耵	BSH	耳丁丨
碘	DMAw	石冂廿八		掉	RHJh	扌卜早丨		町	LSH	田丁丨
踮	KHOK	口止广口		铞	QKMH	钅口冂丨		酊	SGSh	西一丁丨
	KHYK	口止广口		铫	QQIy	钅⺀儿丶		*dǐng*		
diàn					QIQn	钅⺀儿乙		顶	SDMy	丁丆贝丶
电	JNv	日乙巛		*diē*				鼎	HNDn	目乙丆乙
佃	WLg	亻田一		爹	WRQq	八乂夕夕		*dìng*		
甸	QLd	勹田三			WQQQ	八乂夕夕		订	YSh	讠丁丨
阽	BHKG	阝卜口一		跌	KHTG	口止丿夫		定	PGHu	宀一止⼆
坫	FHKg	土卜口一			KHRw	口止⺻人			PGhu	宀一止⼆

啶	KPGH	口宀一止		**dōu**		独	QTJy	犭丿虫丶	
腚	EPGh	月宀一止	都	FTJB	土丿日阝		**dǔ**		
碇	DPGh	石宀一止	兜	RQNQ	白厂乙儿	笃	TCGf	竹马一二	
	DPGH	石宀一止		QRNQ	厂白乙儿		TCF	竹马二	
锭	QPgh	钅宀一止	蔸	ARQQ	艹白厂儿	堵	FFTj	土土丿日	
铤	QTFP	钅丿士廴		AQRQ	艹厂白儿	赌	MFTJ	贝土丿日	
	diū		篼	TRQQ	竹白厂儿	睹	HFTj	目土丿日	
丢	TFCu	丿土厶二		TQRQ	竹厂白儿		**dù**		
铥	QTFC	钅丿土厶		**dǒu**		芏	AFF	艹土二	
	dōng		抖	RUFh	扌冫十丨	妒	VYNT	女丶尸丿	
东	AIi	七小氵		RUFH	扌冫十丨	杜	SFG	木土一	
冬	TUu	夂冫二	钭	QUFh	钅冫十丨	肚	EFg	月土一	
	TUU	夂冫二	陡	BFHy	阝土止丶		EFG	月土一	
咚	KTUY	口夂冫丶	蚪	JUFH	虫冫十丨	度	OACi	广廿又氵	
崬	MAIu	山七小二		**dòu**			YAci	广廿又氵	
氡	RTUI	气夂冫二	豆	GKUf	一口䒑二	渡	IOac	氵广廿又	
	RNTU	𠂉乙夂二	逗	GKUP	一口䒑辶		IYAc	氵广廿又	
鸫	AIQg	七小鸟一	斗	UFk	冫十丨	镀	QOAc	钅广廿又	
	AIQg	七小勹一		UFK	冫十丨		QYAc	钅广廿又	
	dǒng		痘	UGKU	疒一口䒑	蠹	GKHJ	一口丨虫	
董	ATGf	艹丿一土	窦	PWFD	宀八十大		**duān**		
懂	NATf	忄艹丿土	读	YFNd	讠十乙大	端	UMdj	立山而刂	
	dòng			**dū**			UMDj	立山而刂	
动	FCEt	二厶力丿	嘟	KFTB	口土丿阝		**duǎn**		
	FCLn	二厶力乙	都	FTJB	土丿日阝	短	TDGu	矢大一䒑	
冻	UAIy	冫七小丶	督	HICH	上小又目		**duàn**		
侗	WMGk	亻门一口		**dú**		段	THDC	丿丨三又	
	WMGK	亻门一口	毒	GXU	丰母二		WDMc	亻三几又	
垌	FMGk	土门一口		GXGU	丰一⺄二	缎	XTHc	纟丿丨又	
峒	MMGK	山门一口	读	YFNd	讠十乙大		XWDc	纟亻三又	
恫	NMGK	忄门一口	渎	IFND	氵十乙大	断	ONrh	米乙斤丨	
栋	SAIy	木七小丶	椟	SFNd	木十乙大	椴	STHC	木丿丨又	
洞	IMGK	氵门一口	牍	THGD	丿丨一大		SWDc	木亻三又	
胨	EAIy	月七小丶	犊	CFNd	牜乙大	煅	OTHC	火丿丨又	
胴	EMGk	月门一口		TRFD	丿扌十大		OWDc	火亻三又	
硐	DMGk	石门一口	黩	LFOD	黑土灬大	锻	QTHc	钅丿丨又	
			髑	MELj	骨月四虫		QWDc	钅亻三又	

簖	TONR	竹米乙斤
duī		
堆	FWYg	土亻主一
duì		
队	BWy	阝人丶
对	CFy	又寸丶
兑	UKQB	丷口儿巛
怼	CFNU	又寸心=
	CFNu	又寸心=
碓	DWYG	石亻主一
敦	YBTy	亠口子攵丶
憝	YBTN	亠口子攵心
镦	QYBt	钅亠口子攵
dūn		
吨	KGBn	口一凵乙
敦	YBTy	亠口子攵丶
墩	FYBt	土亠口子攵
礅	DYBt	石亠口子攵
镦	QYBt	钅亠口子攵
蹲	KHUF	口止丷寸
dǔn		
盹	HGBn	目一凵乙
趸	GQKh	一勹口龰
	DNKh	丆乙口龰
dùn		
囤	LGBn	囗一凵乙
沌	IGBn	氵一凵乙
炖	OGBn	火一凵乙
	OGBN	火一凵乙
盾	RFHd	厂十目三
砘	DGBn	石一凵乙
钝	QGBN	钅一凵乙
顿	GBNM	一凵乙贝
遁	RFHP	厂十目辶
duō		
多	QQu	夕夕=
咄	KBMh	口凵山丨

哆	KQQy	口夕夕丶
掇	RCCc	扌又又又
裰	PUCC	礻冫又又
duó		
夺	DFu	大寸=
铎	QCGh	钅又キ丨
	QCFh	钅又二丨
踱	KHOC	口止广又
	KHYC	口止广又
duǒ		
朵	WSU	几木=
	MSu	几木=
哚	KWSY	口几木丶
	KMSy	口几木丶
躲	TMDS	丿门三木
垛	FWSy	土几木丶
	FMSy	土几木丶
duò		
剁	WSJh	几木刂丨
	MSJh	几木刂丨
驮	CGDY	马一大丶
	CDY	马大丶
沲	ITBn	氵𠂉也乙
堕	BDEF	阝𠂇月土
舵	TUPx	丿舟宀匕
	TEPX	丿舟宀匕
惰	NDAe	忄𠂇工月
跺	KHWS	口止几木
	KHMs	口止几木
柁	SPXn	木宀匕乙
ē		
阿	BSkg	阝丁口一
屙	NBSk	尸阝丁口
婀	VBSk	女阝丁口
é		
讹	YWXN	讠亻匕乙
俄	WTRy	亻丿扌丶

俄	WTRt	亻丿扌丿
娥	VTRy	女丿扌丶
	VTRt	女丿扌丿
峨	MTRy	山丿扌丶
	MTRt	山丿扌丿
莪	ATRy	艹丿扌丶
	ATRt	艹丿扌丿
锇	QTRY	钅丿扌丶
	QTRT	钅丿扌丿
鹅	TRNG	丿扌乙一
蛾	JTRy	虫丿扌丶
	JTRt	虫丿扌丿
额	PTKM	宀夂口贝
è		
厄	DBV	厂㔾巛
呃	KDBn	口厂㔾乙
扼	RDBn	扌厂㔾乙
苊	ADBb	艹厂㔾巛
轭	LDBn	车厂㔾乙
垩	GOFf	一业土二
	GOGF	一业一土
恶	GONu	一业心=
	GOGN	一业一心
饿	QNTY	𠂉乙丿丶
	QNTt	𠂉乙丿丿
谔	YKKN	讠口口乙
鄂	KKFB	口口二阝
阏	UYWU	门方人=
愕	NKKn	忄口口乙
萼	AKKN	艹口口乙
遏	JQWp	日勹人辶
	JQWP	日勹人辶
腭	EKKn	月口口乙
锷	QKKN	钅口口乙
鹗	KKFG	口口二一
颚	KKFM	口口二贝
噩	GKKK	王口口口

鳄	QGKn	鱼一口乙	阀	UWAe	门亻戈彡		fàn		
鳄	QGKN	鱼一口乙	筏	TWAu	竹亻戈二	犯	QTBn	犭丿卩乙
	ēn			TWAr	竹亻戈丿	泛	ITPy	氵丿之丶
恩	LDNu	口大心二		fǎ		饭	QNRc	饣乙厂又
蒽	ALDN	艹口大心	法	IFCy	氵土厶丶	范	AIBb	艹氵卩巛
	èn		法	IFcy	氵土厶丶	贩	MRCy	贝厂又丶
摁	RLDn	扌口大心	砝	DFCY	石土厶丶	贩	MRcy	贝厂又丶
	ér			fà		畈	LRCy	田厂又丶
儿	QTn	儿丿乙	珐	GFCy	王土厶丶	梵	SSWy	木木几丶
而	DMjj	一冂川	发	NTCy	乙丿又丶	梵	SSMy	木木几丶
而	DMJj	一冂川		fān			fāng		
鸸	DMJG	一冂川	帆	MHWy	冂丨几丶	方	YYgt	方丶一丿
鲕	QGDJ	鱼一一冂	帆	MHMy	冂丨几丶	方	YYgn	方丶一乙
	ěr		番	TOLf	丿米田二	坊	FYt	土方丿
尔	QIu	勹小二	幡	MHTL	冂丨丿田	坊	FYN	土方乙
尔	QIU	勹小二	翻	TOLN	丿米田羽	邡	YBH	方阝丨
耳	BGHg	耳一丨一	藩	AITL	艹氵丿田	芳	AYr	艹方彡
迩	QIPi	勹小辶	蕃	ATOl	艹丿米田	芳	AYb	艹方巛
洱	IBG	氵耳一		fán		枋	SYT	木方丿
饵	QNBG	饣乙耳一	凡	WYI	几丶氵	枋	SYN	木方乙
珥	GBG	王耳一	凡	WYi	几丶氵	钫	QYT	钅方丿
铒	QBG	钅耳一	矾	DWYY	石几丶丶	钫	QYN	钅方乙
	èr		矾	DMYy	石几丶丶		fáng		
二	FGG	二一一	钒	QWYY	钅几丶丶	防	BYT	阝方丿
二	FGg	二一一	钒	QMYY	钅几丶丶	防	BYn	阝方乙
佴	WBG	亻耳一	烦	ODMy	火一贝丶	妨	VYt	女方丿
贰	AFMy	弋二贝丶	樊	SRRD	木乂乂大	妨	VYn	女方乙
贰	AFMi	弋二贝氵	樊	SQQD	木乂乂大	肪	EYt	月方丿
	fā		燔	OTOl	火丿米田	肪	EYN	月方乙
发	NTCy	乙丿又丶	繁	TXTI	一母攵小	鲂	QGYT	鱼一方丿
	fá		繁	TXGI	一口一小	鲂	QGYN	鱼一方乙
乏	TPu	丿之二	蹯	KHTL	口止丿田	房	YNYe	丶尸方彡
乏	TPI	丿之氵	蘩	ATXI	艹一母小	房	YNYv	丶尸方巛
伐	WAY	亻戈丶	蘩	ATXI	艹一口小		fǎng		
伐	WAT	亻戈丿		fǎn		仿	WYT	亻方丿
垡	WAFF	亻戈土二	反	RCi	厂又氵	仿	WYN	亻方乙
阀	UWAi	门亻戈氵	返	RCPi	厂又辶氵	访	YYT	讠方丿

访	YYN	讠 方 乙
纺	XYt	纟 方 丿
纺	XYn	纟 方 乙
彷	TYT	彳 方 丿
彷	TYN	彳 方 乙
舫	TUYT	丿 舟 方 丿
舫	TEYN	丿 舟 方 乙

fàng		
放	YTy	方 攵 、

fēi		
飞	NUI	乙 冫 冫
妃	VNN	女 己 乙
非	HDhd	丨 三 丨 三
非	DJDd	三 川 三 三
啡	KHDD	口 丨 三 三
啡	KDJd	口 三 川 三
绯	XHDd	纟 丨 三 三
绯	XDJD	纟 三 川 三
菲	AHDd	艹 丨 三 三
菲	ADJd	艹 三 川 三
扉	YNHD	、 尸 丨 三
扉	YNDD	、 尸 三 三
蜚	HDHJ	丨 三 丨 虫
蜚	DJDJ	三 川 三 虫
霏	FHDd	雨 丨 三 三
霏	FDJD	雨 三 川 三
鲱	QGHD	鱼 一 丨 三
鲱	QGDD	鱼 一 三 三

féi		
肥	ECn	月 巴 乙
淝	IECn	氵 月 巴 乙
腓	EHDd	月 丨 三 三
腓	EDJD	月 三 川 三

fěi		
匪	AHDD	匚 丨 三 三
匪	ADJD	匚 三 川 三
诽	YHDd	讠 丨 三 三

诽	YDJd	讠 三 川 三
悱	NHDD	忄 丨 三 三
悱	NDJD	忄 三 川 三
斐	HDHY	丨 三 丨 文
斐	DJDY	三 川 三 文
榧	SAHd	木 匚 丨 三
榧	SADD	木 匚 三 三
翡	HDHN	丨 三 丨 羽
翡	DJDN	三 川 三 羽
篚	TAHd	竹 匚 丨 三
篚	TADD	竹 匚 三 三

fèi		
吠	KDY	口 犬 、
废	ONTy	广 乙 丿 、
废	YNTY	广 乙 丿 、
沸	IXJh	氵 弓 川 丨
狒	QTXj	犭 丿 弓 川
肺	EGMh	月 一 冂 丨
费	XJMu	弓 川 贝 二
痱	UHDd	疒 丨 三 三
痱	UDJD	疒 三 川 三
镄	QXJm	钅 弓 川 贝
芾	AGMh	艹 一 冂 丨

fēn		
分	WVr	八 刀 丿
分	WVb	八 刀 《
吩	KWVt	口 八 刀 丿
吩	KWVn	口 八 刀 乙
芬	AWVr	艹 八 刀 丿
芬	AWVb	艹 八 刀 《
纷	XWVt	纟 八 刀 丿
纷	XWVn	纟 八 刀 乙
氛	RWVe	气 八 刀 丿
氛	RNWv	乞 乙 八 刀
玢	GWVt	王 八 刀 丿
玢	GWVn	王 八 刀 乙
酚	SGWv	西 一 八 刀

fén		
坟	FYy	土 文 、
汾	IWVt	氵 八 刀 丿
汾	IWVn	氵 八 刀 乙
梦	SSWV	木 木 八 刀
梦	SSWv	木 木 八 刀
焚	SSOu	木 木 火 二
豶	ENUV	臼 乙 丷 刀
豶	VNUV	臼 乙 丷 刀

fěn		
粉	OWVt	米 八 刀 丿
粉	OWvn	米 八 刀 乙

fèn		
份	WWVt	亻 八 刀 丿
份	WWVn	亻 八 刀 乙
奋	DLF	大 田 二
忿	WVNU	八 刀 心 二
偾	WFAm	亻 十 艹 贝
愤	NFAm	忄 十 艹 贝
粪	OAWu	米 廿 八 二
鲼	QGFM	鱼 一 十 贝
濆	IOLw	氵 米 田 八

fēng		
丰	DHK	三 丨 川
丰	DHk	三 丨 川
风	WRi	几 乂 冫
风	MQi	几 乂 冫
沣	IDHh	氵 三 丨 丨
枫	SWRy	木 几 乂 、
枫	SMQy	木 几 乂 、
封	FFFY	土 土 寸 、
疯	UWRi	疒 几 乂 冫
疯	UMQi	疒 几 乂 冫
砜	DWRY	石 几 乂 、
砜	DMQY	石 几 乂 、
峰	MTDh	山 夂 三 丨
烽	OTDh	火 夂 三 丨

烽	OTdh	火冬三丨	肤	EFWy	月二人、	浮	IEBg	氵爫子一
葑	AFFF	卄土土寸	趺	KHGY	口止夫、	砩	DXJh	石弓刂
锋	QTDh	钅冬三丨		KHFw	口止二人	莩	AEBF	卄爫子二
蜂	JTDh	虫冬三丨	麸	GQGY	龶夕夫、	蚨	JGY	虫夫、
鄷	MDHb	山三丨阝		GQFW	龶夕二人		JFWy	虫二人、
	DHDB	三丨三阝	稃	TEBG	禾爫子一	匐	QGKl	勹一口田
féng			跗	KHWF	口止亻寸	桴	SEBg	木爫子一
冯	UCGg	冫马一一	孵	QYTB	卩、丿子	涪	IUKg	氵立口一
	UCg	冫马一	敷	SYTY	甫方攵、	符	TWFu	竹亻寸
逢	TDHp	冬三丨辶		GEHT	一月丨攵	艴	XJQC	弓刂勹巴
缝	XTDP	纟冬三辶	**fú**			蕧	AEBC	卄月冖又
fěng			弗	XJK	弓刂刂	袯	PUWD	衤冫亻犬
讽	YWRy	讠几乂、	伏	WDY	亻犬、	幅	MHGl	冂丨一田
	YMQy	讠几乂、	凫	QWB	鸟几《	福	PYGl	礻、一田
唪	KDWG	口三人卄		QYNM	勹、乙几	蜉	JEBg	虫爫子一
	KDWh	口三人丨	孚	EBF	爫子二	辐	LGKl	车一口田
fèng			扶	RGY	扌夫、	蒂	AGMh	卄一冂丨
凤	WCI	几又氵		RFWy	扌二人、	幞	MHOy	冂丨业
	MCi	几又氵	芙	AGU	卄夫二		MHOy	冂丨业
奉	DWGj	三人卄二		AFWU	卄二人二	蝠	JGKL	虫一口田
	DWFh	三人二丨	怫	NXJh	忄弓刂丨	黻	OIDy	业氺犬、
俸	WDWG	亻三人卄	拂	RXJH	扌弓刂丨		OGUC	业一丷又
	WDWH	亻三人丨	佛	WXJh	亻弓刂丨	**fǔ**		
缝	XTDP	纟冬三辶	服	EBcy	月卩又、	抚	RFQn	扌二儿乙
fó			绂	XDCy	纟ナ又、	甫	SGHY	甫一丨、
佛	WXJh	亻弓刂丨		XDCy	纟ナ又、		GEHy	一月丨、
fǒu			绯	XXJh	纟弓刂丨	府	OWfi	广亻寸氵
缶	TFBK	𠂉十山刂	苻	AWFU	卄亻寸二		YWFi	广亻寸氵
	RMK	⺊山刂	俘	WEBg	亻爫子一	拊	RWFy	扌亻寸、
否	DHKF	丆卜口二	氟	RXJK	气弓刂刂	斧	WRRJ	八乂斤刂
	GIKf	一小口二		RNXj	气乙弓刂		WQRj	八乂斤刂
fū			袚	PYDY	礻、ナ、	俯	WOWf	亻广亻寸
夫	GGGY	夫一一、		PYDC	礻、ナ又		WYWf	亻广亻寸
	FWi	二人氵	罘	LDHu	罒丆卜二	釜	WRFu	八乂干丷
呋	KGY	口夫、		LGIu	罒一小二		WQFu	八乂干丷
	KFWy	口二人、	茯	AWDu	卄亻犬二	脯	ESY	月甫、
肤	EGY	月夫、	郛	EBBh	爫子阝丨		EGEy	月一月、

辅	LSY	车 甫 、
	LGEY	车 一 月 、
腑	EOWf	月 广 亻 寸
	EYWf	月 广 亻 寸
滏	IWRu	氵 八 乂 丷
	IWQu	氵 八 乂 丷
腐	OWFW	广 亻 寸 人
	YWFW	广 亻 寸 人
黼	OISy	业 兆 甫 、
	OGUY	业 一 丷 丶

fù		
父	WRU	八 乂 二
	WQU	八 乂 二
讣	YHY	讠 卜 、
付	WFY	亻 寸 、
妇	VVg	女 彐 一
负	QMu	勹 贝 二
附	BWFy	阝 亻 寸 、
咐	KWFy	口 亻 寸 、
阜	TNFj	丿 目 十 刂
	WNNF	亻 ⊐ ⊐ 十
驸	CGWF	马 一 亻 寸
	CWFy	马 亻 寸 、
复	TJTu	一 日 夂 二
赴	FHHi	土 止 卜 氵
副	GKLj	一 口 田 刂
傅	WSFy	亻 甫 寸 、
	WGEf	亻 一 月 寸
富	PGKl	宀 一 口 田
赋	MGAy	贝 一 弋 、
	MGAh	贝 一 弋 止
缚	XSfy	纟 甫 寸 、
	XGEf	纟 一 月 寸
腹	ETJt	月 一 日 夂
鲋	QGWf	鱼 一 亻 寸
赙	MSFy	贝 甫 寸 、
	MGEf	贝 一 月 寸

蝮	JTJT	虫 一 日 夂
鳆	QGTT	鱼 一 一 夂
覆	STTt	西 彳 一 夂
馥	TJTT	禾 日 一 夂

gā		
咖	KEKg	口 力 口 一
	KLKg	口 力 口 一
旮	VJF	九 日 二
伽	WEKg	亻 力 口 一
	WLKg	亻 力 口 一
呷	KLH	口 甲 丨
胳	ETKg	月 夂 口 一

gá		
钆	QNN	钅 乙 乙
轧	LNN	车 乙 乙
杂	IDIu	小 大 小 二
嘎	KDHa	口 厂 目 戈
噶	KAJn	口 卝 日 乙

gǎ		
尕	BIU	乃 小 二
	EIU	乃 小 二

gà		
尬	DNWj	尢 乙 人 刂

gāi		
该	YYNW	讠 一 乙 人
陔	BYNW	阝 一 乙 人
垓	FYNw	土 一 乙 人
	FYNW	土 一 乙 人
赅	MYNw	贝 一 乙 人

gǎi		
改	NTy	己 攵 、
	NTY	己 攵 、
胲	EYNW	月 一 乙 人

gài		
丐	GHNv	一 卜 乙 巛
钙	QGHn	钅 一 卜 乙
盖	UGLf	丷 王 皿 二

溉	IVAq	氵 艮 匚 儿
	IVCq	氵 彐 厶 儿
戤	BCLA	乃 又 皿 戈
	ECLA	乃 又 皿 戈
概	SVAq	木 艮 匚 儿
	SVCq	木 彐 厶 儿
芥	SWJj	卄 人 刂 刂

gān		
干	FGGH	干 一 一 丨
甘	FGHG	甘 一 丨 一
	AFD	卝 二 三
杆	SFH	木 干 丨
肝	EFH	月 干 丨
	EFh	月 干 丨
矸	DFH	石 干 丨
坩	FFG	土 甘 一
	FAFG	土 卝 二 一
泔	IFG	氵 甘 一
	IAFg	氵 卝 二 一
苷	AFF	卄 甘 二
	AAFf	卄 卝 二 二
柑	SFG	木 甘 一
	SAFg	木 卝 二 一
竿	TFJ	竹 干 刂
疳	UFD	疒 甘 三
	UAFd	疒 卝 二 三
酐	SGFH	西 一 干 丨
尴	DNJl	尢 乙 刂 皿

gǎn		
杆	SFH	木 干 丨
秆	TFH	禾 干 丨
赶	FHFK	土 止 干 刂
敢	NBty	乙 耳 攵 、
感	DGKN	戊 一 口 心
	DGKn	厂 一 口 心
澉	INBT	氵 乙 耳 攵
	INBt	氵 乙 耳 攵

橄	SNBt	木乙耳夂	高	YMkf	亠冂口二	歌	SKSW	丁口丁人
擀	RFJf	扌十早干	槁	SRDf	木白大十		**gé**	
	gàn		睾	TLFF	丿罒土十	革	AFj	廿中刂
干	FGGH	干一一丨	膏	YPKe	亠宀口月	阁	UTKd	门夂口三
旰	JFH	日干丨	篙	TYMK	竹亠冂口	格	STKg	木夂口一
绀	XFG	纟甘一	糕	OUGO	米丷王灬		STkg	木夂口一
	XAFg	纟廾二一		**gǎo**		鬲	GKMH	一口冂丨
淦	IQG	氵金一	杲	JSU	日木	隔	BGKh	阝一口丨
赣	UJTm	立早夂贝	搞	RYMk	扌亠冂口	蛤	JWgk	虫人一口
	gāng		缟	XYMk	纟亠冂口	嗝	KGKH	口一口丨
冈	MRi	冂乂氵	槁	SYMK	木亠冂口	塥	FGKh	土一口丨
	MQI	冂乂氵	稿	TYMk	禾亠冂口	翮	RWGR	彡人一手
刚	MRJh	冂乂刂丨	镐	QYMk	钅亠冂口	膈	EGKh	月一口丨
	MQJh	冂乂刂丨	藁	AYMS	艹亠冂木	镉	QGKH	钅一口丨
纲	XMRy	纟冂乂丶		**gào**		骼	METk	冎月夂口
	XMqy	纟冂乂丶	告	TFKF	丿土口二	颌	WGKM	人一口贝
肛	EAg	月工一	诰	YTFK	讠丿土口		**gě**	
扛	RAG	扌工一	郜	TFKB	丿土口阝	葛	AJQn	艹日勹乙
缸	TFBA	𠂉十山工	锆	QTFK	钅丿土口	哿	EKSK	力口丁口
	RMAg	𠂉山工一		**gē**			LKSK	力口丁口
钢	QMRy	钅冂乂丶	戈	AGNY	戈一乙丶	舸	TUSk	丿舟丁口
	QMQy	钅冂乂丶		AGNT	戈一乙丿		TESk	丿舟丁口
罡	LGHf	罒一止二	圪	FTNN	土𠂉乙乙		**gè**	
	gǎng			FTNn	土𠂉乙乙	个	WHj	人丨刂
岗	MMRu	山乂冂丷	纥	XTNN	纟𠂉乙乙	各	TKf	夂口二
	MMQu	山乂冂丷	伦	WTNN	亻𠂉乙乙	蛇	JTNn	虫𠂉乙乙
港	IAWN	氵廿八巳		WTNn	亻𠂉乙乙	硌	DTKg	石夂口一
	gàng		疙	UTNv	疒𠂉乙巛	铬	QTKg	钅夂口一
杠	SAG	木工一	哥	SKSK	丁口丁口		**gěi**	
筻	TGJR	竹一日乂		SKSk	丁口丁口	给	XWgk	纟人一口
	TGJQ	竹一日乂	胳	ETKg	月夂口一		**gēn**	
戆	UJTN	立早夂心	咯	KTKg	口夂口一	根	SVy	木艮丶
	gāo		袼	PUTK	衤夂口		SVEy	木彐㇏
皋	RDFJ	白大十刂	鸽	WGKG	人一口一	跟	KHVy	口止艮丶
羔	UGOU	丷王灬冫	割	PDHJ	宀丰丨刂		KHVe	口止彐㇏
	UGOu	丷王灬冫	搁	RUTk	扌门夂口		**gén**	
高	YMKf	亠冂口二	歌	SKSw	丁口丁人	哏	KVY	口艮丶

哏	KVEy	口彐长丶
gěn		
艮	VNGY	艮乙一丶
	VEI	彐长氵
gèn		
亘	GJGf	一日一二
茛	AVU	艹艮二
	AVEu	艹彐长二
gēng		
更	GJRi	一日乂氵
	GJQi	一日乂氵
庚	OVWi	广彐人氵
	YVWi	广彐人氵
耕	FSFJ	二木二刂
	DIFj	三小二刂
赓	OVWM	广彐人贝
	YVWM	广彐人贝
羹	UGOD	丷王灬大
gěng		
哽	KGJr	口一日乂
	KGJq	口一日乂
埂	FGJR	土一日乂
	FGJq	土一日乂
绠	XGJr	纟一日乂
	XGJq	纟一日乂
耿	BOy	耳火丶
梗	SGJR	木一日乂
	SGJQ	木一日乂
鲠	QGGR	鱼一一乂
	QGGQ	鱼一一乂
颈	CADm	又工厂贝
gèng		
更	GJRi	一日乂氵
	GJQi	一日乂氵
gōng		
工	Aaaa	工工工工
红	XAg	纟工一

弓	XNGn	弓乙一乙
公	WCu	八厶二
功	AEt	工力丿
	ALn	工力乙
攻	ATy	工攵丶
肱	EDCy	月ナ厶丶
宫	PKkf	宀口口二
恭	AWNU	卅八小二
蚣	JWCy	虫八厶丶
躬	TMDX	丿门三弓
龚	DXYW	ナ匕丶八
	DXAw	匕卅八
觥	QEIq	𠂉用⺌儿
gǒng		
汞	AIU	工水二
巩	AWYY	工几丶丶
	AMYy	工几丶丶
拱	RAWy	扌卅八
珙	GAWy	王卅八
gòng		
共	AWu	卅八二
供	WAWy	亻卅八
贡	AMu	工贝二
gōu		
勾	QCI	勹厶氵
佝	WQKG	亻勹口一
	WQKg	亻勹口一
沟	IQcy	氵勹厶丶
	IQCy	氵勹厶丶
钩	QQCy	钅勹厶丶
句	QKD	勹口三
篝	TAMF	𥫗卅门土
	TFJF	𥫗二刂土
缑	XWNd	纟亻口大
鞲	AFAF	廿串卅土
	AFFF	廿串二土

gǒu		
岣	MQKg	山勹口一
狗	QTQk	犭丿勹口
苟	AQKF	艹勹口二
枸	SQKG	木勹口一
	SQKg	木勹口一
笱	TQKf	𥫗勹口二
gòu		
构	SQcy	木勹厶丶
诟	YRGk	讠厂一口
购	MQCy	贝勹厶丶
垢	FRgk	土厂一口
够	QKQQ	勹口夕夕
媾	VAMf	女卅门土
	VFJf	女二刂土
彀	FPGC	士宀一又
遘	AMFP	卅门土辶
	FJGP	二刂一辶
觏	AMFQ	卅门土儿
	FJGQ	二刂一儿
gū		
估	WDg	亻古一
咕	KDG	口古一
姑	VDg	女古一
孤	BRcy	子厂厶丶
呱	KRCy	口厂厶丶
沽	IDG	氵古一
轱	LDG	车古一
鸪	DQGg	古鸟一一
	DQYG	古勹丶一
菇	AVDf	艹女古二
菰	ABRY	艹子厂丶
	ABRy	艹子厂丶
蛄	JDG	虫古一
觚	QERy	𠂉用厂丶
辜	DUj	古辛刂
	DUJ	古辛刂

字	编码	字根
酤	SGDG	西一古一
瞉	FPLc	士宀车又
箍	TRAh	竹扌匚丨
gǔ		
古	DGHg	古一丨一
泊	IJG	氵日一
诂	YDG	讠古一
谷	WWKf	八人口二
股	EWCy	月几又丶
股	EMCy	月几又丶
骨	MEf	冎月二
牯	CDG	牛古一
牯	TRDG	丿扌古一
罟	LDF	罒古二
钴	QDG	钅古一
蛊	JLF	虫皿二
鹄	TFKG	丿土口一
鼓	FKUC	士口䒑又
歌	DNHc	古彐丨又
鹘	MEQG	冎月鸟一
鹘	MEQg	冎月勹一
臌	EFKC	月士口又
瞽	FKUH	士口䒑目
瞉	FPGC	士宀一又
gù		
故	DTy	古攵丶
故	DTY	古攵丶
固	LDD	囗古三
顾	DBDm	厂巴厂贝
顾	DBdm	厂巴厂贝
崮	MLDf	山囗古二
梏	STFK	木丿土口
牿	CTFk	牛丿土口
牿	TRTK	丿扌丿口
雇	YNWy	丶尸亻隹
雇	YNWY	丶尸亻隹
痼	ULDd	疒囗古三

字	编码	字根
锢	QLDG	钅囗古一
鲴	QGLD	鱼一囗古
guā		
瓜	RCYi	厂厶丶氵
呱	KRCy	口厂厶丶
刮	TDJH	丿古刂丨
栝	STDG	木丿古一
胍	ERCy	月厂厶丶
鸹	TDQG	丿古鸟一
鸹	TDQg	丿古勹一
guǎ		
剐	KMWJ	口冂人刂
寡	PDEv	宀厂月刀
guà		
卦	FFHY	土土卜丶
诖	YFFG	讠土土一
挂	RFFG	扌土土一
褂	PUFH	衤丷土卜
guāi		
乖	TFUx	丿十丷北
掴	RLGY	扌囗王丶
guǎi		
拐	RKET	扌口力丿
拐	RKLn	扌口力乙
guài		
怪	NCfg	忄又土一
guān		
关	UDU	丷大二
关	UDu	丷大二
观	CMqn	又冂儿乙
官	PNf	宀目二
官	PNhn	宀彐丨彐
倌	WPNg	亻宀目一
倌	WPNn	亻宀彐彐
棺	SPNg	木宀目一
棺	SPNn	木宀彐彐

字	编码	字根
鳏	QGLI	鱼一罒水
纶	XWXn	纟人匕乙
冠	PFQF	冖二儿寸
guǎn		
馆	QNPn	饣乙宀自
馆	QNPn	饣乙宀彐
管	TPNf	竹宀自二
管	TPnn	竹宀彐彐
莞	APFQ	艹宀二儿
guàn		
贯	XMu	毌贝二
贯	XFMu	毌十贝二
惯	NXMy	忄毌贝丶
惯	NXFm	忄毌十贝
掼	RXMy	扌毌贝丶
掼	RXFm	扌毌十贝
涫	IPNg	氵宀目一
涫	IPNn	氵宀彐彐
盥	EILf	臼水皿二
盥	QGII	匚一水皿
灌	IAKy	氵艹口隹
鹳	AKKG	艹口口一
罐	TFBY	𠂉十凵隹
罐	RMAY	二山艹隹
冠	PFQF	冖二儿寸
guāng		
光	IGqb	业一儿巛
光	IQb	业儿巛
咣	KIGq	口业一儿
咣	KIQn	口业儿乙
桄	SIGQ	木业一儿
桄	SIQN	木业儿乙
胱	EIGq	月业一儿
胱	EIQn	月业儿乙
guǎng		
广	OYgt	广丶一丿
广	YYGT	广丶一丿

犷	QTOT	犭丿广丿
	QTYT	犭丿广丿
guàng		
逛	QTGP	犭丿王辶
guī		
归	JVg	刂ヨ一
圭	FFF	土土二
妫	VYEy	女、力丶
	VYLy	女、力丶
龟	QJNb	个日乙巛
规	GMQn	夫门儿乙
	FWMq	二人门儿
皈	RRCY	白厂又丶
闺	UFFd	门土土三
	UFFD	门土土三
硅	DFFG	石土土一
	DFFg	石土土一
瑰	GRQc	王白儿厶
傀	WRQc	亻白儿厶
鲑	QGFF	鱼一土土
guǐ		
轨	LVn	车九乙
庋	OFCi	广十又氵
	YFCi	广十又氵
宄	PVB	宀九巛
匦	ALVv	匚车九巛
诡	YQDb	讠⺈记厂
癸	WGDu	癶一大丷
鬼	RQCi	白儿厶氵
晷	JTHK	日夂卜口
簋	TVLf	竹艮皿二
	TVEL	竹ヨ皿⺄
guì		
刽	WFCJ	人二厶刂
刿	MQJH	山夕刂丨
柜	SANg	木匚コ一
炅	JOU	日火丷

贵	KHGM	口丨一贝
桂	SFFg	木土土一
跪	KHQB	口止⺈巴
鳜	QGDW	鱼一厂人
桧	SWFc	木人二厶
gǔn		
绲	XJXx	纟日匕匕
衮	UCEU	六厶衣⼆
辊	LJxx	车日匕匕
滚	IUCe	氵六厶衣
磙	DUCe	石六厶衣
鲧	QGTI	鱼一丿小
gùn		
棍	SJXx	木日匕匕
guō		
呙	KMWU	口门人⼆
埚	FKMw	土口门人
郭	YBBh	亯子阝丨
崞	MYBg	山亯子一
聒	BTDg	耳丿古一
锅	QKMw	钅口门人
蝈	JLGy	虫口王丶
涡	IKMw	氵口门人
guó		
国	Lgyi	口王、氵
帼	MHLy	门丨囗丶
掴	RLGY	扌口王、
虢	EFHW	罒寸虍几
	EFHM	罒寸⺁几
馘	UTHG	丷丿目一
guǒ		
果	JSi	日木氵
猓	QTJS	犭丿日木
椁	SYBg	木亯子一
蜾	JJSy	虫日木丶
裹	YJSE	亠日木⾐

guò		
过	FPi	寸辶氵
hā		
铪	QWGK	钅人一口
哈	KWGk	口人一口
há		
蛤	JWgk	虫人一口
hāi		
嗨	KITX	口氵⺁母
	KITU	口氵⺁丷
咳	KYNW	口亠乙人
hái		
孩	BYNw	子亠乙人
	BYNW	子亠乙人
骸	MEYw	骨月亠人
还	DHP	ア卜辶
	GIPi	一小辶氵
hǎi		
海	ITXy	氵⺁母丶
	ITXu	氵⺁母丷
胲	EYNW	月亠乙人
醢	SGDL	西一ナ皿
hài		
骇	CGYW	马一亠人
	CYNW	马亠乙人
亥	YNTW	亠乙丿人
害	PDhk	宀三丨口
氦	RYNW	气亠乙人
	RNYW	仁乙亠人
hān		
顸	FDMY	干ナ贝丶
蚶	JFG	虫甘一
	JAFg	虫廿二一
酣	SGFg	西一甘一
	SGAF	西一廿二
憨	NBTN	乙耳夂心
鼾	THLF	丿目田干

hán		
邗	FBH	干阝丨
含	WYNK	人丶乙口
邯	FBH	甘阝丨
	AFBh	廿二阝丨
函	BIBk	了八凵川
晗	JWYK	日人丶口
涵	IBIb	氵了八凵
寒	PAWu	宀芈八冫
	PFJu	宀二刂冫
焓	OWYk	火人丶口
韩	FJFH	十早二丨
hǎn		
罕	PWFj	宀八干刂
喊	KDGK	口戊一口
	KDGT	口厂一丿
阚	UNBt	门乙耳攵
hàn		
汉	ICy	氵又丶
汗	IFH	氵干丨
旱	JFJ	日干刂
悍	NJFh	忄日干丨
捍	RJFH	扌日干丨
	RJFh	扌日干丨
焊	OJFh	火日干丨
菡	ABIB	廾了八凵
颔	WYNM	人丶乙贝
撖	RNBT	扌乙耳攵
憾	NDGN	忄戊一心
	NDGN	忄厂一心
撼	RDGN	扌戊一心
	RDGN	扌厂一心
翰	FJWn	十早人羽
瀚	IFJN	氵十早羽
hāng		
夯	DER	大力丿
	DLB	大力《

háng		
杭	SYWn	木亠几乙
	SYMn	木亠几乙
绗	XTGS	纟彳一丁
	XTFH	纟彳二丨
航	TUYw	丿舟亠几
	TEYm	丿舟亠几
亢	YWB	亠几《
	YMB	亠几《
吭	KYWn	口亠几乙
	KYMn	口亠几乙
颃	YWDm	亠几丆贝
	YMDM	亠几丆贝
行	TGSh	彳一丁丨
	TFhh	彳二丨丨
hàng		
沆	IYWN	氵亠几乙
	IYMn	氵亠几乙
巷	AWNb	廿八巳《
hāo		
蒿	AYMk	廾亠冂口
嚆	KAYk	口廾亠口
薅	AVDF	廾女厂寸
háo		
蚝	JEN	虫毛乙
	JTFn	虫丿二乙
毫	YPE	亠冖毛
	YPTn	亠冖丿乙
嗥	KRDF	口白大十
	KRDf	口白大十
豪	YPGe	亠冖一豕
	YPEU	亠冖豕冫
嚎	KYPe	口亠冖豕
	KYPe	口亠冖豕
壕	FYPe	土亠冖豕
	FYPe	土亠冖豕
濠	IYPe	氵亠冖豕

濠	IYPe	氵亠冖豕
貉	ETKG	豸夂口一
	EETK	爫豸夂口
hǎo		
好	VBg	女子一
郝	FOBh	土小阝丨
hào		
号	KGnb	口一乙《
	KGNb	口一乙《
昊	JGDu	日一大冫
浩	ITFK	氵丿土口
耗	FSEn	二木毛乙
	DITN	三小丿乙
皓	RTFK	白丿土口
颢	JYIM	日言小贝
灏	IJYM	氵日言贝
镐	QYMk	钅亠冂口
hē		
诃	YSKg	讠丁口一
呵	KSKg	口丁口一
喝	KJQn	口日勹乙
嗬	KAWK	口廾亻口
hé		
禾	TTTt	禾禾禾禾
合	WGKF	人一口二
	WGKf	人一口二
何	WSKg	亻丁口一
劾	YNTE	亠乙丿力
	YNTL	亠乙丿力
和	Tkg	禾口一
河	ISKg	氵丁口一
曷	JQWN	日勹人乙
阂	UYNw	门亠乙人
核	SYNw	木亠乙人
	SYNW	木亠乙人
盍	FCLf	土厶皿二
	FCLF	土厶皿二

荷	AWSK	艹亻丁口
涠	ILDg	氵口古一
盒	WGKL	人一口皿
菏	AISK	艹氵丁口
菏	AISk	艹氵丁口
蚵	JSKg	虫丁口一
颌	WGKM	人一口贝
纥	XTNN	纟丿乙乙
貉	ETKG	豸夂口一
貉	EETK	爫豸夂口
阓	UFCl	门土厶皿
翩	GKMN	一口门羽

hè

贺	EKMu	力口贝丶
贺	LKMu	力口贝丶
褐	PUJN	衤冂日乙
赫	FOFo	土小土小
鹤	PWYg	宀亻隹一
壑	HPGf	⺊冖一土
吓	KGHy	口一⺊丶

hēi

黑	LFOu	罒土灬二
嘿	KLFo	口罒土灬
嗨	KITX	口氵一母
嗨	KITU	口氵一

hén

痕	UVI	疒艮氵
痕	UVEi	疒彐ⴖ氵

hěn

很	TVY	彳艮丶
很	TVEy	彳彐ⴖ丶
狠	QTVy	犭丿艮丶
狠	QTVe	犭丿彐ⴖ

hèn

恨	NVy	忄艮丶
恨	NVey	忄彐ⴖ

hēng

亨	YBJ	亠了‖
哼	KYBh	口亠了丨

héng

恒	NGJg	忄一日一
横	SAMw	木艹由八
桁	STGs	木彳一丁
桁	STFH	木彳二丨
珩	GTGs	王彳一丁
珩	GTFh	王彳二丨
衡	TQDs	彳鱼大丁
衡	TQDH	彳鱼大丨
蘅	ATQS	艹彳鱼丁
蘅	ATQH	艹彳鱼丨

hōng

轰	LCCu	车又又二
哄	KAWy	口廿八丶
匉	QYD	勹言三
烘	OAWY	火廿八丶
烘	OAWy	火廿八丶
薨	ALPX	艹罒冖匕

hóng

弘	XCy	弓厶丶
弘	XCY	弓厶丶
红	XAg	纟工一
宏	PDCu	宀ナ厶二
闳	UDCi	门ナ厶氵
泓	IXCy	氵弓厶丶
洪	IAWy	氵廿八丶
荭	AXAf	艹纟工二
虹	JAG	虫工一
虹	JAg	虫工一
鸿	IAQg	氵工鸟一
鸿	IAQG	氵工勹一
蕻	ADAW	艹長廿八
黉	IPAw	⤼冖八廿

hǒng

哄	KAWy	口廿八丶

hòng

讧	YAG	讠工一
蕻	ADAW	艹長廿八

hóu

侯	WNTd	亻ㄱ⺡大
喉	KWNd	口亻ㄱ大
猴	QTWd	犭丿亻大
瘊	UWNd	疒亻ㄱ大
篌	TWNd	⺮亻大ㄱ
糇	OWNd	米亻ㄱ大
骺	MERk	凸月厂口

hǒu

吼	KBNn	口子乙乙

hòu

后	RGkd	厂一口三
厚	DJBd	厂日子三
後	TXTY	彳幺夂丶
後	TXTy	彳幺夂丶
逅	RGKP	厂一口辶
候	WHNd	亻丨ㄱ大
堠	FWNd	土亻ㄱ大
堠	FWND	土亻ㄱ大
鲎	IPQG	⺍冖鱼一

hū

乎	TUFK	丿丷十‖
乎	TUHK	丿⺀丨‖
呼	KTUf	口丿丷十
呼	KTUh	口丿⺀丨
忽	QRNu	勹夕心二
烀	OTUf	火丿丷十
烀	OTUh	火丿⺀丨
轷	LTUF	车丿丷十
轷	LTUH	车丿⺀丨
唿	KQRN	口勹夕心
惚	NQRn	忄勹夕心

溏	IHTF	氵虍丿十		**hù**			**huái**	
	IHAH	氵广七丨	互	GXd	一彐三	怀	NDHy	忄𠂇卜
戏	CAy	又戈丶		GXgd	一彐一三		NGiy	忄一小丶
	CAt	又戈丿	户	YNE	丶尸彡	徊	TLKg	彳囗口一
hú			沍	UGXG	冫一彐一	淮	IWYg	氵亻圭一
囫	LQRe	口勹丿彡		UGXg	冫一彐	槐	SRQc	木白儿厶
弧	XRCy	弓厂厶丶	护	RYNt	扌丶尸丿	踝	KHJS	口止日木
狐	QTRy	犭丿厂丶	沪	IYNt	氵丶尸丿	**huài**		
胡	DEG	古月一	岵	MDG	山古一	坏	FDHy	土𠂇卜
	DEg	古月一	怙	NDG	忄古一		FGIy	土一小丶
壶	FPOf	士冖业二	戽	YNUf	丶尸二十	**huān**		
	FPOg	士冖业一	祜	PYDG	礻丶古一	欢	CQWy	又𠂊人丶
斛	QEUf	𠂊用二十	笏	TQRr	𥫗勹丿丿	獾	QTAY	犭丿艹圭
湖	IDEg	氵古月一	扈	YNKC	丶尸口巴	**huán**		
猢	QTDE	犭丿古月	瓠	DFNY	大二乙丶	环	GDHy	王𠂇卜
葫	ADEF	艹古月二	鹱	QGAC	鸟一艹又		GGIy	王一小丶
煳	ODEG	火古月一		QYNC	勹丶乙又	洹	IGJg	氵一日一
瑚	GDEg	王古月一	**huā**			桓	SGJG	木一日一
鹕	DEQg	古月鸟一	花	AWXb	艹亻匕巛	萑	AWYF	艹亻圭二
	DEQg	古月勹一	哗	KWXf	口亻匕十	还	DHpi	𠂇卜辶氵
鹕	MEQg	凹月勹一	砉	DHDF	三丨石二		GIPi	一小辶氵
鹄	TFKG	丿土口一	**huá**			郇	QJBh	勹日阝丨
槲	SQEF	木𠂊用十	华	WXFj	亻匕十刂	镮	QEGC	钅罒一又
糊	ODEg	米古月一	骅	CGWF	马一亻十		QEFC	钅罒二又
蝴	JDEg	虫古月一		CWXf	马亻匕十	寰	PLGe	宀罒一𧘇
醐	SGDE	西一古月	铧	QWXf	钅亻匕十	缳	XLGE	纟罒一𧘇
觳	FPGC	士冖一又	滑	IMEg	氵冎月一	鬟	DELe	镸彡罒𧘇
核	SYNW	木亠乙人	猾	QTMe	犭丿冎月	圜	LLGe	囗罒一𧘇
hǔ			划	AJh	戈刂丨	**huǎn**		
虎	HWV	虍几巛	豁	PDHk	宀三丨口	缓	XEGC	纟爫一又
	HAmv	广七几巛	**huà**				XEFc	纟爫二又
浒	IYTF	氵讠𠂉十	化	WXn	亻匕乙	**huàn**		
琥	GHWn	王虍几乙	划	AJh	戈刂丨	幻	XNN	幺乙乙
	GHAM	王广七几	话	YTDg	讠丿古一	奂	QMDu	𠂊冂大㇏
唬	KHWN	口虎几乙	画	GLbj	一田凵刂	宦	PAHh	宀匚丨丨
	KHAM	口广七几	桦	SWXf	木亻匕十	唤	KQMd	口𠂊冂大
						换	RQmd	扌𠂊冂大

浣	IPFQ	氵宀二儿	磺	DAMW	石艹由八	苗	ALKF	艹口口二
涣	IQMd	氵⺈门大		DAMw	石艹由八	蛔	JLKg	虫口口一
患	KKHN	口口丨心	簧	TAMw	竹艹由八	徊	TLKg	彳口口一
焕	OQMd	火⺈门大		TAMW	竹艹由八	**huǐ**		
逭	PNPd	宀目辶三	蟥	JAMw	虫艹由八	悔	NTXy	忄⺧母丶
	PNHP	宀コ丨辶	鳇	QGRg	鱼一白王		NTXu	忄⺧⺈二
痪	UQMd	疒⺈门大	**huǎng**			毁	EAWc	臼工几又
豢	UGGe	⺌夫一豕	幌	MHJQ	冂丨日儿		VAmc	臼工几又
	UDEu	⺌大豕⺀	恍	NIGq	忄⺌一儿	**huì**		
漶	IKKN	氵口口心		NIQn	忄⺌儿乙	卉	FAJ	十廾丨丨
鲩	QGPQ	鱼一宀儿	晃	JIgq	日⺌一儿	汇	IAN	氵匚乙
	QGPq	鱼一宀儿		JIqb	日⺌儿巛	会	WFCu	人二厶⺀
擐	RLGe	扌罒一衤	谎	YAYk	讠艹亠儿		WFcu	人二厶⺀
	RLGE	扌罒一衤		YAYq	讠艹亠儿	哕	KMQy	口山夕丶
huāng			**huàng**			讳	YFNH	讠二乙丨
荒	AYNK	艹亠乙儿	晃	JIgq	日⺌一儿	浍	IWFc	氵人二厶
	AYNQ	艹亠乙儿		JIqb	日⺌儿巛		IWFC	氵人二厶
慌	NAYk	忄艹亠儿	**huī**			绘	XWFc	纟人二厶
	NAYq	忄艹亠儿	灰	DOU	ナ火⺀	荟	AWFC	艹人二厶
huáng				DOu	ナ火⺀	海	YTXy	讠⺧母丶
皇	RGF	白王二	诙	YDOy	讠ナ火丶		YTXu	讠⺧⺈二
凰	WRGD	几白王三	咴	KDOy	口ナ火丶	恚	FFNU	土土心⺀
	MRGd	几白王三	恢	NDOy	忄ナ火丶	桧	SWFc	木人二厶
隍	BRGg	阝白王一	挥	RPLh	扌宀车丨	烩	OWFC	火人二厶
黄	AMWu	艹由八⺀	虺	GQJI	一儿虫氵		OWFc	火人二厶
徨	TRGg	彳白王一	晖	JPLH	日宀车丨	贿	MDEg	贝ナ月一
惶	NRGG	忄白王一	珲	GPLh	王宀车丨	彗	DHDV	三丨三彐
湟	IRGG	氵白王一	辉	IGQL	⺌一儿车	晦	JTXy	日⺧母丶
遑	RGPd	白王辶三		IQPL	⺌儿宀车		JTXu	日⺧⺈二
煌	ORGG	火白王一	麾	OSSE	广木木毛	秽	TMQy	禾山夕丶
	ORGg	火白王一		YSSN	广木木乙	喙	KXEy	口彑豕丶
潢	IAMw	氵艹由八	徽	TMGT	彳山一攵		KXEy	口彑豕丶
璜	GAMW	王艹由八	隳	BDAN	阝ナ工小	惠	GJHn	一日丨心
篁	TRGF	竹白王二	**huí**			缋	XKHm	纟口丨贝
蝗	JRGg	虫白王一	回	LKd	口口三	慧	DHDn	三丨三心
	JRgg	虫白王一		LKD	口口三	蕙	AGJn	艹一日心
癀	UAMw	疒艹由八	洄	ILKg	氵口口一	蟪	JGJN	虫一日心

hūn			惑	AKGN	戈口一心	咭	KFKG	口士口一
昏	QAJF	厂七日二	霍	FWYF	雨亻圭二	剞	DSKJ	大丁口刂
荤	APLj	艹冖车刂	镤	QAWc	钅艹亻又	唧	KVBh	口彐阝丨
	APLJ	艹冖车刂		QAWC	钅艹亻又		KVCB	口彐厶阝
婚	VQaj	女厂七日	藿	AFWY	艹雨亻圭	姬	VAHh	女匚丨丨
阍	UQAj	门厂七日	嚯	KFWy	口雨亻圭	屐	NTFC	尸彳十又
hún				KFWY	口雨亻圭	积	TKWy	禾口八丶
浑	IPLh	氵冖车丨	蠖	JAWC	虫艹亻又	笄	TGAJ	⺮一廾刂
珲	GPLh	王冖车丨	货	WXMu	亻匕贝丷	基	DWFf	其八土二
馄	QNJX	𠂉乙日匕	**jī**				ADwf	廾三八土
魂	FCRc	二厶白厶	几	WTN	几丿乙	稽	TDNM	禾𠂇乙山
hùn				MTn	几丿乙		TDNM	禾𠂇乙山
诨	YPLh	讠冖车丨	讥	YWN	讠几乙	犄	CDSk	牜大丁口
混	IJXx	氵日匕匕		YMN	讠几乙		TRDk	丿扌大口
溷	ILGE	氵囗一豕	击	GBk	龶凵⺋	缉	XKBg	纟口耳一
	ILEY	氵囗豕丶	击	FMK	二山⺋	赍	FWWm	十人人贝
huō			叽	KWN	口几乙	畸	LDSk	田大丁口
耠	FSWk	二木人口		KMN	口几乙	跻	KHYJ	口止文刂
	DIWk	三小人口	饥	QNW	𠂉乙几	箕	TDWu	⺮其八
锪	QQRn	钅勹㇇心		QNMn	𠂉乙几乙		TADw	⺮廾三八
劐	AWYJ	艹亻圭刂	乩	HKNn	ⵊ口乙乙	畿	XXAl	幺幺戈田
豁	PDHk	宀三丨口	亶	YHDJ	文丨三	稽	TDNJ	禾𠂇乙日
	PDHK	宀三丨口	亶	YDJJ	文三刂刂		TDNJ	禾𠂇乙日
攉	RFWy	扌雨亻圭	坂	FBYY	土乃丶丶	毂	LBWf	车凵几土
	RFWY	扌雨亻圭		FEyy	土乃丶丶		GJFF	一日十土
huó			机	SWn	木几乙	激	IRYt	氵白方攵
活	ITDg	氵丿古一		SMn	木几乙	羁	LAFg	⅏廿串一
和	Tkg	禾口一	玑	GWN	王几乙		LAFc	⅏廿串马
huǒ				GMN	王几乙	**jí**		
火	OOOo	火火火火	肌	EWN	月几乙	及	BYi	乃丶㇇
伙	WOy	亻火丶		EMn	月几乙		EYi	乃丶㇇
钬	QOY	钅火丶	芨	ABYu	艹乃丶	吉	FKf	士口二
夥	JSQq	日木夕夕		AEYu	艹乃丶	诘	YFKg	讠士口一
huò			矶	DWN	石几乙	岌	MBYu	山乃丶
或	AKgd	戈口一三		DMN	石几乙		MEYU	山乃丶
获	AQTd	艹犭丿犬	鸡	CQGg	又鸟一一	汲	IBYY	氵乃丶丶
祸	PYKW	礻丶口人		CQYg	又勹一		IEYy	氵乃丶丶

级	XByy	纟乃丶丶
	XEyy	纟乃丶丶
即	VBH	艮卩丨
	VCBh	ヨム卩丨
极	SBYy	木乃丶
	SEyy	木乃丶丶
亟	BKCg	了口又一
佶	WFKG	亻士口一
急	QVNu	ㄅヨ心 二
笈	TBYU	竹乃丶 二
	TEYU	竹乃丶 二
疾	UTDi	疒𠂉大氵
嵴	KBNY	口耳乙丶
	KBNT	口耳乙丿
棘	SMSm	木门木门
	GMII	一门小小
殛	GQBg	一夕了一
集	WYSu	亻圭木
嫉	VUTd	女疒𠂉大
楫	SKBg	木口耳一
蒺	AUTd	艹疒𠂉大
辑	LKBg	车口耳一
瘠	UIWe	疒丷人月
崤	MIWe	山丷人月
戢	AKBY	艹口耳丶
	AKBT	艹口耳丿
籍	TFSj	竹二木日
	TDIJ	竹三小日
藉	AFSj	艹二木日
	ADIj	艹三小日

jǐ		
几	WTN	几丿乙
	MTn	几丿乙
己	NNGn	己乙一乙
虮	JWN	虫几乙
	JMN	虫几乙
挤	RYJh	扌文丨丨

脊	IWEf	丷人月二
掎	RDSk	扌大丁口
戟	FJAy	十早戈丶
	FJAt	十早戈丿
麂	OXXW	声匕匕几
	YNJM	广⼹刂几
给	XWgk	纟人一口

jì		
绩	XGMy	纟主贝丶
伎	WFCY	亻十又丶
纪	XNn	纟己乙
妓	VFCy	女十又丶
忌	NNU	己心 二
技	RFCy	扌十又丶
剂	YJJH	文刂刂丨
计	YFh	讠十丨
记	YNn	讠己丶
迹	YOPi	亠小辶氵
芰	AFCU	艹十又 二
际	BFiy	阝二小丶
季	TBF	禾子二
	TBf	禾子二
唧	KYJh	口文刂
既	VAqn	艮匚儿乙
	VCAq	ヨム匚儿
洎	ITHG	氵丿目一
济	IYJh	氵文刂丨
继	XOnn	纟米乙乙
觊	MNMq	山己门儿
	MNMQ	山己门儿
偈	WJQn	亻日勹乙
寂	PHic	宀上小又
寄	PDSk	宀木丁口
悸	NTBg	忄禾子一
祭	WFIu	癶二小 二
蓟	AQGj	艹鱼一刂
	AQGJ	艹鱼一刂

暨	VAQg	艮匚儿一
	VCAG	ヨム匚一
跽	KHNN	口止己心
霁	FYJj	雨文刂刂
鲚	QGYJ	鱼一文刂
稷	TLWt	禾田八夂
鲫	QGVb	鱼一艮卩
	QGVB	鱼一ヨ卩
冀	UXLw	丬匕田八
髻	DEFK	镸彡士口
骥	CGUw	马一丬八
	CUXw	马丬匕八
荠	AYJJ	艹文刂刂
系	TXIu	丿幺小 二

jiā		
伽	WEKg	亻力口一
	WLKg	亻力口一
加	EKg	力口一
	LKg	力口一
夹	GUD	一丷大
	GUWi	一丷人氵
佳	WFFg	亻土土一
	WFFG	亻土土一
迦	EKPd	力口辶三
	LKPd	力口辶三
枷	SEKg	木力口一
	SLKg	木力口一
浃	IGUD	氵一丷大
	IGUw	氵一丷人
珈	GEKg	王力口一
	GLKg	王力口一
家	PGeu	宀一豕 二
	PEu	宀豕 二
痂	UEKD	疒力口三
	ULKD	疒力口三
笳	TEKf	竹力口二
	TLKF	竹力口二

袈	EKYe	力口宀衣		jià		搛	RUVW	扌丷コ八
	LKYe	力口宀衣	价	WWJh	亻人刂丨		RUVO	扌丷コ小
葭	ANHC	艹コ丨又	驾	EKCg	力口马一	缣	XUV	纟丷コ
跏	KHEK	口止力口		LKCf	力口马二		XUVo	纟丷コ小
	KHLK	口止力口	架	EKSu	力口木	煎	UEJO	丷月刂灬
嘉	FKUK	士口丷口		LKSu	力口木	蒹	AUV	艹丷コ
镓	QPGE	钅宀一豕	嫁	VPGe	女宀一豕		AUVo	艹丷コ小
	QPEy	钅宀豕丶		VPEy	女宀豕丶	鲣	QGJF	鱼一刂土
jiá			稼	TPGe	禾宀一豕	鹣	UVJG	丷コ刂一
袷	PUWK	衤人口		TPEy	禾宀豕丶		UVOG	丷コ小一
夹	GUDi	一丷大	**jiān**			鞯	AFAb	廿串艹子
	GUWi	一丷人	戋	GAI	一戈氵	**jiǎn**		
郏	GUDB	一丷大阝		GGGT	戈一一丿	囝	LBd	口子三
	GUWB	一丷人阝	笺	TGAu	竹一戈	拣	RANW	扌七乙八
荚	AGUD	艹一丷大		TGR	竹戈丿	枧	SMQn	木门儿乙
	AGUW	艹一丷人	奸	VFH	女干丨		SMQN	木门儿乙
恝	DHVN	三丨刀心	尖	IDu	小大	俭	WWGG	亻人一一
戛	DHAu	厂目戈	坚	JCff	刂又土二		WWGI	亻人一丷
	DHAr	厂目戈丿		JCFf	刂又土二	柬	SLd	木囗三
铗	QGUD	钅一丷大	歼	GQTF	一夕丿十		GLIi	一囗小氵
	QGUW	钅一丷人		GQTf	一夕丿十	茧	AJU	艹虫
蛱	JGUd	虫一丷大	间	UJd	门日三	捡	RWGg	扌人一一
	JGUw	虫一丷人	肩	YNED	丶尸月三		RWGI	扌人一丷
颊	GUDM	一丷大贝	艰	CVy	又艮丶	笕	TMQB	竹门儿《
	GUWM	一丷人贝		CVey	又コ㇙丶	减	UDGk	冫戊一口
jiǎ			兼	UVJw	丷コ刂八		UDGt	冫厂一丿
岬	MLH	山甲丨		UVOu	丷コ小	剪	UEJV	丷月刂刀
甲	LHNH	甲丨乙丨	监	JTYL	刂丆丶皿	检	SWGg	木人一一
胛	ELH	月甲丨	营	APNf	艹宀目二		SWgi	木人一丷
贾	SMu	西贝		APNN	艹宀ココ	趼	KHGA	口止一幵
	SMU	西贝	湔	IUEj	氵丷月刂	睑	HWGG	目人一一
钾	QLH	钅甲丨	犍	CVGp	牜コ㇙廴		HWGI	目人一丷
瘕	UNHC	疒コ丨又		TRVp	丿扌コ廴	硷	DWGG	石人一一
	UNHc	疒コ丨又	缄	XDGk	纟戊一口		DWGI	石人一丷
龃	DNHc	古コ丨又		XDGt	纟厂一丿	裥	PUUJ	衤丬门日
假	WNHc	亻コ丨又				锏	QUJG	钅门日一
						简	TUJf	竹门日二

谫	YUEv	讠业月刀
戬	GOJA	一业日戈
	GOGA	一业一戈
碱	DDGk	石戈一口
	DDGt	石厂一丿
翦	UEJN	业月刂羽
謇	PAWY	宀丰八言
	PFJY	宀二刂言
蹇	PAWH	宀丰八止
	PFJH	宀二刂止

jiàn		
见	MQb	冂儿 《
	MQB	冂儿 《
件	WTGh	亻丿卅丨
	WRHh	亻二丨丨
建	VGpk	彐卅乀 ⫼
	VFHP	彐二丨乀
剑	WGIj	人一业刂
饯	QNGa	𠂊乙一戈
	QNGT	𠂊乙戈丿
垱	WAYG	亻七、卅
	WARh	亻代二丨
荐	ADHb	艹𠂇丨子
贱	MGAy	贝一戈、
	MGT	贝戈丿
健	WVGp	亻彐卅乀
	WVFp	亻彐二乀
锏	QUJG	钅门日一
间	UJd	门日三
涧	IUJG	氵门日一
舰	TUMq	丿舟冂儿
	TEMQ	丿舟冂儿
渐	ILRh	氵车斤丨
	ILrh	氵车斤丨
谏	YSLg	讠木囲一
	YGLi	讠一囲小
楗	SVGp	木彐卅乀

楗	SVFP	木彐二乀
毽	EVGP	毛彐卅乀
	TFNP	丿二乙乀
溅	IMGA	氵贝一戈
	IMGT	氵贝戈丿
腱	EVGp	月彐卅乀
	EVFP	月彐二乀
践	KHGa	口止一戈
	KHGt	口止戈丿
鉴	JTYQ	刂𠂉、金
键	QVGP	钅彐卅乀
	QVFP	钅彐二乀
僭	WAQJ	亻匚儿日
槛	SJTl	木刂𠂉皿
箭	TUEj	𥫗业月刂
踺	KHVP	口止彐乀

jiāng		
江	IAg	氵工一
姜	UGVF	丷王女二
	UGVf	丷王女二
将	UQFy	丬夕寸、
茳	AIAf	艹氵工二
浆	UQIu	丬夕水⺀
豇	GKUA	一口业工
僵	WGLg	亻一田一
缰	XGLg	纟一田一
礓	DGLg	石一田一
疆	XFGg	弓土一一

jiǎng		
讲	YFJh	讠二川
奖	UQDu	丬夕大⺀
桨	UQSu	丬夕木⺀
蒋	AUqf	艹丬夕寸
	AUQf	艹丬夕寸
耩	FSAF	二木⫶土
	DIFF	三小二土

jiàng		
匠	ARK	匚斤 ⫼
	ARk	匚斤 ⫼
降	BTgh	阝夂卅丨
	BTah	阝夂匚丨
泽	ITGh	氵夂卅丨
	ITAh	氵夂匚丨
绛	XTGh	纟夂卅丨
	XTAH	纟夂匚丨
酱	UQSG	丬夕西一
将	UQFy	丬夕寸、
犟	XKJG	弓口虫卅
	XKJH	弓口虫丨
糨	OXKj	米弓口虫
	OXkj	米弓口虫
强	XKjy	弓口虫、

jiāo		
交	URu	六乂⺀
	UQu	六乂⺀
郊	URBh	六乂阝丨
	UQBh	六乂阝丨
姣	VURy	女六乂、
	VUQy	女六乂、
娇	VTDJ	女丿大川
浇	IATq	氵七丿儿
茭	AURu	艹六乂⺀
	AUQu	艹六乂⺀
骄	CGTj	马一丿川
	CTDJ	马丿大川
胶	EUry	月六乂、
	EUqy	月六乂、
教	FTBT	土丿子攵
椒	SHIc	木止小又
焦	WYOu	亻隹灬⺀
蛟	JURy	虫六乂、
	JUQy	虫六乂、
跤	KHUR	口止六乂

跤	KHUQ	口止六乂	峤	MTDJ	山丿大刂	结	XFKg	纟士口一
僬	WWYO	亻亻隹灬	轿	LTDj	车丿大刂	桀	QGSu	歹牛木二
鲛	QGUR	鱼一六乂	校	SUR	木六 乂		QAHS	歹匚丨木
	QGUQ	鱼一六乂		SUQy	木六乂丶	婕	VGVh	女一彐止
蕉	AWYo	艹亻隹灬	较	LUry	车六乂丶	捷	RGVh	扌一彐止
礁	DWYo	石亻隹灬		LUqy	车六乂丶	颉	FKDm	士口厂贝
鹪	WYOG	亻隹灬一	教	FTBT	土丿子攵	睫	HGVh	目一彐止
艽	AVB	艹九巛	窖	PWTK	宀八丿口	截	FAWY	土戈亻隹
jiáo			酵	SGFB	西一土子		FAWy	土戈亻隹
嚼	KELf	口罒罒寸	噍	KWYO	口亻隹灬	碣	DJQn	石日勹乙
jiǎo			醮	SGWO	西一亻灬	竭	UJQN	立日勹乙
角	QEj	⺈用刂	觉	IPMq	⅋冖冂儿	鲒	QGFK	鱼一士口
佼	WURy	亻六乂丶		IPMQ	⅋冖冂儿	羯	UJQN	羊日勹乙
	WUQy	亻六乂丶	**jiē**				UDJN	⅋手日乙
侥	WATq	亻七丿儿	偈	WJQ	亻日勹	**jiě**		
	WATQ	亻七丿儿		WJQn	亻日勹乙	姐	VEgg	女 一一
挢	RTDJ	扌丿大刂	阶	BWJh	阝人刂丨		VEGg	女 一一
狡	QTUr	犭丿六乂	疖	UBK	疒卩 ⅲ	解	QEVg	⺈用刀牛
	QTUq	犭丿六乂	皆	XXRf	匕匕白二		QEVh	⺈用刀丨
饺	QNUR	⺈乙六乂	接	RUVg	扌立女一	**jiè**		
	QNUQ	⺈乙六乂	结	XFkg	纟士口一	介	WJj	人刂刂
绞	XURy	纟六乂丶	秸	TFKG	禾士口一	戒	AAK	戈廾ⅲ
	XUQy	纟六乂丶	嗜	KXXR	口匕匕白	芥	AWJj	艹人刂刂
皎	RURy	白六乂丶	喈	KUAg	口羊工一	届	NMd	尸 由三
	RUQy	白六乂丶		KUDA	口⅋手工	界	LWjj	田人刂刂
矫	TDTJ	⺧大丿刂	揭	RJQn	扌日勹乙		LWJj	田人 刂刂
脚	EFCB	月土厶卩	街	TFFS	彳土土丁	疥	UWJk	疒人刂ⅲ
铰	QURy	钅六乂丶		TFFH	彳土土丨	诫	YAAh	讠戈廾丨
	QUQy	钅六乂丶	**jié**				YAAH	讠戈廾丨
搅	RIPQ	扌⅋冖儿	孑	BNHG	子乙丨一	借	WAJg	亻廿日一
湫	ITOY	氵禾火丶	节	ABj	艹卩二	蚧	JWJh	虫人刂丨
剿	VJSJ	巛日木刂	讦	YFH	讠干丨	骱	MEWj	⻤月人刂
敫	RYTY	白方攵丶	劫	FCET	土厶力丿	藉	AFSj	艹二木日
缴	XRYt	纟白方攵		FCLN	土厶力乙		ADIj	艹三小日
徼	TRYt	彳白方攵	杰	SOu	木 灬二	**jīn**		
jiào			拮	RFKg	扌士口一	巾	MHK	冂丨ⅲ
叫	KNhh	口乙丨丨	洁	IFKg	氵士口一	今	WYNb	人丶乙巛

今	WYNB	人、乙《
斤	RTTh	斤ノノ丨
金	QQQ	金金金
	QQQQ	金金金金
津	IVGH	氵⺕十丨
	IVFH	氵⺕二丨
衿	PUWN	衤冫人乙
矜	CNHN	龴乙丨乙
	CBTN	龴卩ノ乙
筋	TEER	⺮月力ノ
	TELB	⺮月力《
襟	PUSi	衤冫木小

jǐn		
仅	WCY	亻又、
堇	BIGB	了八一巴
紧	JCXi	‖又幺小
	JCxi	‖又幺小
谨	YAKg	讠廿口⺉
菫	AKGF	廿口⺉二
锦	QRMh	钅白冂丨
廑	OAKg	广廿口⺉
	YAKG	广廿口⺉
厪	QNAG	⺈乙廿
槿	SAKg	木廿口⺉
瑾	GAKG	王廿口⺉
尽	NYUu	尸、冫

jìn		
劲	CAEt	乙工力ノ
	CALn	乙工力乙
妗	VWyn	女人、乙
	VWYn	女人、乙
近	RPk	斤辶⫶
进	FJPk	二川辶⫶
	FJpk	二川辶⫶
尽	NYUu	尸、冫
荩	ANYu	廿尸、冫
	ANYU	廿尸、冫

晋	GOJf	一业日二
	GOGJ	一业一日
浸	IVPc	氵⺕冖又
烬	ONYu	火尸、冫
赆	MNYu	贝尸、冫
缙	XGOj	纟一业日
	XGOJ	纟一业日
禁	SSFi	木木二小
靳	AFRh	廿串斤丨
觐	AKGQ	廿口⺉儿
噤	KSSI	口木木小

jīng		
京	YIU	亠小 冫
泾	ICAg	氵乙工一
经	XCAg	纟乙工一
	XCag	纟乙工一
茎	ACAf	廿乙工二
荆	AGAj	廿一廾刂
惊	NYIY	忄亠小、
旌	YTTG	方⺊ノ⺉
菁	AGEf	廿⺉月二
	AGEF	廿⺉月二
晶	JJJf	日日日二
腈	EGEG	月⺉月一
睛	HGeg	目⺉月一
粳	OGJr	米一日乂
	OGJq	米一日乂
兢	DQDq	古儿古儿
精	OGeg	米⺉月一
	OGEg	米⺉月一
鲸	QGYi	鱼一亠小

jǐng		
井	FJK	二川⫶
阱	BFJh	阝二川丨
刭	CAJH	乙工刂丨
肼	EFJh	月二川丨
颈	CADm	乙工厂贝

景	JYIu	日亠小冫
	JYiu	日亠小冫
徼	WAQt	彳⺮⺈攵
	WAQT	彳⺮⺈攵
憬	NJYi	忄日亠小
警	AQKy	廿⺈口言
	AQKY	廿⺈口言

jìng		
净	UQVh	冫⺈⺕丨
劲	CAEt	乙工力ノ
	CALn	乙工力乙
弪	XCAG	弓乙工一
径	TCAg	彳乙工一
迳	CAPd	乙工辶三
胫	ECAg	月乙工一
痉	UCAd	疒乙工三
竞	UKQb	立口儿《
	UKQB	立口儿《
婧	VGEg	女⺉月一
竟	UJQb	立日儿《
敬	AQKT	廿⺈口攵
	AQKt	廿⺈口攵
靓	GEMq	⺉月冂儿
靖	UGEg	立⺉月一
境	FUJq	土立日儿
獍	QTUQ	犭ノ立儿
静	GEQh	⺉月⺈丨
镜	QUJq	钅立日儿

jiōng		
扃	YNMK	、尸冂口

jiǒng		
迥	MKpd	冂口辶三
炯	OMKg	火冂口一
窘	PWVK	宀八⺕口
炅	JOU	日火 冫

jiū		
纠	XNHh	纟乙丨丨

汉字	编码	拆分	汉字	编码	拆分	汉字	编码	拆分
究	PWVb	宀八九巛	鹫	YIDG	京小ナ一	榘	TDAS	丿大匚木
鸠	VQGg	九鸟 一一		YIDG	京小广一	龃	HWBG	止人凵一
	VQYG	九勹丶一				踽	KHTY	口止丿丶
赳	FHNH	土止乙丨	**jū**					
阄	UQJn	门勹日乙	居	NDd	尸古三	**jù**		
啾	KTOy	口禾火丶	拘	RQKg	扌勹口一	句	QKD	勹口三
揪	RTOY	扌禾火丶	狙	QTEg	犭丿月一	巨	AND	匚コ三
	RTOy	扌禾火丶		QTEG	犭丿月一	讵	YANG	讠匚コ一
鬏	DETO	镸彡禾火	苴	AEGf	艹月一二	拒	RANg	扌匚コ一
jiǔ			驹	CGQk	马一勹口	苣	AANf	艹匚コ二
九	VTn	九丿乙		CQkg	马勹口一	具	HWu	且八二
久	QYi	夂丶冫	疽	UEGd	疒月一三	炬	OANg	火匚コ一
灸	QYOu	夂丶火冫	掬	RQOy	扌勹米丶	钜	QANg	钅匚コ一
玖	GQYy	王夂丶丶	椐	SNDg	木尸古一	俱	WHWy	亻且八丶
韭	HDHG	丨三丨一	琚	GNDg	王尸古一	倨	WNDg	亻尸古一
	DJDG	三刂三一	趄	FHEg	土止月一	剧	NDJh	尸古刂丨
酒	ISGG	氵西一一	锔	QNNK	钅尸乙口	惧	NHWy	忄且八丶
jiù			裾	PUND	衤尸古	据	RNDg	扌尸古一
旧	HJg	丨日一	雎	EGWy	月一亻隹	距	KHAn	口止匚コ
臼	ETHg	臼丿丨一	鞠	AFQO	廿革勹米	犋	CHwy	牛且八丶
	VTHg	臼丿丨一		AFQo	廿革勹米		TRHW	丿扌且八
咎	THKf	夂卜口二	鞫	AFQY	廿革勹言	飓	WRHw	几乂且八
疚	UQYi	疒夂丶冫	**jú**				MQHw	几乂且八
枢	SAQy	木匚夂丶	局	NNKd	尸乙口三	锯	QNDg	钅尸古一
	SAQY	木匚夂丶	桔	SFKg	木士口一	窭	PWOv	宀八米女
柏	SEG	木臼一	菊	AQOu	艹勹米冫	聚	BCIu	耳又水冫
	SVG	木臼一	橘	SCNK	木マ乙口		BCTi	耳又丿水
厩	DVAq	厂艮匚儿		SCBK	木マ阝口	屦	NTOV	尸彳米女
	DVCq	厂彐厶儿	**jǔ**			踞	KHND	口止尸古
救	GIYT	一水丶攵	咀	KEGg	口月一一	遽	HGEP	虍一豕辶
	FIYT	十水丶攵	沮	IEGg	氵月一一		HAEp	广七豕辶
就	YIdy	京小尢	举	IGWG	㚘一八キ	瞿	HHWy	目目亻隹
	YIdn	京小尢乙		IWFh	㚘八二丨		HHWY	目目亻隹
舅	ELEr	臼田力丿	矩	TDAn	丿大匚コ	醵	SGHE	西一虍豕
	VLlb	臼田力巛	柜	SANg	木匚コ一		SGHE	西一广豕
僦	WYIY	亻京小	莒	AKKF	艹口口二	**juān**		
	WYIn	亻京小乙	榉	SIGg	木㚘一キ	娟	VKEg	女口月一
				SIWh	木㚘八丨	捐	RKEg	扌口月一

涓	IKEg	氵口月一
鹃	KEQg	口月鸟一
	KEQg	口月勺一
镌	QWYB	钅亻圭乃
	QWYE	钅亻圭乃
蠲	UWLJ	丷八皿虫

juǎn		
卷	UGBb	丷夫巳《
	UDBB	丷大巳《
锩	QUGB	钅丷夫巳
	QUDB	钅丷大巳

juàn		
倦	WUGB	亻丷夫巳
	WUDb	亻丷大巳
桊	UGS	丷夫木
	UDSu	丷大木三
狷	QTKE	犭丿口月
绢	XKEg	纟口月一
眷	UGHF	丷夫目二
	UDHF	丷大目二
隽	WYB	亻圭乃
	WYEB	亻圭乃《
郓	SFBh	西土阝丨

juē		
噘	KDUw	口厂丷人
撅	RDUW	扌厂丷人

jué		
孓	BYI	了丶氵
诀	YNWY	讠コ人丶
决	UNWy	冫コ人丶
	UNwy	冫コ人丶
抉	RNWY	扌コ人丶
	RNWy	扌コ人丶
角	QEj	勹用丨
珏	GGYy	王王丶丶
绝	XQCn	纟勹巴乙
觉	IPMq	丷冖门儿

觉	IPMQ	丷冖门儿
倔	WNBm	亻尸凵山
崛	MNBM	山尸凵山
掘	RNBm	扌尸凵山
	RNBM	扌尸凵山
桷	SQEh	木勹用丨
觖	QENw	勹用コ人
厥	DUBw	厂丷凵人
	DUBW	厂丷凵人
劂	DUBJ	厂丷凵刂
獗	QTDW	犭丿厂人
蕨	ADUW	艹厂丷人
	ADUw	艹厂丷人
噱	KHGE	口丨一豕
	KHAE	口丨七豕
橛	SDUw	木厂丷人
爵	ELVf	罒四寸
	ELVf	罒四寸
蹶	KHDW	口止厂人
镢	QDUW	钅厂丷人
矍	HHWc	目目亻又
爝	OELf	火罒四寸
攫	RHHc	扌目目又
嚼	KELf	口罒四寸

juè		
倔	WNBm	亻尸凵山

jūn		
军	PLj	冖车丨
君	VTKf	ヨ丿口二
	VTKD	ヨ丿口三
均	FQUg	土勹冫一
钧	QQUG	钅勹冫一
皲	PLBY	冖车皮丶
	PLHc	冖车广又
菌	ALTu	艹囗禾三
筠	TFQU	竹土勹冫
麇	OXXT	声匕匕禾

| 麇 | YNJT | 广コ刂禾 |
| 龟 | QJNb | 勹日乙《 |

jùn		
俊	WCWt	亻厶八夂
郡	VTKB	ヨ丿口阝
峻	MCwt	山厶八夂
	MCWt	山厶八夂
捃	RVTk	扌ヨ丿口
浚	ICWT	氵厶八夂
骏	CGCT	马一厶夂
	CCWt	马厶八夂
竣	UCWt	立厶八夂
隽	WYBr	亻圭乃《
	WYEB	亻圭乃《

kā		
咖	KEKg	口力口一
	KLKg	口力口一
咔	KHHY	口上卜丶
喀	KPTk	口宀夂口

kǎ		
卡	HHU	上卜二
佧	WHHy	亻上卜丶
胩	EHHy	月上卜丶
咯	KTKg	口夂口一

kāi		
开	GAK	一廾川
揩	RXXR	扌匕匕白
锎	QUGA	钅门一廾

kǎi		
凯	MNWn	山己几乙
	MNMn	山己几乙
剀	MNJh	山己刂丨
垲	FMNn	土山己乙
恺	NMNn	忄山己乙
铠	QMNn	钅山己乙
慨	NVAq	忄艮匚儿
	NVCq	忄ヨ厶儿

第一列

汉字	编码	拆分
朁	AXXR	艹匕匕白
楷	SXxr	木匕匕白
鍇	QXxr	钅匕匕白
	QXXr	钅匕匕白

kài

汉字	编码	拆分
忾	NRN	忄气乙
	NRNn	忄气乙乙

kān

汉字	编码	拆分
刊	FJh	干刂丨
	FJH	干刂丨
勘	DWNE	甚八乙力
	ADWL	艹三八力
龛	WGKY	人一口丶
	WGKX	人一口匕
堪	FDWN	土甚八乙
	FADn	土廿三乙
戡	DWNA	甚八乙戈
	ADWA	廿三八戈

kǎn

汉字	编码	拆分
坎	FQWy	土𠂊人丶
侃	WKKN	亻口川乙
	WKQn	亻口川乙
砍	DQWy	石𠂊人丶
莰	AFQW	艹土𠂊人
槛	SJTl	木刂𠂊皿

kàn

汉字	编码	拆分
看	RHf	手目二
	RHF	手目二
阚	UNBt	门乙耳攵
瞰	HNBt	目乙耳攵
嵌	MFQw	山甘𠂊人
	MAFw	山廿二人

kāng

汉字	编码	拆分
康	OVI	广彐氺
	YVIi	广彐氺冫
慷	NOVI	忄广彐氺
	NYVi	忄广彐氺

第二列

汉字	编码	拆分
糠	OOVI	米广彐氺
	OYVI	米广彐氺

káng

汉字	编码	拆分
扛	RAG	扌工一

kàng

汉字	编码	拆分
亢	YWB	亠几《
	YMB	亠几《
伉	WYWn	亻亠几乙
	WYMn	亻亠几乙
抗	RYWn	扌亠几乙
	RYMN	扌亠几乙
阆	UYWV	门亠几巛
	UYMV	门亠几巛
炕	OYWn	火亠几乙
	OYMn	火亠几乙
钪	QYWn	钅亠几乙
	QYMN	钅亠几乙

kāo

汉字	编码	拆分
尻	NVV	尸九巛

kǎo

汉字	编码	拆分
考	FTGn	土丿一乙
拷	RFTn	扌土丿乙
栲	SFTN	木土丿乙
烤	OFTn	火土丿乙

kào

汉字	编码	拆分
铐	QFTN	钅土丿乙
犒	CYMk	牛亠冂口
	TRYK	丿扌亠冂
靠	TFKD	丿土口三

kē

汉字	编码	拆分
坷	FSKg	土丁口一
苛	ASKf	艹丁口二
柯	SSKg	木丁口一
珂	GSKg	王丁口一
呵	KSKg	口丁口一
科	TUfh	禾丷十丨
轲	LSKg	车丁口一

第三列

汉字	编码	拆分
疴	USKD	疒丁口三
钶	QSKg	钅丁口一
棵	SJSy	木日木丶
颏	YNTM	亠乙丿贝
稞	TJSY	禾日木丶
窠	PWJs	宀八日木
颗	JSDm	日木丆贝
嗑	KFCL	口土厶皿
瞌	HFCL	目土厶皿
磕	DFCl	石土厶皿
蝌	JTUf	虫禾丷十
髁	MEJs	骨月日木

ké

汉字	编码	拆分
咳	KYNW	口亠乙人
壳	FPWb	士冖几《
	FPMb	士冖几《

kě

汉字	编码	拆分
可	SKd	丁口三
岢	MSKf	山丁口二
渴	IJQn	氵日勹乙

kè

汉字	编码	拆分
克	DQb	古儿《
刻	YNTj	亠乙丿刂
客	PTkf	宀夂口二
恪	NTKG	忄夂口一
课	YJSy	讠日木丶
氪	RDQ	气古儿
	RNDQ	𠂉乙古儿
骒	CGJs	马一日木
	CJsy	马日木丶
缂	XAFh	纟廿串丨
	XAFH	纟廿串丨
嗑	KFCL	口土厶皿
溘	IFCL	氵土厶皿
锞	QJSy	钅日木丶

kěn

汉字	编码	拆分
肯	HEf	止月二

垦	VFF	⼹ 土 二	扣	RKg	扌 口 一		kuǎi		
	VEFf	⼹ ⼹ 土 二	寇	PFQC	宀二儿又	块	FNWy	土 ユ 人 丶
恳	VNu	⼹ 心 二	筘	TRKf	⺮扌口二	快	NNWy	忄 ユ 人 丶
	VENU	⼹ ⼹ 心 二	蔻	APFC	艹宀二又	会	WFCu	人 二 厶 丶
啃	KHEg	口 止 月 一		APFL	艹宀二又		WFcu	人 二 厶 丶
龈	HWBV	止人凵⼹		kū		浍	IWF	氵 人 二
	HWBE	止人凵⼹	刳	DFNJ	大二乙刂		IWFC	氵 人 二 厶
	kèn		枯	SDG	木 古 一	侩	WWFC	亻 人 二 厶
裉	PUVY	衤⼹⼹⼹ 丶		SDg	木 古 一	郐	WFCB	人二厶阝
	PUVE	衤⼹⼹ ⼹	哭	KKDU	口口犬	哙	KWFC	口 人 二 厶
	kēng		堀	FNBM	土尸凵山	狯	QTWC	犭丿人厶
吭	KYWn	口亠儿乙	窟	PWNm	宀八尸山	脍	EWFc	月人二厶
	KYMn	口亠儿乙	骷	MEDG	骨月古一	筷	TNNw	⺮忄 ユ 人
坑	FYWn	土亠儿乙		kǔ			kuān		
	FYMn	土亠儿乙	苦	ADf	艹 古 二	宽	PAMq	宀艹冂儿
铿	QJCf	钅又土		ADF	艹 古 二		PAmq	宀艹冂儿
	kōng			kù		髋	MEPq	骨月宀儿
空	PWaf	宀八工二	库	OLk	广车 川		MEPQ	骨月宀儿
倥	WPWa	亻宀八工		YLK	广车 川		kuǎn		
崆	MPWa	山宀八工	绔	XDFn	纟大二乙	款	FFIw	士二小人
箜	TPWa	⺮宀八工	喾	IPTk	⺍冖丿口		kuāng		
	kǒng		裤	PUOl	衤 广车	匡	AGD	匚 王 三
孔	BNN	子乙乙		PUYl	衤 广车	诓	YAGG	讠匚王一
恐	AWYn	工几丶心	酷	SGTk	西一丿口	哐	KAGg	口匚王一
	AMYN	工几丶心		SGTK	西一丿口	筐	TAGf	⺮匚王二
	kòng			kuā			kuáng		
控	RPWa	扌宀八工	夸	DFNB	大二乙巜	狂	QTGG	犭丿王一
	kōu			DFNb	大二乙巜		QTGg	犭丿王一
抠	RARy	扌匚乂丶		kuǎ		诳	YQTg	讠犭丿王
	RAQy	扌匚乂丶	侉	WDFn	亻大二乙		kuǎng		
芤	ABNb	艹子乙巜	垮	FDFN	土大二乙	夼	DKJ	大 川 川
眍	HARy	目匚乂丶		kuà			kuàng		
	HAQy	目匚乂丶	挎	RDFn	扌大二乙	邝	OBH	广阝丨
	kǒu			RDFN	扌大二乙		YBH	广阝丨
口	KKKK	口口口口	胯	EDFn	月大二乙	圹	FOT	土 广 丿
	kòu		跨	KHDn	口止大乙		FYT	土 广 丿
叩	KBH	口卩丨				纩	XOT	纟 广 丿

字	编码	字根
纩	XYT	纟 广 丿
况	UKQn	冫 口 儿 乙
旷	JOT	日 广 丿
旷	JYT	日 广 丿
矿	DOt	石 广 丿
矿	DYT	石 广 丿
贶	MKQn	贝 口 儿 乙
框	SAGG	木 匚 王 一
眶	HAGG	目 匚 王 一
眶	HAGg	目 匚 王 一

kuī

字	编码	字根
亏	FNB	二 乙 《
亏	FNV	二 乙 巛
岿	MJVf	山 丿 彐 二
悝	NJFG	忄 日 土 一
盔	DOLf	𠂇 火 皿 二
窥	PWGq	宀 八 夫 儿
窥	PWFQ	宀 八 二 儿

kuí

字	编码	字根
奎	DFFf	大 土 土 二
奎	DFFF	大 土 土 二
逵	FWFp	土 八 土 辶
逵	FWFP	土 八 土 辶
馗	VUTH	九 丷 丿 目
喹	KDFf	口 大 土 土
揆	RWGD	扌 癶 一 大
葵	AWGd	艹 癶 一 大
暌	JWGD	日 癶 一 大
睽	HWGD	目 癶 一 大
魁	RQCF	白 儿 厶 十
蝰	JDFF	虫 大 土 土
夔	UTHT	丷 丿 目 夂
夔	UHTt	丷 止 丿 夂

kuǐ

字	编码	字根
傀	WRQc	亻 白 儿 厶
跬	KHFf	口 止 土 土
跬	KHFF	口 止 土 土

kuì

字	编码	字根
匮	AKHm	匚 口 丨 贝
喟	KLEg	口 田 月 一
愦	NKHM	忄 口 丨 贝
愧	NRQc	忄 白 儿 厶
溃	IKhm	氵 口 丨 贝
溃	IKHm	氵 口 丨 贝
蒉	AKHM	艹 口 丨 贝
馈	QNKm	夂 乙 口 贝
篑	TKHM	竹 口 丨 贝
聩	BKHm	耳 口 丨 贝

kūn

字	编码	字根
坤	FJHH	土 日 丨 丨
昆	JXxb	日 匕 匕 《
琨	GJXx	王 日 匕 匕
锟	QJXx	钅 日 匕 匕
髡	DEGQ	镸 彡 一 儿
醌	SGJX	西 一 日 匕
鲲	QGJX	鱼 一 日 匕

kǔn

字	编码	字根
悃	NLSy	忄 囗 木 丶
捆	RLSy	扌 囗 木 丶
阃	ULSi	门 囗 木 氵

kùn

字	编码	字根
困	LSi	囗 木 氵

kuò

字	编码	字根
扩	ROt	扌 广 丿
扩	RYt	扌 广 丿
括	RTDg	扌 丿 古 一
栝	STDG	木 丿 古 一
适	TDPd	丿 古 辶 三
蛞	JTDG	虫 丿 古 一
阔	UITd	门 氵 丿 古
廓	OYBb	广 言 子 阝
廓	YYBb	广 言 子 阝

lā

字	编码	字根
垃	FUG	土 立 一

字	编码	字根
拉	RUg	扌 立 一
啦	KRUg	口 扌 立 一
邋	VLRp	巛 口 乂 辶
邋	VLQp	巛 口 乂 辶

lá

字	编码	字根
晃	JVB	曰 九 《
砬	DUG	石 立 一

lǎ

字	编码	字根
喇	KSKJ	口 木 口 刂
喇	KGKj	口 一 口 刂

là

字	编码	字根
剌	SKJh	木 口 刂 丨
剌	GKIJ	一 口 小 刂
腊	EAJG	月 廿 日 一
瘌	USKJ	疒 木 口 刂
瘌	UGKJ	疒 一 口 刂
蜡	JAJg	虫 廿 日 一
辣	USKG	辛 木 口 一
辣	UGKi	辛 一 口 小

lái

字	编码	字根
来	GUsi	一 丷 木 氵
来	GOi	一 米 氵
崃	MGUS	山 一 丷 木
崃	MGOy	山 一 米 丶
徕	TGUS	彳 一 丷 木
徕	TGOy	彳 一 米 丶
涞	IGUs	氵 一 丷 木
涞	IGOy	氵 一 米 丶
莱	AGUS	艹 一 丷 木
莱	AGOu	艹 一 米 二
铼	QGUS	钅 一 丷 木
铼	QGOY	钅 一 米 丶

lài

字	编码	字根
赉	GUSM	一 丷 木 贝
赉	GOMu	一 米 贝 二
睐	HGUs	目 一 丷 木
睐	HGOy	目 一 米 丶

赖	SKQm	木口勹贝	娄	ISSV	氵木木女	莨	AYVe	艹丶ヨ⻊
	GKIM	一口小贝	嘼	LFMf	田十冂十	蒗	AIYV	艹氵丶艮
濑	ISKM	氵木口贝	懒	NSkm	忄木口贝		AIYE	艹氵丶⻊
	IGKM	氵一口贝		NGKM	忄一口贝	lǎo		
癞	USKM	疒木口贝	làn			捞	RAPe	扌艹⼍力
	UGKM	疒一口贝	烂	OUD	丷火三		RAPl	扌艹⼍力
籁	TSKm	⺮木口贝		OUFG	火丷二一	láo		
	TGKM	⺮一口贝	滥	IJTl	氵刂⺁皿	劳	APE	艹⼍力
lán			lāng				APLb	艹⼍力巛
兰	UDF	丷三二	啷	KYVb	口丶艮阝	牢	PTG	宀丿丰
	UFF	丷二二		KYVb	口丶ヨ阝		PRHj	宀⺊刂
岚	MWRu	山几乂	láng			唠	KAPe	口艹⼍力
	MMQU	山几乂	郎	YVB	丶艮阝		KAPl	口艹⼍力
拦	RUDg	扌丷三一		YVCB	丶ヨㄥ阝	崂	MAPE	山艹⼍力
	RUFg	扌丷二一	狼	QTYV	犭丿丶艮		MAPl	山艹⼍力
栏	SUDg	木丷三一		QTYe	犭丿丶⻊	痨	UAPE	疒艹⼍力
	SUFg	木丷二一	廊	OYVB	广丶郎		UAPL	疒艹⼍力
婪	SSVf	木木女二		YYVb	广丶ヨ阝	铹	QAPE	钅艹⼍力
阑	USL	门木囗	琅	GYV	王丶艮		QAPl	钅艹⼍力
	UGLI	门一囗小		GYVe	王丶ヨ⻊	醪	SGNE	西一羽彡
蓝	AJTl	艹二⺁皿	榔	SYV	木丶艮	lǎo		
谰	YUSl	讠门木囗		SYVb	木丶ヨ阝	老	FTXr	土丿匕丿
	YUGi	讠门一小	稂	TYV	禾丶艮		FTXb	土丿匕巛
澜	IUSl	氵门木囗		TYVe	禾丶ヨ⻊	佬	WFTx	亻土丿匕
	IUGI	氵门一小	锒	QYVY	钅丶艮丶	姥	VFTx	女土丿匕
褴	PUJL	衤刂⺁皿		QYVE	钅丶ヨ⻊	栳	SFTX	木土丿匕
篮	TJTL	⺮刂⺁皿	螂	JYVb	虫丶郎	铑	QFTX	钅土丿匕
斓	YUSL	文门木囗		JYVb	虫丶ヨ阝	潦	IDUI	氵大丷小
	YUGI	文门一小	lǎng			lào		
镧	QUSl	钅门木囗	朗	YVE	丶艮月	涝	IAPe	氵艹⼍力
	QUGI	钅门一小		YVCe	丶ヨㄥ月		IAPl	氵艹⼍力
lǎn			làng			烙	OTKg	火夂口一
览	JTYq	刂⺁丶儿	阆	UYV	门丶艮	耢	FSAe	二木艹力
	JTYQ	刂⺁丶儿		UYVe	门丶ヨ⻊		DIAL	三小艹力
揽	RJTq	扌刂⺁儿	浪	IYV	氵丶艮	络	XTKg	纟夂口一
缆	XJTq	纟刂⺁儿		IYVe	氵丶ヨ⻊	酪	SGTK	西一夂口
榄	SJTQ	木刂⺁儿	莨	AYV	艹丶艮			

	lē	
肋	EET	月力丿
	ELn	月力乙
嘞	KAFe	口廿串力
	KAFl	口廿串力
	lè	
仂	WET	亻力丿
	WLN	亻力乙
乐	TNii	丿乙小氵
	QIi	匚小氵
叻	KET	口力丿
	KLN	口力乙
泐	IBE	氵阝力
	IBLn	氵阝力乙
勒	AFE	廿串力
	AFLn	廿串力乙
鰳	QGAE	鱼一廿力
	QGAL	鱼一廿力
	le	
了	Bnh	了乙｜
	lēi	
勒	AFE	廿串力
	AFLn	廿串力乙
	léi	
雷	FLf	雨田二
	FLF	雨田二
嫘	VLXi	女田幺小
缧	XLXi	纟田幺小
	XLXI	纟田幺小
檑	SFLg	木雨田一
鐳	QFLg	钅雨田一
羸	YEUY	亠月羊丶
	YNKY	亠乙口丶
	lěi	
耒	FSI	二木氵
	DII	三小氵
诔	YFSY	讠二木丶

诔	YDIY	讠三小丶
垒	CCCF	厶厶厶土
累	LXiu	田幺小
磊	DDDf	石石石二
蕾	AFLf	艹雨田二
	AFLF	艹雨田二
儡	WLLl	亻田田田
	lèi	
肋	EET	月力丿
	ELn	月力乙
泪	IHG	氵目一
类	ODu	米大
累	LXiu	田幺小
酹	SGEf	西一爫寸
擂	RFLg	扌雨田一
	lei	
嘞	KAFe	口廿串力
	KAFl	口廿串力
	lēng	
棱	SFWt	木土八夂
	léng	
塄	FLY	土罒方
	FLYn	土罒方乙
楞	SLYn	木罒方乙
	SLyn	木罒方乙
	lěng	
冷	UWYc	冫人丶マ
	UWYC	冫人丶マ
	lèng	
愣	NLY	忄罒方
	NLYn	忄罒方乙
	lī	
哩	KJFg	口日土一
	lí	
厘	DJFD	厂日土三
梨	TJSu	禾刂木
狸	QTJF	犭丿日土

离	YRBc	亠乂凵厶
	YBmc	文凵冂厶
骊	CGGy	马一一丶
	CGmy	马一冂丶
犁	TJTG	禾刂丿丰
	TJRh	禾刂二｜
喱	KDJf	口厂日土
	KDJF	口厂日土
鹂	GMYG	一冂丶一
漓	IYRc	氵亠乂厶
	IYBC	氵文凵厶
缡	XYR	纟亠乂
	XYBc	纟文凵厶
蓠	AYRC	艹亠乂厶
	AYBC	艹文凵厶
蜊	JTJh	虫禾刂｜
嫠	FTDv	未攵厂女
	FITv	二小攵女
鲡	QGGy	鱼一一丶
	QGGY	鱼一一丶
黎	TQTi	禾勹丿氺
篱	TYRc	竹亠乂厶
	TYBc	竹文凵厶
罹	LNWy	罒忄亻隹
藜	ATQi	艹禾勹氺
黧	TQTO	禾勹丿灬
蠡	XEJj	彑豕虫虫
	XEJj	彐豕虫虫
	lǐ	
礼	PYNN	礻丶乙乙
李	SBf	木子二
里	JFD	日土三
俚	WJFg	亻日土一
哩	KJFg	口日土一
悝	NJFG	忄日土一
娌	VJFG	女日土一
逦	GMYP	一冂丶辶

理	GJfg	王日土一
锂	QJFg	钅日土一
鲤	QGJF	鱼一日土
澧	IMAu	氵门艹丷
醴	SGMU	西一门丷
鳢	QGMU	鱼一门丷
lì		
力	ENt	力乙丿
力	LTn	力丿乙
历	DEe	厂力彡
历	DLv	厂力巛
厉	DGQ	厂一勹
厉	DDNv	厂厂乙巛
立	UUuu	立立立立
丽	GMYy	一门丶丶
吏	GKRi	一口乂冫
吏	GKQi	一口乂冫
利	TJH	禾刂丨
励	DGQE	厂一勹力
励	DDNL	厂厂乙力
呖	KDEt	口厂力丿
呖	KDLn	口厂力乙
坜	FDET	土厂力丿
坜	FDLn	土厂力乙
沥	IDET	氵厂力丿
沥	IDLn	氵厂力乙
苈	ADER	艹厂力丿
苈	ADLb	艹厂力巛
例	WGQj	亻一夕刂
戾	YNDi	丶尸犬冫
枥	SDEt	木厂力丿
枥	SDLn	木厂力乙
疠	UGQE	疒一勹彡
疠	UDNV	疒厂乙巛
隶	VII	彐氺冫
俐	WTJh	亻禾刂丨
俪	WGMY	亻一门丶

栎	STNI	木丿乙小
栎	SQIy	木乛小丶
疬	UDEe	疒厂力彡
疬	UDLv	疒厂力巛
荔	AEEe	艹力力力
荔	ALLl	艹力力力
莉	ATJj	艹禾刂刂
轹	LTNi	车丿乙小
轹	LQIy	车乛小丶
郦	GMYB	一门丶阝
郦	SSU	西木 ⼆
猁	QTTj	犭丿禾刂
砺	DDGQ	石厂一勹
砺	DDDN	石厂厂乙
砾	DTNi	石丿乙小
砾	DQIy	石乛小丶
苙	AWUF	艹亻立二
喱	KYND	口丶尸犬
笠	TUF	竹 立二
粒	OUg	米 立 一
粒	OUG	米 立 一
粝	ODGQ	米厂一勹
粝	ODDn	米厂厂乙
蛎	JDGQ	虫厂一勹
蛎	JDDn	虫厂厂乙
傈	WSSy	亻西木丶
痢	UTJk	疒禾刂川
詈	LYF	罒言二
跞	KHTI	口止丿小
跞	KHQI	口止乛小
雳	FDEr	雨厂力丿
雳	FDLB	雨厂力巛
溧	ISSY	氵西木丶
篥	TSSu	竹 西木
鬲	GKMH	一口门丨
liǎ		
俩	WGMW	亻一门人

俩	WGMw	亻一门人
lián		
奁	DARu	大匚乂二
奁	DAQu	大匚乂二
连	LPk	车辶川
连	LPK	车辶川
帘	PWMh	宀八门丨
怜	NWYC	忄人丶マ
涟	ILPy	氵车辶丶
莲	ALPu	艹车辶丷
联	BUdy	耳丷大丶
裢	PULp	衤丷车辶
廉	OUVw	广丷彐八
廉	YUVO	广丷彐小
鲢	QGLP	鱼一车辶
濂	IOUw	氵广丷八
濂	IYUo	氵广丷小
臁	EOUw	月广丷八
臁	EYUo	月广丷小
镰	QOUW	钅广丷八
镰	QYUo	钅广丷小
蠊	JOUW	虫广丷八
蠊	JYUo	虫广丷小
liǎn		
敛	WGIT	人一丷攵
敛	WGIT	人一丷攵
琏	GLPy	王车辶丶
脸	EWGg	月人一一
脸	EWgi	月人一丷
裣	PUWG	衤丷人一
裣	PUWI	衤丷人丷
蔹	AWGT	艹人一攵
liàn		
练	XANw	纟七乙八
炼	OANW	火七乙八
殓	GQW	一夕人
殓	GQWi	一夕人丷

链	QLPy	钅车辶丶
栋	SSLg	木木四一
	SGLi	木一四小
潋	IWGT	氵人一攵
恋	YONu	亠小心二

	liáng	
良	YVi	丶艮氵
	YVei	丶彐氵𡳞
茛	AYVu	廾丶艮二
	AYVe	廾丶彐𡳞
凉	UYIY	冫亠小丶
梁	IVWs	氵刀八木
椋	SYIY	木亠小丶
粮	OYVy	米丶艮丶
	OYVe	米丶彐𡳞
粱	IVWO	氵刀八米
墚	FIVs	土氵刀木
踉	KHYV	口止丶艮
	KHYE	口止丶𡳞
量	JGjf	日一日土

	liǎng	
两	GMWW	一冂人人
俩	WGMW	亻一冂人
	WGMw	亻一冂人
魉	RQCW	白儿厶人

	liàng	
亮	YPwb	亠冖几《
	YPMb	亠冖几《
辆	LGMw	车一冂人
晾	JYIY	日亠小丶
谅	YYIy	讠亠小丶
靓	GEMq	丰月冂儿
量	JGjf	日一日土

| | liāo | |
| 撩 | RDUi | 扌大丷小 |

| | liáo | |
| 潦 | IDUI | 氵大丷小 |

辽	BPk	了辶川
疗	UBK	疒了丨
聊	BQTb	耳卩丿㔾
僚	WDUi	亻大丷小
寥	PNWe	宀羽人彡
廖	ONWE	广羽人彡
	YNWe	广羽人彡
嘹	KDUi	口大丷小
	KDUI	口大丷小
寮	PDUi	宀大丷小
缭	XDUi	纟大丷小
獠	QTDI	犭丿大小
燎	ODUI	火大丷小
鹩	DUJG	大丷日一

	liǎo	
钌	QBH	钅了丨
蓼	ANWe	廾羽人彡
了	Bnh	了乙丨

	liào	
尥	DNQy	尢乙勹丶
料	OUFh	米丷十丨
	OUfh	米丷十丨
撂	RLTk	扌田冬口
镣	QDUi	钅大丷小

| | liē | |
| 咧 | KGQj | 口一夕刂 |

	liè	
列	GQJh	一夕刂丨
	GQjh	一夕刂丨
劣	ITER	小丿力丿
	ITLb	小丿力《
洌	UGQj	冫一夕刂
埒	FEFy	土𡕢寸丶
烈	GQJO	一夕刂灬
捩	RYND	扌丶尸犬
猎	QTAJ	犭丿廿日
	QTAj	犭丿廿日

洌	IGQJ	氵一夕刂
	IGQj	氵一夕刂
裂	GQJE	一夕刂衣
趔	FHGJ	一止一刂
躐	KHVN	口止巛乙
鬣	DEVn	镸彡巛乙
	DEVN	镸彡巛乙

| | līn | |
| 拎 | RWYC | 扌人丶マ |

	lín	
邻	WYCB	人丶マ阝
林	SSy	木木丶
临	JTYj	刂丿丶日
啉	KSSy	口木木丶
淋	ISSy	氵木木丶
琳	GSSy	王木木丶
粼	OQGB	米夕牛《
	OQAB	米夕匚《
嶙	MOQg	山米夕牛
	MOQh	山米夕丨
遴	OQGP	米夕牛辶
	OQAp	米夕匚辶
辚	LOQg	车米夕牛
	LOqh	车米夕丨
霖	FSSu	雨木木二
瞵	HOQg	目米夕牛
	HOQh	目米夕丨
磷	DOQj	石米夕牛
	DOQh	石米夕丨
鳞	QGOg	鱼一米牛
	QGOh	鱼一米丨
麟	OXXG	鹿匕匕牛
	YNJH	广乛刂丨

	lǐn	
凛	UYLi	冫亠口小
廪	OYLi	广亠口小
	YYLI	广亠口小

憬	NYLi	忄亠口小
檁	SYLI	木亠口小

lìn		
吝	YKF	文口二
赁	WTFM	亻丿士贝
蔺	AUWy	艹门亻隹
膦	EOQg	月米夕⺀
	EOQh	月米夕丨
躏	KHAY	口止艹主

líng		
拎	RWYC	扌人、マ
伶	WWYC	亻人、マ
灵	VOu	彐火⺀
囹	LWYc	囗人、マ
泠	IWYC	氵人、マ
苓	AWYC	艹人、マ
柃	SWYC	木人、マ
玲	GWYc	王人、マ
瓴	WYCY	人、マ、
	WYCN	人、マ乙
凌	UFWt	冫土八夂
铃	QWYC	钅人、マ
陵	BFWt	阝土八夂
棂	SVOy	木彐火、
绫	XFWt	纟土八夂
羚	UWYC	羊人、マ
	UDWC	⺍手人マ
翎	WYCN	人、マ羽
棱	SFWt	木土八夂
菱	AFWT	艹土八夂
蛉	JWYC	虫人、マ
龄	HWBC	止人凵マ
零	FWyc	雨人、マ
	FWYC	雨人、マ
鲮	QGFT	鱼一土夂
酃	FKKb	雨口口阝

lǐng		
领	WYCM	人、マ贝
岭	MWYC	山人、マ

lìng		
令	WYCu	人、マ⼆
另	KEr	口力丿
	KLb	口力《
吟	KWYC	口人、マ

liū		
溜	IQYL	氵⺁、田
熘	OQYL	火⺁、田

liú		
刘	YJh	文刂丨
浏	IYJH	氵文刂丨
流	IYCk	氵亠厶儿
	IYCq	氵亠厶儿
留	QYVL	⺁、刀田
琉	GYCk	王亠厶儿
	GYCq	王亠厶儿
硫	DYCk	石亠厶儿
	DYCq	石亠厶儿
旒	YTYK	方⽅亠儿
	YTYQ	方⽅亠儿
馏	QNQL	⼅乙⺁田
骝	CGQL	马一⺁田
	CQYL	马⺁、田
榴	SQYl	木⺁、田
瘤	UQYL	疒⺁、田
镏	QQYL	钅⺁、田
鎏	IYCQ	氵亠厶金

liǔ		
柳	SQTb	木⺁丿卩
绺	XTHK	纟夂卜口
	XTHk	纟夂卜口
锍	QYCK	钅亠厶儿
	QYCQ	钅亠厶儿

liù		
六	UYgy	六、一、
遛	QYVP	⺁、刀辶
碌	DVIy	石彐氺、
陆	BGBh	阝⺀山丨
	BFMh	阝二山丨
鹨	NWEG	羽人彡一

lo		
咯	KTKg	口夂口一

lōng		
隆	BTGg	阝夂一⺀

lóng		
龙	DXyi	尤匕、氵
	DXv	尤匕《
咙	KDX	口尤匕
	KDXn	口尤匕乙
泷	IDX	氵尤匕
	IDXn	氵尤匕乙
茏	ADX	艹尤匕
	ADXb	艹尤匕《
栊	SDX	木尤匕
	SDXn	木尤匕乙
珑	GDX	王尤匕
	GDXn	王尤匕乙
胧	EDX	月尤匕
	EDXn	月尤匕乙
砻	DXYD	尤匕、石
	DXDf	尤匕石二
笼	TDX	竹尤匕
	TDXb	竹尤匕《
聋	DXYB	尤匕、耳
	DXBf	尤匕耳二
隆	BTGg	阝夂一⺀
癃	UBTG	疒阝夂⺀
窿	PWBg	宀八阝⺀

lǒng		
陇	BDX	阝尤匕

陇	BDXn	阝尢匕乙
垄	DXYF	ナ匕丶土
	DXFf	尢匕土二
垅	FDX	土ナ匕
	FDXn	土尢匕乙
拢	RDX	扌ナ匕
	RDXn	扌尢匕乙
lòng		
弄	GAJ	王 廾 ‖
lóu		
娄	OVF	米 女 二
	OVf	米 女 二
偻	WOVg	亻米女一
喽	KOVg	口米女一
蒌	AOVf	艹米女二
	AOvf	艹米女二
楼	SOVg	木米女一
耧	FSOv	二木米女
	DIOv	三小米女
蝼	JOVg	虫米女一
髅	MEOv	冎月米女
lǒu		
嵝	MOvg	山米女一
搂	ROV	扌 米 女
	ROvg	扌米女一
篓	TOVf	⺮米女二
lòu		
陋	BGMn	阝一冂乙
漏	INFy	氵尸雨丶
	INFY	氵尸雨丶
瘘	UOVd	疒米女三
镂	QOVg	钅米女一
露	FKHK	雨口止口
lū		
噜	KQGJ	口 鱼一日
	KQGj	口 鱼一日
撸	RQGj	扌鱼一日

lú		
卢	HNR	⺊ 尸 〃
	HNe	⺊尸彡彡
庐	OYNE	广丶尸彡
	YYNE	广丶尸彡
芦	AYNr	艹丶尸〃
	AYNR	艹丶尸〃
垆	FHNT	土⺊尸丿
泸	IHNt	氵⺊ 尸丿
炉	OYNt	火丶尸丿
栌	SHNT	木⺊尸丿
胪	EHNt	月⺊尸丿
	EHNT	月⺊尸丿
轳	LHNT	车⺊ 尸丿
鸬	HNQg	⺊ 尸 鸟一
	HNQg	⺊尸勹一
舻	TUHN	丿舟 ⺊尸
	TEHn	丿舟⺊尸
颅	HNDM	⺊尸𠂆贝
鲈	QGHN	鱼一⺊尸
lǔ		
卤	HLru	⺊囗㐅⺀
	HLqi	⺊囗㐅氵
虏	HEE	虍 力 彡
	HALV	虍七力巛
掳	RHET	扌虍力丿
	RHAl	扌虍七力
鲁	QGJf	鱼一日二
橹	SQGj	木 鱼一日
镥	QQGj	钅 鱼一日
lù		
陆	BGBh	阝 丰凵丨
	BFMh	阝二山丨
录	VIu	彐 氺 ⺀
赂	MTKg	贝夂口一
辂	LTKG	车夂口一
渌	IVIy	氵彐氺丶

逯	VIPI	彐氺辶氵
鹿	OXxv	声⺊匕巛
	YNJx	广 コ‖匕
禄	PYVi	礻丶彐氺
碌	DVIy	石彐氺丶
绿	XVIy	纟彐氺丶
	XViy	纟彐氺丶
路	KHTk	口止夂口
漉	IOXx	氵声⺊匕
	IYNX	氵广コ匕
戮	NWEa	羽人彡戈
辘	LOxx	车声⺊匕
	LYNx	车广コ匕
潞	IKHK	氵口止口
璐	GKHK	王口止口
簏	TOXx	⺮声⺊匕
	TYNX	⺮广コ匕
鹭	KHTG	口止夂一
麓	SSOX	木木 声匕
麓	SSYX	木木广匕
六	UYgy	六丶一丶
露	FKHK	雨口止口
蓼	ANWe	艹羽人彡
lu		
氇	EQGj	毛 鱼一日
	TFNJ	丿二乙日
lǘ		
驴	CGYn	马一丶尸
	CYNt	马丶尸丿
闾	UKKD	门口口三
榈	SUKk	木门口口
lǚ		
吕	KKf	口 口 二
侣	WKKg	亻口口一
偻	WOVg	亻米女一
旅	YTEy	方𠂉𧘇丶
	YTEY	方𠂉𧘇丶

稆	TKKg	禾口口一		**l ü è**			赢	YNKY	亠乙口丶
铝	QKKg	钅口口一	掠	RYIY	扌亠小丶			**l u ò**	
屡	NOvd	尸米女三	略	LTKg	田夂口一		泺	ITNI	氵丿乙小
缕	XOVg	纟米女一	锊	QEFy	钅⺳寸丶			IQIy	氵[小丶
膂	YTEE	方亠𠤎月		**l ū n**			跞	KHQI	口止[小
褛	PUOv	衤冫米女	抡	RWXn	扌人匕乙		洛	ITKg	氵夂口一
履	NTTt	尸彳𡕩夂		**l ú n**			荦	APTg	艹冖丿丰
捋	REFy	扌⺳寸丶	仑	WXB	人匕巛			APRh	艹冖⺊丨
	REFY	扌⺳寸丶	纶	XWXn	纟人匕乙		骆	CGTK	马一夂口
	l ǔ		伦	WWXn	亻人匕乙			CTKg	马夂口一
滤	IHNy	氵虍心丶	囵	LWXV	囗人匕巛		珞	GTKg	王夂口一
	IHAn	氵虍七心	沦	IWXn	氵人匕乙		络	XTKg	纟夂口一
律	TVGh	彳彐𰀀丨	轮	LWXn	车人匕乙		烙	OTKg	火夂口一
	TVFH	彳彐二丨		**l ù n**			硌	DTKg	石夂口一
虑	HNi	虍心氵	论	YWXn	讠人匕乙		咯	KTKg	口夂口一
	HANi	虍七心氵		**l u ō**			落	AITk	艹氵夂口
绿	XVIy	纟彐氺丶	捋	REFy	扌⺳寸丶		摞	RLXi	扌田幺小
	XViy	纟彐氺丶		REFY	扌⺳寸丶		漯	ILXi	氵田幺小
氯	RVIi	气彐氺氵		**l u ó**			雒	TKWY	夂口亻圭
	RNVi	𠂉乙彐氺	罗	LQu	罒夕二			**m**	
率	YXif	亠幺⺀十	猡	QTLQ	犭丿罒夕		呒	KFQn	口二儿乙
	l u á n		脶	EKMW	月口门人			**m ā**	
孪	YOVf	亠小女二		EKMw	月口门人		妈	VCgg	女马一一
挛	YOBf	亠小子二	萝	ALQu	艹罒夕二			VCg	女马一丰
峦	YOMj	亠小山刂	逻	LQPi	罒夕辶氵		摩	OSSR	广木木手
滦	IYOS	氵亠小木	椤	SLQy	木罒夕丶			YSSR	广木木手
栾	YOSu	亠小木二	锣	QLQy	钅罒夕丶		抹	RGSy	扌一木丶
挛	YORj	亠小手刂	箩	TLQu	竹罒夕二			**m á**	
鸾	YOQG	亠小鸟一	骡	CGLi	马一田小		麻	OSSi	广木木氵
	YOQg	亠小⺈一		CLXi	马田幺小			YSSi	广木木氵
銮	YOQf	亠小金二	镙	QLXi	钅田幺小		蟆	JAJD	虫艹日大
	YOQF	亠小金二	螺	JLXi	虫田幺小			**m ǎ**	
商	YOMW	亠小门人		**l u ǒ**			马	CGd	马一三
	l u ǎ n		倮	WJSy	亻日木丶			CNng	马乙乙一
卵	QYTy	𠂊丶丿丶	裸	PUJS	衤冫日木		犸	QTCg	犭丿马一
	l u à n		瘰	ULXi	疒田幺小			QTCG	犭丿马一
乱	TDNn	丿古乙乙		YEJy	亠月虫丶		玛	GCGg	王马一一

玛	GCG	王马一
码	DCGg	石马一一
	DCG	石马一
蚂	JCGg	虫马一一
	JCG	虫马一
mà		
杩	SCGg	木马一一
	SCG	木马一
骂	KKCG	口口马一
	KKCf	口口马二
ma		
吗	KCGg	口马一一
	KCG	口马一
么	TCu	丿厶⺀
嘛	KOss	口广木木
	KYss	口广木木
mái		
埋	FJFg	土日土一
霾	FEJf	雨豸日土
	FEEF	雨爫犭土
mǎi		
买	NUDU	乙⺀大⺀
荬	ANUD	艹乙⺀大
mài		
劢	GQET	一勹力丿
	DNLn	丆乙力乙
迈	GQPe	一勹辶彡
	DNPv	丆乙辶巛
麦	GTu	龶夂⺀
	GTU	龶夂⺀
唛	KGTy	口龶夂丶
卖	FNUD	十乙⺀大
脉	EYNi	月丶乙氺
	EYNI	月丶乙氺
mān		
颟	AGMM	艹一冂贝

mán		
馒	QNJC	𠂉乙日又
瞒	HAgw	目艹一人
	HAGW	目艹一人
鞔	AFQQ	廿串𠂉儿
鳗	QGJC	鱼一日又
蛮	YOJu	亠小虫⺀
埋	FJFg	土日土一
mǎn		
满	IAGW	氵艹一人
螨	JAGW	虫艹一人
màn		
曼	JLCu	日罒又⺀
谩	YJLc	讠日罒又
墁	FJLc	土日罒又
幔	MHJC	冂丨日又
慢	NJlc	忄日罒又
漫	IJLC	氵日罒又
蔓	AJLc	艹日罒又
缦	XJLc	纟日罒又
熳	OJLc	火日罒又
镘	QJLc	钅日罒又
máng		
邙	YNBh	亠乙阝丨
忙	NYN	忄亠乙
	NYNN	忄亠乙乙
芒	AYNB	艹亠乙巛
茫	AIYn	艹氵亠乙
硭	DAYn	石艹亠乙
盲	YNHf	亠乙目二
氓	YNNA	亠乙尸七
mǎng		
莽	ADAj	艹犬廾‖
漭	IADa	氵艹犬廾
	IADA	氵艹犬廾
蟒	JADa	虫艹犬廾
	JADA	虫艹犬廾

māo		
猫	QTAl	犭丿艹田
	QTAL	犭丿艹田
máo		
毛	ETGN	毛丿一乙
	TFNv	丿二乙巛
矛	CNHT	マ乙丨丿
	CBTr	マ卩丿ク
牦	CEN	⺧毛乙
	TRTN	丿扌丿乙
茅	ACNt	艹マ乙丿
	ACBT	艹マ卩丿
旄	YTEN	方𠂉毛乙
	YTTN	方𠂉丿乙
锚	QALg	钅艹田一
髦	DEEB	镸彡毛ク
	DETN	镸彡丿乙
蝥	CNHJ	マ乙丨虫
	CBTJ	マ卩丿虫
蟊	CNHJ	マ乙丨虫
	CBTJ	マ卩丿虫
mǎo		
卯	QTBH	⺁丿卩丨
峁	MQTb	山⺁丿卩
泖	IQTb	氵⺁丿卩
昴	JQTb	日⺁丿卩
铆	QQTb	钅⺁丿卩
mào		
茂	ADU	艹戊⺀
	ADNt	艹厂乙丿
冒	JHF	日目二
贸	QYVm	⺁丶刀贝
耄	FTXE	土丿匕毛
	FTXN	土丿匕乙
帽	MHJh	冂丨日目
瑁	GJHG	王日目一
瞀	CNHH	マ乙丨目

字	编码	拆分
瞀	CBTH	⌐卩丿目
貌	ERqn	豸白儿乙
貌	EERQ	∅狛儿
懋	SCNN	木⌐乙心
懋	SCBN	木⌐卩心
袤	YCN	亠⌐乙
袤	YCBE	亠⌐卩衣

me

| 么 | TCu | 丿厶二 |

méi

没	IWcy	氵几又丶
没	IMcy	氵几又丶
枚	STy	木夂丶
枚	STY	木夂丶
玫	GTY	王夂丶
玫	GTy	王夂丶
眉	NHD	尸目三
莓	ATXu	艹⺊母二
莓	ATXu	艹⺊母二
梅	STXy	木⺊母丶
梅	STXu	木⺊母二
媒	VFSy	女甘木丶
媒	VAFs	女艹二木
嵋	MNHg	山尸目一
湄	INHg	氵尸目一
猸	QTNH	犭丿尸目
楣	SNHg	木尸目一
煤	OFS	火甘木
煤	OAfs	火艹二木
酶	SGTX	西一⺊母
酶	SGTU	西一⺊二
镅	QNHg	钅尸目一
鹛	NHQg	尸目鸟一
鹛	NHQg	尸目勹一
霉	FTXU	雨⺊母二
霉	FTXU	雨⺊二
糜	YSSO	广木木米

měi

每	TXu	⺊母二
每	TXGu	⺊口一二
美	UGDU	丷王大二
浼	IQKq	氵⺊口儿
镁	QUGd	钅丷王大

mèi

妹	VFY	女未丶
妹	VFIy	女二小丶
昧	JFY	日未丶
昧	JFIy	日二小丶
袂	PUNw	衤冖人
媚	VNHg	女尸目一
寐	PUFU	宀丬未二
寐	PNHI	宀乙丨小
魅	RQCF	白儿厶未
魅	RQCI	白儿厶小

mēn

| 闷 | UNi | 门心氵 |
| 闷 | UNI | 门心氵 |

mén

门	UYHn	门丶丨乙
扪	RUN	扌门乙
钔	QUN	钅门乙

mèn

| 焖 | OUNy | 火门心丶 |
| 懑 | IAGN | 氵艹一心 |

men

| 们 | WUn | 亻门乙 |

mēng

| 蒙 | APFe | 艹冖二豕 |
| 蒙 | APGe | 艹冖一豕 |

méng

虻	JYNn	虫亠乙乙
萌	AJEf	艹日月二
盟	JEL	日月皿
盟	JELf	日月皿二

甍	ALPY	艹皿冖丶
甍	ALPN	艹皿冖乙
瞢	ALPH	艹皿冖目
蒙	APFe	艹冖二豕
蒙	APGe	艹冖一豕
朦	EAPe	月艹冖豕
朦	EAPe	月艹冖豕
檬	SAPe	木艹冖豕
檬	SAPe	木艹冖豕
礞	DAPe	石艹冖豕
礞	DAPe	石艹冖豕

měng

勐	BLEt	子皿力丿
勐	BLLn	子皿力乙
猛	QTBL	犭丿子皿
锰	QBLg	钅子皿一
艋	TUBl	丿舟子皿
艋	TEBL	丿舟子皿
蜢	JBLg	虫子皿一
懵	NALh	忄艹皿目
蒙	APFe	艹冖二豕
蒙	APGe	艹冖一豕
蠓	JAPE	虫艹冖豕
蠓	JAPe	虫艹冖豕

mèng

| 孟 | BLF | 子皿二 |
| 梦 | SSQu | 木木夕二 |

mī

咪	KOY	口米丶
眯	HOY	目米丶
眯	HOy	目米丶

mí

弥	XQIy	弓⺅小丶
祢	PYQi	衤丶⺅小
迷	OPi	米辶氵
猕	QTXi	犭丿弓小
猕	QTXI	犭丿弓小

谜	YOPY	讠米辶丶
醚	SGOp	西一米辶
糜	OSSO	广木木米
	YSSO	广木木米
縻	OSSI	广木木小
	YSSI	广木木小
麋	OXXO	声匕匕米
	YNJO	广コ‖米
靡	OSSD	广木木三
	YSSD	广木木三
蘼	AOSD	艹广木三
	AYSD	艹广木三

mǐ		
米	OYTy	米丶丿丶
	OYty	米丶丿丶
芈	HGHG	丨一丨キ
	GJGH	一丨一丨
弭	XBG	弓耳一
籹	OTY	米女丶
脒	EOy	月米丶

mì		
汨	IJG	氵日一
宓	PNTR	宀心丿丿
泌	INTt	氵心丿丿
觅	EMqb	爫冂儿《
	EMQb	爫冂儿《
秘	TNTt	禾心丿丿
	TNtt	禾心丿丿
密	PNTm	宀心丿山
幂	PJDh	冖日大丨
谧	YNTL	讠心丿皿
嘧	KPNm	口宀心山
蜜	PNTJ	宀心丿虫

mián		
眠	HNAn	目巳七乙
绵	XRmh	纟白门丨
棉	SRMh	木白门丨

miǎn		
免	QKQb	勹口儿《
沔	IGHn	氵一丨乙
眄	HGHN	目一丨乙
	HGHn	目一丨乙
黾	KJNb	口日乙
勉	QKQE	勹口儿力
	QKQL	勹口儿力
娩	VQKq	女勹口儿
冕	JQKq	日勹口儿
	JQKQ	日勹口儿
湎	IDLf	氵丆口二
	IDMd	氵门三
缅	XDLf	纟丆口二
	XDMD	纟门三
腼	EDLf	月丆口二
	EDMD	月门三
渑	IKJn	氵口日乙

miàn		
面	DLjf	丆口‖二
	DMjd	丆门‖三

miāo		
喵	KALg	口艹田一

miáo		
苗	ALf	艹田二
	ALF	艹田二
描	RALg	扌艹田一
瞄	HALg	目艹田一
鹋	ALQG	艹田鸟一
	ALQG	艹田勹一

miǎo		
杪	SITt	木小丿丿
眇	HITt	目小丿丿
秒	TItt	禾小丿丿
淼	IIIU	水水水丷
渺	IHIT	氵目小丿
缈	XHIt	纟目小丿

	AERq	艹豸白儿
藐	AEEq	艹爫犭儿
邈	ERQP	豸白儿辶
	EERP	爫犭辶

miào		
妙	VITt	女小丿丿
庙	OMD	广由三
	YMD	广由三
缪	XNWe	纟羽人彡

miē		
乜	NNV	乙乙《
咩	KUH	口羊丨
	KUDh	口丷手丨

miè		
灭	GOI	一火丷
蔑	ALAw	艹罒戈人
	ALDT	艹罒厂丿
篾	TLAw	竹戈罒人
	TLDT	竹罒厂丿
蠛	JALw	虫艹罒人
	JALt	虫艹罒丿

mín		
民	Nav	巳七《
岷	MNAn	山巳七乙
珉	GNAn	王巳七乙
缗	XNAj	纟巳七日
苠	ANAb	艹巳七《

mǐn		
黾	KJNb	口日乙《
皿	LHNg	皿丨乙一
闵	UYI	门文氵
抿	RNAn	扌巳七乙
泯	INAn	氵巳七乙
闽	UJI	门虫氵
悯	NUYy	忄门文丶
敏	TXTy	𠂉母夂丶
	TXGT	𠂉口一夂

憨	NATN	巳七夂心	摩	OSSR	广木木手			

字	编码	字根	字	编码	字根	字	编码	字根
憨	NATN	巳七夂心	摩	OSSR	广木木手	**móu**		
鳌	TXTG	ｆ母女一		YSSR	广木木手	蛑	JCTg	虫厶丿丰
	TXGG	ｆ口一一	磨	OSSD	广木木石		JCRh	虫厶乚丨
míng				YSSd	广木木石	牟	CTGJ	厶丿丰‖
名	QKf	夕口二	蘑	AOsd	艹广木石		CRhj	厶乚丨‖
明	JEg	日月一		AYSd	艹广木石	侔	WCTG	亻厶丿丰
鸣	KQGg	口鸟一一	魔	OSSC	广木木厶		WCRh	亻厶乚丨
	KQYg	口勹丶一		YSSC	广木木厶	眸	HCtg	目厶丿丰
茗	AQKF	艹夕口二	**mǒ**				HCRh	亻厶乚丨
冥	PJUu	冖日六丷	抹	RGSy	扌一木丶	谋	YFSy	讠甘木丶
铭	QQKg	钅夕口一	**mò**				YAFs	讠廿二木
溟	IPJU	氵冖日六	末	GSi	一木氵	鍪	CNHQ	マ乙丨金
暝	JPJU	日冖日六	殁	GQWC	一夕几又		CBTQ	マ卩丿金
瞑	HPJu	目冖日六		GQMC	一夕几又	**mǒu**		
螟	JPJu	虫冖日六	沫	IGSy	氵一木丶	某	FSu	甘木二
mǐng			茉	AGSu	艹一木二		AFSu	艹二木二
酩	SGQK	西一夕口	陌	BDJg	阝丆日一	**mú**		
mìng			秣	TGSY	禾一木丶	毪	ECTg	毛厶丿丰
命	WGKB	人一口卩		TGSy	禾一木丶		TFNH	丿二乙丨
miù			莫	AJDu	艹日大二	模	SAjd	木艹日大
谬	YNWE	讠羽人彡	寞	PAJd	宀艹日大		SAJd	木艹日大
缪	XNWe	纟羽人彡	漠	IAJd	氵艹日大	**mǔ**		
mō			暮	AJDG	艹日大一	母	XNNY	母乙乙丶
摸	RAJD	扌艹日大		AJDC	艹日大马		XGUi	口一丷氵
mó			貊	EDJG	豸丆日一	亩	YLf	亠田二
谟	YAJd	讠艹日大		EEDj	㕚犭丆日		YLF	亠田二
嫫	VAJd	女艹日大	墨	LFOF	罒土灬土	牡	CFG	牛土一
	VAJD	女艹日大	瘼	UAJD	疒艹日大		TRFG	丿扌土一
馍	QNAD	𠂇乙艹大	镆	QAJD	钅艹日大	姆	VXy	女母丶
无	FQv	二儿巛	默	LFOD	罒土灬犬		VXgu	女口一丷
摹	AJDR	艹日大手	貘	EAJD	豸艹日大	拇	RXY	扌母丶
模	SAjd	木艹日大		EEAd	㕚犭艹大		RXGu	扌口一丷
	SAJd	木艹日大	糜	FSOD	二木广石	坶	FXy	土母丶
膜	EAJD	月艹日大		DIYd	三小广石		FXgu	土口一丷
麿	OSSC	广木木厶	**mōu**			**mù**		
	YSSC	广木木厶	哞	KCTG	口厶丿丰	木	SSSS	木木木木
嬷	VYSc	女广木厶		KCRh	口厶乚丨	仫	WTCY	亻丿厶丶

目	HHH	目目目	呐	KMWy	口门人丶	**náng**		
	HHHH	目目目目	**nǎi**			馕	QNGE	⺈乙一衣
沐	ISY	氵木丶	乃	BNT	乃乙丿	**nǎng**		
牧	CTY	牛攵丶		ETN	乃丿乙	攮	RGKE	扌一口衣
	TRTy	丿扌攵丶	奶	VBT	女乃丿	曩	JYKe	日亠口衣
苜	AHF	艹目二		VEn	女乃乙	**nāo**		
钼	QHG	钅目一	艿	ABR	艹乃丿	孬	DHVB	𠂇卜女子
募	AJDE	艹日大力		AEB	艹乃《		GIVb	一小女子
	AJDL	艹日大力	氖	RBE	气乃彡	**náo**		
墓	AJDF	艹日大土		RNEb	𠂆乙乃《	呶	KVCy	口女又丶
幕	AJDH	艹日大丨	**nài**			挠	RATq	扌七丿儿
睦	HFwf	目土八土	奈	DFIu	大二小⺀		RATQ	扌七丿儿
慕	AJDN	艹日大小	柰	SFIU	木二小⺀	硇	DTLr	石丿口乂
暮	AJDJ	艹日大日	佴	WBG	亻耳一		DTLq	石丿口乂
穆	TRIe	禾白小彡	耐	DMJF	𠂇门⺲寸	铙	QATq	钅七丿儿
ń			萘	ADFI	艹大二小	猱	QTCS	犭丿マ木
唔	KGKg	口五口一	鼐	BHNn	乃目乙乙	蛲	JATQ	虫七丿儿
	KGKG	口五口一		EHNn	乃目乙乙	**nǎo**		
嗯	KLDN	口口大心	**nān**			垴	FYRb	土亠乂凵
nā			囡	LVD	口女三		FYBH	土文凵丨
南	FMuf	十门䒑十	团	LBd	口子三	恼	NYRb	忄亠乂凵
ná			**nán**				NYBH	忄文凵丨
拿	WGKR	人一口手	男	LEr	田力丿	脑	EYRb	月亠乂凵
镎	QWGR	钅人一手		LLb	田力《		EYBh	月文凵丨
nǎ			南	FMuf	十门䒑十	瑙	GVTr	王巛丿乂
哪	KNGB	口乙㇀阝	难	CWyg	又亻主一		GVTq	王巛丿乂
哪	KVfb	口刀二阝	喃	KFMf	口十门十	**nào**		
nà			楠	SFMf	木十门十	闹	UYMh	门亠门丨
那	NGbh	乙㇀阝丨	**nǎn**			淖	IHJh	氵卜早丨
	VFBh	刀二阝丨	赧	FOBC	土小卩又	**nè**		
纳	XMWy	纟门人丶	腩	EFMf	月十门十	讷	YMWy	讠门人丶
肭	EMWy	月门人丶	蝻	JFMf	虫十门十	**ne**		
娜	VNGb	女乙㇀阝	**nàn**			呢	KNXn	口尸匕乙
	VVFb	女刀二阝	难	CWyg	又隹一	**něi**		
袦	PUMW	衤丷门人	**nāng**			馁	QNEv	⺈乙⺲女
钠	QMWy	钅门人丶	囔	KGKE	口一口衣	**nèi**		
捺	RDFI	扌大二小	囊	GKHe	一口丨衣	内	MWi	门人氵

nèn		
嫩	VSKt	女木口夊
	VGKt	女一口夊
恁	WTFN	亻丿士心

néng		
能	CExx	厶月匕匕

nī		
妮	VNXn	女尸匕乙

ní		
尼	NXv	尸匕巛
坭	FNXn	土尸匕乙
怩	NNXn	忄尸匕乙
泥	INXn	氵尸匕乙
倪	WEQn	亻臼儿乙
	WVQn	亻臼儿乙
铌	QNXn	钅尸匕乙
猊	QTEQ	犭丿臼儿
	QTVQ	犭丿臼儿
霓	FEQb	雨臼儿巜
	FVQb	雨臼儿巜

nǐ		
你	WQiy	亻⺈小丶
拟	RNYw	扌乙丶人
旎	YTNX	方⺈尸匕

nì		
泥	INXn	氵尸匕乙
昵	JNXn	日尸匕乙
逆	UBTP	丷凵丿辶
	UBTp	丷凵丿辶
匿	AADk	匚艹ナ口
	AADK	匚艹ナ口
溺	IXUu	氵弓冫冫
睨	HEQn	目臼儿乙
	HVQn	目臼儿乙
腻	EAFy	月弋二丶
	EAFm	月弋二贝
伲	WNXn	亻尸匕乙

niān		
拈	RHKg	扌⺊口一
	RHKG	扌⺊口一
蔫	AGHo	艹一止灬
	AGHO	艹一止灬

nián		
年	TGj	⺧丨
	RHfk	仁丨十川
鲇	QGHK	鱼一⺊口
鲶	QGWn	鱼一人心
	QGWN	鱼一人心
黏	TWIK	禾人氺口
粘	OHkg	米⺊口一

niǎn		
捻	RWYN	扌人丶心
辇	GGLJ	夫夫车刂
	FWFL	二人二车
撵	RGGl	扌夫夫车
	RFWL	扌二人车
碾	DNAe	石尸廾⺁

niàn		
廿	AGHG	廿一丨一
	AGHg	廿一丨一
念	WYNN	人丶乙心
埝	FWYN	土人丶心

niáng		
娘	VYVy	女丶艮丶
	VYVe	女丶彐⺄

niàng		
酿	SGYV	西一丶艮
	SGYE	西一丶⺄

niàng		
酿	SGYV	西一丶艮
	SGYE	西一丶⺄

niǎo		
鸟	QGD	鸟一三
	QYNG	⺈丶乙一

	AQGF	艹鸟一二
茑	AQYG	艹⺈丶一
袅	QYEU	鸟亠⺄⺀
	QYNE	⺈丶乙⺄
嬲	LEVe	田力女力
	LLVl	田力女力

niǎo		
尿	NIi	尸水氺
	NII	尸水氺
脲	ENIy	月尸水丶
溺	IXUu	氵弓冫冫

niē		
捏	RJFg	扌日土一
	RJFG	扌日土一

niè		
陧	BJFg	阝日土一
涅	IJFG	氵日土一
聂	BCCu	耳又又⺀
臬	THSu	丿目木⺀
啮	KHWB	口止人凵
嗫	KBCc	口耳又又
镊	QBCc	钅耳又又
镍	QTHS	钅丿目木
	QTHs	钅丿目木
颞	BCCM	耳又又贝
蹑	KHBC	口止耳又
	KHBc	口止耳又
孽	ATNB	艹丿自子
	AWNB	艹亻口子
蘖	ATNS	艹丿自木
	AWNS	艹亻口木
乜	NNV	乙乙巛

nín		
您	WQIN	亻⺈小心

níng		
宁	PSj	宀丁刂
咛	KPSh	口宀丁丨

狞	QTPs	犭丿宀丁		nòng			娜	VVFb	女刀二阝
柠	SPSh	木宀丁丨	弄	GAJ	王廾刂		傩	WCWY	亻又亻圭
聍	BPSh	耳宀丁丨		nòu			nuò		
凝	UXTh	冫匕广疋	耨	FSDf	二木厂寸		诺	YADk	讠廾ナ口
	nǐng			DIDf	三小厂寸		喏	KADk	口廾ナ口
拧	RPSh	扌宀丁丨		nú				KADK	口廾ナ口
	nìng		奴	VCY	女又丶		搦	RXUu	扌弓冫冫
佞	WFVg	亻二女一	孥	VCBf	女又子二		锘	QADk	钅廾ナ口
泞	IPSh	氵宀丁丨		VCBF	女又子二		懦	NFDj	忄雨ア刂
甯	PNEj	宀心用刂	驽	VCCg	女又马一			NFDJ	忄雨ア刂
	niū			VCCf	女又马二		糯	OFDj	米雨ア刂
妞	VNHG	女乙丨一		nǔ				ō	
	VNFg	女乙土一	努	VCEr	女又力ノ		噢	KTMD	口丿冂大
	niú			VCLb	女又力巛			ó	
牛	TGK	丿キ川	弩	VCXb	女又弓巛		哦	KTRy	口丿扌丶
	RHK	丄丨川	胬	VCMW	女又冂人			KTRt	口丿扌丿
	niǔ		㚢	KVCy	口女又丶			ōu	
忸	NNHG	忄乙丨一		nù			讴	YARy	讠匚乂丶
	NNFg	忄乙土一	怒	VCNu	女又心⺀			YAQy	讠匚乂丶
扭	RNHg	扌乙丨一		nǚ			欧	ARQw	匚乂⺈人
	RNFg	扌乙土一	女	VVVv	女女女女			AQQw	匚乂⺈人
狃	QTNG	犭丿乙一	钕	QVG	钅女一		殴	ARWc	匚乂几又
	QTNF	犭丿乙土		nù				AQMc	匚乂几又
纽	XNHG	纟乙丨一	恧	DMJN	ア冂二心		瓯	ARGy	匚乂一丶
	XNFg	纟乙土一	衄	TLNG	丿皿乙一			AQGN	匚乂一乙
钮	QNHg	钅乙丨一		TLNF	丿皿乙土		鸥	ARQG	匚乂鸟一
	QNFg	钅乙土一		nuǎn				AQQG	匚乂⺈一
	niù		暖	JEGC	日⺍一又			ǒu	
拗	RXEt	扌幺力丿		JEFc	日⺍二又		呕	KARY	口匚乂丶
	RXLn	扌幺力乙		nüè				KAQY	口匚乂丶
	nóng		疟	UAGd	疒匚一三		偶	WJMy	亻日冂丶
农	PEi	冖㐇辶		UAGD	疒匚一三		耦	FSJy	二木日丶
	PEI	冖㐇辶	虐	HAGd	虍匚一三			DIJy	三小日丶
侬	WPEy	亻冖㐇丶		nuó			藕	AFSY	艹二木丶
哝	KPEy	口冖㐇丶	挪	RNGB	扌乙扌阝			ADIY	艹三小丶
浓	IPEy	氵冖㐇丶		RVFb	扌刀二阝			òu	
脓	EPEy	月冖㐇丶	娜	VNGb	女乙扌阝		怄	NARy	忄匚乂丶

怄	NAQy	忄匚乂丶
沤	IARy	氵匚乂丶
	IAQy	氵匚乂丶

pā		
趴	KHWy	口止八丶
啪	KRRg	口扌白一
葩	ARCb	艹白巴《

pá		
扒	RWY	扌八丶
杷	SCN	木巴乙
钯	QCN	钅巴乙
爬	RHYC	厂丨丶巴
耙	FSCn	二木巴乙
	DICn	三小巴乙
琶	GGCb	王王巴《
筢	TRCb	灬扌巴《

pà		
帕	MHRg	冂丨白一
怕	NRg	忄白一

pāi		
拍	RRG	扌白一

pái		
俳	WHDd	亻丨三三
	WDJD	亻三刂三
徘	THDD	彳丨三三
	TDJD	彳三刂三
排	RHDd	扌丨三三
	RDJd	扌三刂三
牌	THGF	丿丨一十

pǎi		
迫	RPD	白辶三

pài		
哌	KREy	口厂𠄌丶
派	IREy	氵厂𠄌丶
湃	IRDF	氵手三十
	IRDf	氵手三十
蒎	AIRe	艹氵厂𠄌

pān		
扳	RRCy	扌厂又丶
潘	ITOl	氵丿米田
	ITOL	氵丿米田
番	TOLf	丿米田二
攀	SRRr	木乂乂手
	SQQr	木乂乂手

pán		
爿	UNHT	爿乙丨丿
	NHDE	乙丨丆彡
盘	TULf	丿舟皿二
	TELf	丿舟皿二
磐	TUWD	丿舟几石
	TEMD	丿舟几石
蹒	KHAW	口止艹人
蟠	JTOL	虫丿米田

pàn		
判	UGJH	⍀丰刂丨
	UDJH	丷𠂇刂丨
泮	IUGH	氵丷丰丨
	IUFh	氵丷十丨
叛	UGRC	丷扩又
	UDRC	丷𠂇厂又
盼	HWVT	目八刀丿
	HWVn	目八刀乙
畔	LUGh	田丷丰丨
	LUFh	田丷十丨
袢	PUUg	衤丷丰
	PUUf	衤丷十
襻	PUSR	衤丷木手

pāng		
乓	RYU	丘丶二
	RGYu	斤一丶二
滂	IYUY	氵亠丷方
	IUPy	氵立宀方

páng		
彷	TYT	彳方丿

彷	TYN	彳方乙
庞	ODX	广尤匕
	YDXv	广尤匕《
逢	TGPK	夂丰辶川
	TAHp	夂匚丨辶
旁	YUPy	亠丷宀方
	UPYb	立宀方《
磅	DYUy	石亠丷方
	DUPy	石立宀方
膀	EYUy	月亠丷方
	EUPy	月立宀方
螃	JYUy	虫亠丷方
	JUPy	虫立宀方

pǎng		
耪	FSYY	二木亠方
	DIUY	三小立方

pàng		
胖	EUGh	月丷丰丨
	EUFh	月丷十丨

pāo		
抛	RVEt	扌九力丿
	RVLn	扌九力乙
脬	EEBg	月爫子一

páo		
刨	QNJH	勹巳刂丨
咆	KQNn	口勹巳乙
庖	OQNV	广勹巳《
	YQNv	广勹巳《
狍	QTQN	犭丿勹巳
袍	PUQn	衤勹巳
匏	DFNN	大二乙巳

pǎo		
跑	KHQn	口止勹巳

pào		
炮	OQNn	火勹巳乙
	OQnn	火勹巳乙
泡	IQNn	氵勹巳乙

疱	UQN	疒勹巳
	UQNv	疒勹巳巛
pēi		
呸	KDHG	口卜一
	KGIg	口一小一
胚	EDHg	月卜一
	EGIg	月一小一
醅	SGUK	西一立口
péi		
陪	BUKg	阝立口一
培	FUKg	土立口一
赔	MUKg	贝立口一
锫	QUKG	钅立口一
裴	HDHE	丨三丨𧘇
	DJDE	三‖三𧘇
pèi		
沛	IGMH	氵一门丨
佩	WWGH	亻几一丨
	WMGh	亻几一丨
帔	MHBy	冂丨皮、
	MHHC	冂丨广又
旆	YTGh	方𠂉一丨
配	SGNn	西一己乙
辔	LXXK	车纟纟口
	XLXk	纟车纟口
霈	FIGh	雨氵一丨
pēn		
喷	KFAm	口十艹贝
pén		
盆	WVLf	八刀皿二
溢	IWVL	氵八刀皿
pēng		
怦	NGUf	忄一丷十
	NGUh	忄一丷丨
抨	RGUF	扌一丷十
	RGUH	扌一丷丨

砰	DGUf	石一丷十
	DGUh	石一丷丨
烹	YBOu	亠了灬㇀
嘭	KFKE	口士口彡
péng		
朋	EEg	月月一
堋	FEEg	土月月一
彭	FKUE	士口丷彡
棚	SEEg	木月月一
硼	DEEG	石月月一
	DEEg	石月月一
蓬	ATDP	艹夂三辶
鹏	EEQg	月月鸟一
	EEQg	月月勹一
澎	IFKE	氵士口彡
篷	TTDP	𥫗夂三辶
膨	EFKe	月士口彡
蟛	JFKe	虫士口彡
pěng		
捧	RDWg	扌三人㠯
	RDWh	扌三人丨
pèng		
碰	DUOg	石丷业一
	DUOg	石丷业一
pī		
丕	DHGD	𠂇卜一三
	GIGF	一小一二
批	RXXn	扌𠂎匕乙
	RXxn	扌𠂎匕乙
纰	XXXn	纟𠂎匕乙
	XXXN	纟𠂎匕乙
邳	DHGB	𠂇卜一阝
邳	GIGB	一小一阝
坯	FDHG	土𠂇卜一
	FGIG	土一小一
披	RBY	扌皮、

披	RHCy	扌广又、
砒	DXXn	石匕匕乙
铍	QBY	钅皮、
	QHCy	钅广又、
辟	NKUh	尸口辛丨
劈	NKUV	尸口辛刀
噼	KNKu	口尸口辛
霹	FNKu	雨尸口辛
pí		
皮	BNTy	皮乙丿、
	HCi	广又氵
芘	AXXb	艹匕匕巛
枇	SXXN	木匕匕乙
毗	LXXn	田匕匕乙
疲	UBI	疒皮氵
	UHCi	疒广又氵
蚍	JXXN	虫匕匕乙
郫	RTFB	白丿十阝
陴	BRTf	阝白丿十
啤	KRTf	口白丿十
埤	FRTf	土白丿十
裨	PURf	衤丷白十
琵	GGXx	王王匕匕
脾	ERTf	月白丿十
罴	LFCO	罒土厶灬
蜱	JRTf	虫白丿十
貔	ETLx	豸丿囗匕
	EETX	𫩏豸丿匕
鼙	FKUF	士口丷十
pǐ		
匹	AQv	匚儿巛
	AQV	匚儿巛
圮	FNN	土己乙
痞	UDHK	疒𠂇卜口
	UGIk	疒一小口
疋	NHI	乛𤴓氵

字	编码	拆分
擗	RNKu	扌尸口辛
仳	WXXn	亻匕匕乙
吡	KXXn	口匕匕乙
庀	OXV	广匕巛
	YXV	广匕巛
癖	UNKu	疒尸口辛
pì		
屁	NXXv	尸匕匕巛
渒	ILGJ	氵田一刂
媲	VTLx	女丿口匕
睤	HRtf	目白丿十
僻	WNKu	亻尸口辛
甓	NKUY	尸口辛丶
	NKUN	尸口辛乙
譬	NKUY	尸口辛言
辟	NKUh	尸口辛丨
埤	FRTf	土白丿十
piān		
片	THGn	丿丨一乙
偏	WYNA	亻丶尸卄
犏	CYNa	牜丶尸卄
	TRYA	丿扌丶卄
篇	TYNa	竹丶尸卄
	TYNA	竹丶尸卄
翩	YNMN	丶尸门羽
pián		
骈	CGUA	马一丷卄
	CUah	马丷卄丨
胼	EUAh	月丷卄丨
蹁	KHYA	口止丶卄
便	WGJr	亻一日乂
	WGJq	亻一日乂
缠	XWGR	纟亻一乂
	XWGQ	纟亻一乂
piǎn		
谝	YYNA	讠丶尸卄

字	编码	拆分
piàn		
骗	CGYA	马一丶卄
	CYNA	马丶尸卄
片	THGn	丿丨一乙
piāo		
剽	SFIJ	西二小刂
漂	ISFi	氵西二小
缥	XSFI	纟西二小
	XSFi	纟西二小
飘	SFIR	西二小乂
	SFIQ	西二小乂
螵	JSFi	虫西二小
piáo		
瓢	SFIY	西二小丶
嫖	VSFi	女西二小
朴	SHY	木卜丶
piǎo		
殍	GQEB	一夕爫子
莩	AEBF	卄爫子二
瞟	HSFi	目西二小
piào		
票	SFiu	西二小灬
	SFIU	西二小灬
漂	ISFi	氵西二小
嘌	KSFi	口西二小
骠	CGSi	马一西小
	CSfi	马西二小
piē		
气	RTE	气丿彡
	RNTR	乞乙丿丿
撇	RITY	扌肖攵丶
	RUMT	扌丷冂攵
瞥	ITHF	肖攵目二
	UMIH	丷冂小目
piě		
苤	ADHG	卄丆卜一

字	编码	拆分
苤	AGIg	卄一小一
pīn		
姘	VUAh	女丷卄丨
拼	RUAh	扌丷卄丨
拚	RCAH	扌厶卄丨
	RCAh	扌厶卄丨
pín		
贫	WVMu	八刀贝灬
嫔	VPRw	女宀丘八
	VPRw	女宀丘八
频	HHDm	止少丆贝
	HIDm	止小丆贝
颦	HHDF	止少丆十
	HIDF	止小丆十
pǐn		
品	KKKf	口口口二
榀	SKKk	木口口口
pìn		
牝	CXn	牛匕乙
	TRXn	丿扌匕乙
聘	BMGn	耳由一乙
pīng		
俜	WMGN	亻由一乙
乒	RTR	丘丿丿
	RGTr	斤一丿丿
娉	VMGN	女由一乙
píng		
平	GUFk	一丷十川
	GUhk	一丷丨川
评	YGUf	讠一丷十
	YGUh	讠一丷丨
凭	WTFW	亻丿士几
	WTFM	亻丿士几
坪	FGUf	土一丷十
	FGUh	土一丷丨

苹	AGUF	艹一丷十
	AGUh	艹一丷丨
屏	NUAk	尸丷廾川
枰	SGUf	木一丷十
	SGUh	木一丷丨
瓶	UAGY	丷廾一、
	UAGn	丷廾一乙
萍	AIGf	艹氵一十
	AIGH	艹氵一丨
鲆	QGGF	鱼一一十
	QGGh	鱼一一丨
冯	UCGg	冫马一一
	UCg	冫马一

pō		
泊	IRg	氵白一
钋	QHY	钅卜、
朴	SHY	木卜、
坡	FBy	土皮、
	FHCy	土广又、
泼	INTY	氵乙丿丶
颇	BDMy	皮アヿ贝
	HCDm	广又アヿ贝
陂	BBY	阝皮、
	BHCy	阝广又、
泺	ITNI	氵丿乙小
	IQIy	氵匚小、

pó		
婆	IBVf	氵皮女二
	IHCV	氵广又女
鄱	TOLB	丿米田阝
皤	RTOL	白丿米田
繁	TXTI	广母攵小
	TXGI	广口一小

pǒ		
叵	AKD	匚口三
钷	QAKg	钅匚口一
笸	TAKF	竹匚口二

pò		
迫	RPD	白辶三
珀	GRg	王白一
	GRG	王白一
破	DBy	石皮、
	DHCy	石广又、
粕	ORg	米白一
	ORG	米白一
魄	RRQC	白白儿厶

pōu		
剖	UKJh	立口刂丨

póu		
掊	RUKG	扌立口一
	RUKg	扌立口一
裒	YEEu	亠臼衣二
	YVEu	亠臼衣二

pū		
扑	RHY	扌卜、
仆	WHY	亻卜、
噗	KOUg	口业丷夫
	KOgy	口业一、
铺	QSy	钅甫、
	QGEy	钅一月、

pú		
仆	WHY	亻卜、
脯	ESY	月甫、
	EGEy	月一月、
匍	QSI	勹甫氵
	QGEY	勹一月、
莆	ASu	艹甫二
	AGEy	艹一月、
菩	AUKf	艹立口二
葡	AQSu	艹勹甫二
	AQGy	艹勹一、
蒲	AISu	艹氵甫二
	AIGY	艹氵一、
璞	GOUg	王业丷夫

璞	GOGY	王业一、
濮	IWOg	氵亻业夫
	IWOy	氵亻业、
镤	QOUG	钅业丷夫
	QOGy	钅业一、

pǔ		
朴	SHY	木卜、
圃	LSI	囗甫氵
	LGEY	囗一月、
埔	FSY	土甫、
	FGEY	土一月、
浦	ISy	氵甫、
	IGEY	氵一月、
普	UOjf	丷业日二
	UOgj	丷业一日
溥	ISFY	氵甫寸、
	IGEF	氵一月寸
谱	YUOj	讠丷业日
	YUOj	讠丷业日
氆	EUOj	毛丷业日
	TFNJ	丿二乙日
镨	QUOj	钅丷业日
	QUOj	钅丷业日
蹼	KHOG	口止业夫
	KHOy	口止业、

pù		
铺	QSY	钅甫、
	QGEy	钅一月、
暴	JAWi	日共八水
瀑	IJAi	氵日共水
曝	JJAi	日日共水
堡	WKSF	亻口木土

qī		
七	AGn	七一乙
沏	IAVt	氵七刀丿
	IAVn	氵七刀乙
妻	GVhv	一彐丨女

柴	IASu	氵七木 二
凄	UGVV	冫一ヨ女
栖	SSG	木 西 一
榿	SMNn	木山己乙
榿	SMNN	木山己乙
戚	DHII	戊上小氵
戚	DHIt	厂上小丿
妻	AGVv	卄一ヨ女
期	DWE	其 八 月
期	ADWE	卄三八月
欺	DWQw	其八丿人
欺	ADWW	卄三八人
喊	KDHI	口戊上小
喊	KDHT	口厂上丿
漆	ISWi	氵木人水
蹊	KHED	口止 四大
缉	XKBg	纟口耳一
敧	DSKW	大丁口人
qí		
亓	FJJ	二 丿刂
祁	PYBh	礻丶阝丨
齐	YJJ	文 丿刂
荠	AYJJ	卄 文 刂
圻	FRH	土 斤丨
岐	MFCy	山十又丶
芪	AQAb	卄匚七《
其	DWu	其 八 二
其	ADWu	卄三八 二
奇	DSKF	大丁口二
歧	HFCy	止十又丶
祈	PYRh	礻丶斤丨
耆	FTXJ	土丿匕日
脐	EYJh	月文丿刂
颀	RDMy	斤ア贝丶
崎	MDSk	山大丁口
淇	IDWY	氵其八
淇	IADW	氵卄三八

畦	LFFg	田土土一
其	ADWU	卄其八二
其	AADW	卄卄三八
骐	CGDW	马一其八
骐	CADW	马卄三八
骑	CGDK	马一大口
骑	CDSk	马大丁口
棋	SDWy	木 其八丶
棋	SADw	木卄三八
琦	GDSk	王大丁口
琪	GDWy	王 其八丶
琪	GADw	王卄三八
祺	PYDW	礻丶其八
祺	PYAw	礻丶卄八
蛴	JYJh	虫文丿刂
旗	YTDW	方ノ其八
旗	YTAw	方ノ卄八
綦	DWXi	其八幺小
綦	ADWI	卄三八小
蜞	JDWy	虫其八丶
蜞	JADw	虫卄三八
蕲	AUJR	卄丷日斤
鳍	QGFJ	鱼一土日
麒	OXXW	声比匕八
麒	YNJW	广ヨ刂八
俟	WCTd	亻厶ノ大
qǐ		
乞	TNB	ノ乙《
企	WHF	人 止 二
屺	MNN	山 己 乙
岂	MNb	山 己 《
芑	ANB	卄 己 《
启	YNKd	丶尸口三
杞	SNN	木 己 乙
起	FHNv	土止己巛
绮	XDSk	纟大丁口

qì		
气	RTGn	气ノ一乙
气	RNB	乞乙《
讫	YTNn	讠ノ乙乙
讫	YTNN	讠ノ乙乙
汔	ITNn	氵ノ乙乙
迄	TNPV	ノ乙辶巛
迄	TNPv	ノ乙辶巛
弃	YCAj	亠厶廾刂
汽	IRn	氵气乙
汽	IRNn	氵乞乙乙
泣	IUG	氵立一
契	DHVd	三丨刀大
砌	DAVt	石七刀丿
砌	DAVn	石七刀乙
葺	AKBf	卄口耳二
碛	DGMy	石 贝丶
器	KKDk	口口犬口
憩	TDTN	ノ古ノ心
呕	BKCg	了口又一
械	SDHI	木戊上小
械	SDHT	木厂上丿
qiā		
袷	PUWK	礻冫人口
掐	RQEg	扌ノ臼一
掐	RQVg	扌ノ臼一
葜	ADHD	卄三丨大
qiǎ		
卡	HHU	上 卜 二
qià		
恰	NWgk	忄人一口
恰	NWGK	忄人一口
洽	IWGk	氵人一口
髂	MEPk	骨月宀口
qiān		
千	TFK	ノ 十 刂
仟	WTFH	亻ノ十丨

阡	BTFh	阝丿十丨	箝	TRAF	⺮扌廾二	蜣	JUDN	虫丷手乙
扦	RTFH	扌丿十丨	潜	IGGJ	氵夫夫日	锖	QGEG	钅龶月一
芊	ATFj	艹丿十刂		IFWj	氵二人日	锵	QUQf	钅丬夕寸
迁	TFPk	丿十辶 ⫴	犍	CVGp	牜彐⺺廴		QUQF	钅丬夕寸
佥	WGIG	人一ⵢ一		TRVp	丿扌彐廴	镪	QXKj	钅弓口虫
	WGIF	人一ⵢ二	黔	LFON	罒土灬乙	**qiáng**		
岍	MGAH	山一廾丨	**qiǎn**			强	XKjy	弓口虫、
钎	QTFh	钅丿十丨	浅	IGAy	氵一戈、	墙	FFUK	土十丷口
牵	DPTg	大宀丿⺶		IGT	氵戈丿	嫱	VFUK	女十丷口
	DPRh	大宀⺊丨	肷	EQWy	月⺈人、	蔷	AFUk	艹十丷口
铅	QWKg	钅几口一	遣	KHGP	口丨一辶	樯	SFUk	木十丷口
	QMKg	钅几口一	缱	YKHP	讠口丨辶	**qiǎng**		
谦	YUVw	讠丷彐八		XKHP	纟口丨辶	抢	RWBn	扌人巴乙
	YUVo	讠丷彐小	**qiàn**			羟	UCAG	羊又工一
愆	TIGN	彳氵一心	欠	QWu	⺈人⼆		UDCA	丷手又工
	TIFN	彳氵二心	芡	AQWu	艹⺈人⼆	襁	PUXj	衤丬弓虫
签	TWGG	⺮人一一	慊	NUVw	忄丷彐八	**qiàng**		
	TWGI	⺮人一ⵢ		NUVo	忄丷彐小	呛	KWBn	口人巴乙
骞	PAWG	宀龶八一	茜	ASF	艹西二	炝	OWBn	火人巴乙
	PFJC	宀二刂马	倩	WGEG	亻龶月一	跄	KHWB	口止人巴
搴	PAWR	宀龶八手	堑	LRFf	车斤土二	**qiāo**		
	PFJR	宀二刂手	嵌	MFQw	山甘⺈人	悄	NIeg	忄⺍月一
蹇	PAWE	宀龶八⼃		MAFw	山艹二人		NIeg	忄⺍月一
	PFJE	宀二刂⼃	槧	LRSu	车斤木	硗	DATq	石七丿儿
qián			歉	UVJW	丷彐刂人	跷	KHAQ	口止七儿
前	UEjj	丷月刂⫴		UVOW	丷彐小人	劁	WYOJ	亻隹灬刂
荨	AVFu	艹彐寸⼆	**qiāng**			敲	YMKC	亠冂口又
钤	QWYN	钅人、乙	呛	KWBn	口人巴乙	锹	QTOY	钅禾火、
虔	HYi	虍文氵	羌	UNV	丷乙巛	橇	SEEE	木毛毛毛
	HAYi	虍七文氵		UDNB	丷手乙巛		STFn	木丿二乙
钱	QGay	钅一戈、	戕	UAY	丬戈、	雀	IWYF	小亻隹二
	QGt	钅戈丿		NHDA	乙丨厂戈	**qiáo**		
钳	QFG	钅甘一	戗	WBAy	人巴戈、	峤	MTDJ	山丿大刂
	QAFg	钅艹二一		WBAt	人巴戈丿	乔	TDJj	丿大刂⫴
乾	FJTn	十早⺊乙	枪	SWBn	木人巴乙	侨	WTDj	亻丿大刂
掮	RYNE	扌、尸月	腔	EPWa	月宀八工	荞	ATDJ	艹丿大刂
箝	TRFF	⺮扌甘二	蜣	JUNn	虫丷乙乙	桥	STDj	木丿大刂

谯	YWYO	讠亻主灬	惬	NAGw	忄匸一人	嶂	OAKg	广廿口龶
憔	NWYO	忄亻主灬	箧	TAGD	竹匸一大		YAKG	广廿口龶
鞒	AFTJ	廿串丿刂		TAGW	竹匸一人	**qǐn**		
樵	SWYO	木亻主灬	慊	NUVw	忄丷彐八	锓	QVPc	钅彐一又
瞧	HWYo	目亻主灬		NUVo	忄丷彐小	寝	PUVC	宀丬彐又
qiǎo			锲	QDHd	钅三丨大	**qìn**		
巧	AGNN	工一乙乙	邾	RDCB	乂广厶阝	吣	KNY	口心丶
愀	NTOy	忄禾火丶		QDCb	乂广厶阝	沁	INy	氵心丶
雀	IWYF	小亻主二	砌	DAVt	石七刀丿	揿	RQQw	扌钅⺈人
qiào				DAVn	石七刀乙	**qīng**		
俏	WIEg	亻⺍月一	趄	FHEg	土疋月一	青	GEF	龶月二
诮	YIEg	讠⺍月一	**qīn**			氢	RCAd	气又工三
峭	MIeg	山⺍月一	亲	USu	立木⺀		RNCa	匸乙又工
窍	PWAN	宀八工乙	侵	WVPc	亻彐一又	轻	LCag	车又工一
翘	ATGN	七丿一羽	钦	QQWy	钅⺈人丶	倾	WXDm	亻匕厂贝
撬	REEe	扌毛毛毛	衾	WYNE	人丶乙衣	卿	QTVB	⺆丿⺤卩
	RTFN	扌丿二乙	**qín**				QTVB	⺆丿彐卩
鞘	AFIE	廿串⺍月	芩	AWYN	艹人丶乙	圊	LGED	囗龶月三
壳	FPWb	士宀几巛	芹	ARJ	艹斤刂	清	IGEg	氵龶月一
	FPMb	士宀几巛	秦	DWTu	三人禾⺀	蜻	JGEG	虫龶月一
qiē			琴	GGWn	王王人乙	鲭	QGGE	鱼一龶月
切	AVt	七刀丿	禽	WYRC	人亠乂厶	**qíng**		
	AVn	七刀乙		WYBc	人文凵厶	情	NGEg	忄龶月一
qié			勤	AKGe	廿口龶力	晴	JGEg	日龶月一
茄	AEKf	艹力口二		AKGL	廿口龶力	氰	RGEd	气龶月三
	ALKF	艹力口二	嗪	KDWT	口三人禾		RNGE	匸乙龶月
伽	WEKg	亻力口一	溱	IDWT	氵三人禾	擎	AQKR	艹勹口手
	WLKg	亻力口一		IDWt	氵三人禾	檠	AQKS	艹勹口木
qiě			噙	KWYC	口人亠厶	黥	LFOI	囸士灬小
且	EGd	月一三		KWYC	口人文厶	**qǐng**		
qiè			擒	RWYC	扌人亠厶	苘	AMKf	艹冂口二
妾	UVF	立女二		RWYC	扌人文厶	顷	XDmy	匕厂贝丶
怯	NFCY	忄土厶丶	檎	SWYC	木人亠厶	请	YGEg	讠龶月一
窃	PWAV	宀八七刀		SWYC	木人文厶	謦	FNWY	士尸几言
挈	DHVR	三丨刀手	蠄	JDWT	虫三人禾		FNMY	士尸几言
惬	NAGd	忄匸一大	覃	SJJ	覀早刂	**qìng**		
						庆	ODI	广大氵

庆	YDi	广大氵
亲	USu	立木=
箐	TGEf	⺮龶月二
磬	FNWD	士尸几石
	FNMD	士尸几石
罄	FNWB	士尸几凵
	FNMM	士尸几山
qióng		
跫	AWYH	工几丶止
	AMYH	工几丶止
銎	AWYQ	工几丶金
	AMYQ	工几丶金
邛	ABH	工阝丨
穷	PWEb	宀八力巛
	PWLb	宀八力巛
穹	PWXb	宀八弓巛
茕	APNf	艹冖乙十
筇	TABj	⺮工阝‖
琼	GYIY	王亠小丶
蛩	AWYJ	工几丶虫
	AMYJ	工几丶虫
qiū		
湫	ITOY	氵禾火丶
丘	RTHg	丘丿丨一
	RGD	斤一三
邱	RBH	丘阝丨
	RGBh	斤一阝丨
秋	TOy	禾火丶
蚯	JRg	虫丘一
	JRGG	虫斤一一
楸	STOy	木禾火丶
鳅	QGTO	鱼一禾火
龟	QJNb	⺈日乙巛
qiú		
囚	LWI	囗人氵
犰	QTVN	犭丿九乙

求	GIYi	一氺丶氵
	FIYi	十ンく丶氵
虬	JNN	虫乙乙
泅	ILWy	氵囗人丶
俅	WGIY	亻一氺丶
	WFIY	亻十ンく丶
酋	USGF	丷西一二
逑	GIYP	一氺丶辶
	FIYP	十ンく丶辶
球	GGIy	王一氺丶
	GFIy	王十ンく丶
赇	MGIy	贝一氺丶
	MFIy	贝十ンく丶
巯	CAYK	ス工亠儿
	CAYq	ス工亠儿
遒	USGP	丷西一辶
裘	GIYE	一氺丶𧘇
	FIYE	十ンく丶𧘇
蝤	JUSg	虫丷西一
鼽	THLV	丿目田九
qiǔ		
糗	OTHD	米丿目犬
qū		
区	ARi	匚㐅氵
	AQi	匚㐅氵
曲	MAd	冂龷三
岖	MARy	山匚㐅丶
	MAQy	山匚㐅丶
诎	YBMh	讠凵山丨
	YBMH	讠凵山丨
驱	CGAr	马一匚㐅
	CAQy	马匚㐅丶
屈	NBMk	尸凵山川
祛	PYFC	礻丶土厶
蛆	JEGG	虫月一一
躯	TMDR	丿冂三㐅
	TMDQ	丿冂三㐅

蛐	JMAg	虫冂龷一
趋	FHQv	土龰⺈彐
	FHQV	土龰⺈彐
麴	SWWO	木人人米
	FWWO	十人人米
黢	LFOT	罒土灬夂
qú		
劬	QKET	勹口力丿
	QKLn	勹口力乙
朐	EQKg	月勹口一
鸲	QKQG	勹口鸟一
	QKQG	勹口勹一
渠	IANS	氵匚コ木
蕖	AIAS	艹氵匚木
磲	DIAs	石氵匚木
	DIAS	石氵匚木
璩	GHGE	王虍一豕
	GHAE	王广七豕
蘧	AHGp	艹虍一辶
	AHAp	艹广七辶
瞿	HHWY	目目亻主
氍	HHWE	目目亻毛
	HHWN	目目亻乙
癯	UHHy	疒目目主
衢	THHs	彳目目丁
	THHH	彳目目丨
蠼	JHHC	虫目目又
qǔ		
取	BCy	耳又丶
娶	BCVf	耳又女二
龋	HWBY	止人凵丶
曲	MAd	冂龷三
苣	AANf	艹匚コ二
qù		
去	FCU	土厶=
阒	UHDi	门目犬氵
觑	HOMq	虍业冂儿

觑	HAOQ	卢七业儿	缺	RMNw	𠂉山彐人	瓤	YKKY	亠口口、
趣	FHBc	土止耳又	阙	UUBw	门丷凵人	穰	TYKe	禾亠口𧘇
quān			**qué**			**rǎng**		
悛	NCWt	忄厶八夂	瘸	UEKW	疒力口人	壤	FYKe	土亠口𧘇
圈	LUGB	囗丷夫巳		ULKW	疒力口人	攘	RYKe	扌亠口𧘇
	LUDb	囗丷大巳	**què**			**ràng**		
quán			却	FCBh	土厶卩丨	让	YHg	讠上一
全	WGf	人王二	悫	FPWN	士冖儿心	**ráo**		
权	SCy	木又、		FPMN	士冖儿心	荛	AATq	艹七丿儿
诠	YWGg	讠人王一	雀	IWYF	小亻主二	饶	QNAq	𠂤乙七儿
泉	RIu	白水㇀	确	DQEh	石𠂉用丨	桡	SATq	木七丿儿
	RIU	白水㇀	阒	UWGD	门𥃲一大	**rǎo**		
荃	AWGF	艹人王二	鹊	AJQG	𦫫日鸟一	扰	RDNy	扌犬乙、
拳	UGR	丷夫手		AJQg	𦫫日勹一		RDNn	扌犬乙乙
	UDRj	丷大手刂	榷	SPWY	木冖亻圭	娆	VATq	女七丿儿
辁	LWGG	车人王一	**qūn**			**rào**		
痊	UWGd	疒人王三	逡	CWTp	厶八夂辶	绕	XATq	纟七丿儿
铨	QWGg	钅人王一	**qún**			**rě**		
筌	TWGF	𥫗人王二	裙	PUVK	衤⺀彐口	惹	ADKN	艹𠂇口心
蜷	JUGB	虫丷夫巳	群	VTKU	彐丿口羊	喏	KADK	口艹𠂇口
	JUDB	虫丷大巳		VTKd	彐丿口丰	若	ADKf	艹𠂇口二
醛	SGAG	西一艹王	麇	OXXT	声匕匕禾	**rè**		
髯	DEUb	镸彡丷巳		YNJT	广コ刂禾	热	RVYO	扌九、灬
颧	AKKm	艹口口贝	**rán**			**rén**		
quǎn			蚺	JMFg	虫冂土一	人	Wwww	人人人人
犬	DGTY	犬一丿、	然	QDou	夕犬灬㇀	仁	WFG	亻二一
畎	LDY	田犬、	髯	DEMf	镸彡冂土	壬	TFD	丿士三
绻	XUGB	纟丷夫巳	燃	OQDo	火夕犬灬	任	WTFg	亻丿士一
	XUDB	纟丷大巳		OQDO	火夕犬灬	**rěn**		
quàn			**rǎn**			忍	VYNu	刀、心㇀
劝	CET	又力丿	冉	MFD	冂土三		VYNU	刀、心㇀
	CLn	又力乙	苒	AMFf	艹冂土二	荏	AWTf	艹亻丿士
券	UGV	丷夫刀	染	IVSu	氵九木㇀		AWTF	艹亻丿士
	UDVb	丷大刀《	**rāng**			稔	TWYN	禾人、心
quē			嚷	KYKe	口亠口𧘇	**rèn**		
炔	ONWy	火彐人、	**ráng**			刃	VYI	刀、氵
缺	TFBw	𠂉十凵人	瓤	PYYE	衤亠丶𧘇	任	WTFg	亻丿士一

汉字	编码	拆分
妊	VTFg	女丿士一
纫	XVYy	纟刀丶丶
认	YWy	讠人丶
仞	WVYy	亻刀丶丶
轫	LVYy	车刀丶丶
韧	FNHY	二乙丨丶
饪	QNTF	𣂐乙丿士
衽	PUTF	衤丿士
葚	ADWN	艹其八乙
	AADN	艹卄三乙

rēng

扔	RBT	扌乃丿
	REn	扌乃乙

réng

仍	WBT	亻乃丿
	WEn	亻乃乙

rì

日	JJJJ	日日日日

róng

戎	ADE	戈𠂇彡
肜	EET	月彡丿
狨	QTAD	犭丿戈𠂇
绒	XADt	纟戈𠂇丿
茸	ABF	艹耳二
荣	APSu	艹冖木⸗
容	PWWk	宀八人口
嵘	MAPs	山艹冖木
	MAPS	山艹冖木
溶	IPWK	氵宀八口
蓉	APWk	艹宀八口
榕	SPWK	木宀八口
熔	OPWk	火宀八口
蝾	JAPs	虫艹冖木
	JAPS	虫艹冖木
融	GKMj	一口冂虫

rǒng

冗	PWB	冖几《

冗	PMB	冖几《

róu

柔	CNHS	乛乙丨木
	CBTS	乛卩丿木
揉	RCNS	扌乛乙木
	RCBS	扌乛卩木
糅	OCNS	米乛乙木
	OCBs	米乛卩木
蹂	KHCS	口止乛木
鞣	AFCS	廿革乛木

ròu

肉	MWWi	冂人人氵

rú

如	VKg	女口一
茹	AVKf	艹女口二
铷	QVKg	钅女口一
儒	WFDj	亻雨𠂇刂
嚅	KFDj	口雨𠂇刂
孺	BFDj	子雨𠂇刂
濡	IFDj	氵雨𠂇刂
薷	AFDJ	艹雨𠂇刂
襦	PUFJ	衤冫雨刂
蠕	JFDJ	虫雨𠂇刂
颥	FDMM	雨𠂇冂贝

rǔ

汝	IVG	氵女一
乳	EBNn	爫子乙乙
辱	DFEF	厂二𧘇寸

rù

入	TYi	丿丶氵
洳	IVKG	氵女口一
溽	IDFF	氵厂二寸
缛	XDFf	纟厂二寸
	XDFF	纟厂二寸
蓐	ADFF	艹厂二寸
褥	PUDF	衤冫厂寸

ruǎn

阮	BFQn	阝二儿乙
朊	EFQn	月二儿乙
软	LQWy	车𠂇人丶

ruí

蕤	AGEG	艹一豖圭
	AETG	艹豖丿圭

ruǐ

蕊	ANNn	艹心心心

ruì

芮	AMWU	艹冂人⸚
枘	SMWy	木冂人丶
锐	QUKq	钅丷口儿
瑞	GMDj	王⺊山
蚋	JMWy	虫冂人丶
睿	HPGH	𠂆冖一目

rùn

闰	UGD	门王三
	UGd	门王三
润	IUGG	氵门王一

ruò

若	ADKf	艹𠂇口二
偌	WADk	亻艹𠂇口
弱	XUxu	弓冫弓冫
箬	TADk	𥫗艹𠂇口
	TADK	𥫗艹𠂇口

sā

仨	WDG	亻三一
撒	RAEt	扌卄月攵
挲	IITR	氵小丿手

sǎ

洒	ISg	氵西一

sà

卅	GKK	一川川
飒	UWRY	立几乂丶
	UMQY	立几乂丶
脎	ERSy	月乂木丶

脒	EQSy	月乂木丶	骚	CCYJ	马又丶虫	痧	UIIt	疒氵小丿
萨	ABUt	艹阝立丿	臊	EKKS	月口口木	袈	IITE	氵小丿衣
sāi			鳋	QGCJ	鱼一又虫	鲨	IITG	氵小丿一
塞	PAWF	宀艹八土	缲	XKKs	纟口口木	挲	IITR	氵小丿手
塞	PFJF	宀二二土	缫	XVJs	纟巛日木	**shá**		
腮	ELNY	月田心丶	**sǎo**			啥	KWFK	口人干口
噻	KPAf	口宀艹土	扫	RVg	扌彐一	**shǎ**		
噻	KPFF	口宀二土	嫂	VEHc	女臼丨又	傻	WTLT	亻丿口夂
鳃	QGLn	鱼一田心	嫂	VVHc	女臼丨又	**shà**		
sài			**sào**			厦	DDHt	厂丆目夂
塞	PAWF	宀艹八土	埽	FVPh	土彐冖丨	嗄	KDHT	口丆目夂
塞	PFJF	宀二‖土	瘙	UCYj	疒又丶虫	唼	KUVg	口立女一
赛	PAwm	宀艹八贝	梢	SIEg	木⺌月一	歃	TFEw	丿十臼人
赛	PFJM	宀二‖贝	**sè**			歃	TFVw	丿十臼人
sān			色	QCb	𠂉巴《	煞	QVTo	𠂉彐夂灬
三	DGgg	三一一一	塞	PAWF	宀艹八土	霎	FUVf	雨立女二
叁	CDDf	厶大三二	塞	PFJF	宀二‖土	**shāi**		
毵	CDEE	厶大彡毛	涩	IVYh	氵刀丶止	筛	TJGH	竹刂一丨
毵	CDEN	厶大彡乙	啬	FULK	十丷口口	酾	SGGY	西一一丶
sǎn			铯	QQCN	钅𠂉巴乙	**shài**		
伞	WUF	人丷十	瑟	GGNt	王王心丿	晒	JSG	日西一
伞	WUHj	人丷‖	穑	TFUK	禾十丷口	**shān**		
散	AETy	卅月夊丶	**sēn**			山	MMMm	山山山山
糁	OCDe	米厶大彡	森	SSSu	木木木㳇	删	MMGJ	门门一刂
馓	QNAT	勹乙卅夊	**sēng**			杉	SEt	木彡丿
sāng			僧	WULj	亻丷罒日	杉	SET	木彡丿
桑	CCCS	又又又木	**shā**			芟	AWCU	艹几又㆓
sǎng			杀	RSU	乂木㆓	芟	AMCu	艹几又㆓
嗓	KCCs	口又又木	杀	QSU	乂木㆓	姗	VMMg	女门门一
搡	RCCS	扌又又木	沙	IITt	氵小丿丿	衫	PUEt	衤彡丿
磉	DCCs	石又又木	纱	XItt	纟小丿丿	钐	QET	钅彡丿
颡	CCCM	又又又贝	刹	RSJh	乂木刂丨	埏	FTHp	土丿止廴
sàng			刹	QSJh	乂木刂丨	珊	GMMg	王门门一
丧	FUEu	十丷𧘇㆓	砂	DItt	石小丿丿	舢	TUMH	丿舟山丨
sāo			莎	AIIT	艹氵小丿	舢	TEMH	丿舟山丨
搔	RCYJ	扌又丶虫	铩	QRSy	钅乂木丶	跚	KHMG	口止门一
骚	CGCJ	马一又虫	铩	QQSy	钅乂木丶			

煸	OYNN	火丶尸羽
潜	ISSE	氵木木月
膻	EYLg	月亠口一

s h ǎ n		
闪	UWi	门人氵
陕	BGUd	阝一丷大
陕	BGUw	阝一丷人
掺	RCDe	扌厶大彡

s h à n		
单	UJFJ	丷日十‖
掸	RUJF	扌丷日十
禅	PYUF	礻丶丷十
汕	IMH	氵山丨
讪	YMH	讠山丨
疝	UMK	疒山Ⅲ
苦	AHKf	艹卜口二
扇	YNND	丶尸羽三
剡	OOJh	火火刂丨
善	UUKF	羊丷口二
善	UDUK	丷丰丷口
骟	CGYN	马一丶羽
骟	CYNN	马丶尸羽
鄯	UUKB	羊丷口阝
鄯	UDUB	丷丰丷阝
嬗	VYLg	女亠口一
嬗	VYLG	女亠口一
擅	RYLg	扌亠口一
膳	EUUk	月羊丷口
膳	EUDK	月丷丰口
赡	MQDy	贝⺈厂言
蟮	JUUk	虫羊丷口
蟮	JUDK	虫丷丰口
鳝	QGUK	鱼一羊口
鳝	QGUK	鱼一丷口

s h ā n g		
伤	WTEt	亻丿力丿

伤	WTLn	亻丿力乙
殇	GQTR	一夕丿丿
觞	QETR	⺈月丿丿
商	YUMk	亠丷冂口
商	UMwk	立冂八口
墒	FYUK	土亠丷口
墒	FUMk	土立冂口
熵	OYUk	火亠丷口
熵	OUMk	火立冂口
汤	INRt	氵乙丿丿

s h ǎ n g		
垧	FTMk	土丿冂口
晌	JTMk	日丿冂口
赏	IPKM	丷冖口贝

s h à n g		
上	Hhgg	上丨一一
尚	IMKf	丷冂口二
尚	IMKF	丷冂口二
绱	XIMk	纟丷冂口

s h a n g		
裳	IPKE	丷冖口衣

s h ā o		
捎	RIEg	扌丷月一
梢	SIEg	木丷月一
烧	OATq	火七丿儿
稍	TIEg	禾丷月一
筲	TIEF	竹丷月二
艄	TUIE	丿舟丷月
艄	TEIE	丿舟丷月
蛸	JIEg	虫丷月一

s h á o		
勺	QYI	勹丶氵
芍	AQYu	艹勹丶冫
苕	AVKF	艹刀口二
韶	UJVk	立日刀口
杓	SQYY	木勹丶丶

s h ǎ o		
少	ITe	小丿彡
少	ITr	小丿彡

s h à o		
劭	VKET	刀口力丿
劭	VKLn	刀口力乙
邵	VKBh	刀口阝丨
哨	KIEg	口丷月一
潲	ITIe	氵禾丷月
绍	XVkg	纟刀口一
召	VKF	刀口二

s h ē		
奢	DFTj	大土丿日
猞	QTWK	犭丿人口
赊	MWFi	贝人二小
畲	WFIL	人二小田

s h é		
舌	TDD	丿古三
佘	WFIU	人二小
蛇	JPxn	虫宀匕乙
蛇	JPXn	虫宀匕乙
铊	QPXn	钅宀匕乙
折	RRh	扌斤丨
揲	RANs	扌廿乙木

s h ě		
舍	WFKf	人干口二

s h è		
库	DLK	厂车Ⅲ
设	YWCy	讠几又丶
设	YMCy	讠几又丶
社	PYfg	礻土一
射	TMDf	丿冂三寸
射	TMDF	丿冂三寸
涉	IHHt	氵止少丿
涉	IHIt	氵止小丿
赦	FOTy	土小攵丶
慑	NBCc	忄耳又又

从零开始 五笔打字基础教程

字	编码	拆分	字	编码	拆分	字	编码	拆分
摄	RBCC	扌耳又又	慎	NFHw	忄十且八	shī		
滠	IBCc	氵耳又又	甚	DWNB	其八乙《	诗	YFFy	讠土寸丶
麝	OXXF	声匕匕寸		ADWN	艹三八乙	尸	NNGT	尸乙一丿
麝	YNJF	广⺆忄寸	椹	SDWN	木其八乙	失	TGI	丿夫氵
歃	WGKW	人一口人		SADN	木艹三乙	失	RWi	⸆人氵
舍	WFKf	人干口二	蜃	DFEJ	厂二⺄虫	施	YTBn	方⺁也乙
shēn			肾	JCEf	‖又月二	师	JGMh	⎪一冂丨
申	JHK	日丨Ⅲ	甚	ADWN	艹其八乙	虱	NTJi	乙丿虫氵
伸	WJHh	亻日丨丨		AADN	艹艹三乙	狮	QTJH	犭丿丿丨
身	TMdt	丿⺆三丿	shēng			湿	IJOg	氵日业一
身	TMDt	丿⺆三丿	升	TAK	丿廾Ⅲ	湿	IJOg	氵日业一
绅	XJHh	纟日丨丨	生	TGD	丿㞢三	蓍	AFTJ	艹土丿日
呻	KJHh	口日丨丨	生	TGd	丿㞢三	酾	SGGY	西一一丶
娠	VDFe	女厂二⺄	声	FNR	士尸丿	鲺	QGNj	鱼一乙虫
砷	DJHh	石日丨丨	牲	CTGg	牜㞢一	shí		
深	IPWs	氵宀八木	甥	TRTG	丿扌丿㞢	十	FGh	十一丨
参	CDer	厶大彡丿	胜	ETGg	月丿㞢一	十	FGH	十一丨
糁	OCDe	米厶大彡	笙	TTGF	⺮丿㞢二	石	DGTG	石一丿一
莘	AUJ	艹辛‖	甥	TGLE	丿㞢田力	什	WFh	亻十丨
洗	YTFQ	讠丿土儿	甥	TGLL	丿㞢田力	什	WFH	亻十丨
shén			shéng			识	YKWy	讠口八丶
神	PYJh	礻日丨	绳	XKJN	纟口日乙	时	JFy	日寸丶
什	WFH	亻十丨	渑	IKJn	氵口日乙	实	PUdu	宀⸋大⸋
甚	DWNB	其八乙《	shěng			拾	RWGK	扌人一口
甚	ADWN	艹三八乙	省	ITHf	小丿目二	炻	ODG	火石一
shěn			眚	TGHF	丿㞢目二	蚀	QNJy	⸆乙虫丶
沈	IPQn	氵宀儿乙	shèng			埘	FJFY	土日寸
审	PJhj	宀日丨刂	圣	CFF	又土二	莳	AJFU	艹日寸⸋
哂	KSG	口西一	晟	JDNb	日戊乙《	食	WYVu	人丶良⸋
矧	TDXH	⺧大弓丨	晟	JDNt	日厂乙丿	食	WYVe	人丶彐⸜
谂	YWYN	讠人丶心	盛	DNLf	戊乙皿二	鲥	QGJF	鱼一日寸
婶	VPJh	女宀日丨	盛	DNNL	厂乙乙皿	shǐ		
渖	IPJh	氵宀日丨	胜	ETGg	月丿㞢一	史	KRI	口乂氵
shèn			乘	TUXv	禾丬匕巛	史	KQi	口乂氵
肿	EJHH	月日丨丨	剩	TUXJ	禾丬匕刂	矢	TDU	⺧大⸋
渗	ICDe	氵厶大彡	嵊	MTUx	山禾丬匕	豕	GEI	一豕氵
						豕	EGTy	豕一丿丶

154

使	WGKr	亻一口乂
	WGKQ	亻一口乂
始	VCKg	女厶口一
驶	CGKR	马一口乂
	CKQy	马口乂丶
屎	NOI	尸米氵

士	FGHG	士一丨一
氏	QAv	厂七巛
世	ANv	廿乙巛
仕	WFG	亻士一
市	YMhj	亠冂丨丨
	YMHJ	亠冂丨丨
示	FIu	二小
式	AAyi	七工丶氵
	AAd	弋工三
事	GKvh	一口彐丨
侍	WFFY	亻土寸丶
势	RVYE	扌九丶力
	RVYL	扌九丶力
视	PYMq	礻丶冂儿
试	YAay	讠七工丶
	YAAg	讠弋工一
饰	QNTh	𠂉乙丿丨
	QNTH	𠂉乙丿丨
室	PGCf	宀一厶土
恃	NFFy	忄土寸丶
拭	RAAy	扌七工丶
	RAAg	扌弋工一
峙	MFFy	山土寸丶
是	Jghu	日一龰
柿	SYMh	木亠冂丨
	SYMH	木亠冂丨
贳	ANMu	廿乙贝
适	TDPd	丿古辶三
舐	TDQa	丿古𠃊七
	TDQA	丿古𠃊七

轼	LAay	车七工丶
	LAag	车弋工一
逝	RRPk	扌斤辶⺜
铈	QYMH	钅亠冂丨
弑	RSAy	乂木七丶
	QSAa	乂木弋工
释	TOCg	丿米又キ
	TOCh	丿米又丨
嗜	KFTJ	口土丿日
筮	TAWw	⺮工人人
誓	RRYF	扌斤言二
噬	KTAw	口⺮工人
莳	AJFU	廾日寸
螫	FOTJ	土小攵虫

| 匙 | JGHX | 日一龰匕 |

| 收 | NHty | 乙丨攵丶 |
| | NHTy | 乙丨攵丶 |

| 熟 | YBVo | 亠子九灬 |

手	RTgh	手丿一丨
守	PFu	宀寸
首	UTHf	⸰丿目二
艏	TUUH	丿舟⸰目
	TEUh	丿舟⸰目

寿	DTFu	三丿寸
受	EPCu	爫冖又
售	WYKf	亻隹口二
狩	QTPF	犭丿宀寸
兽	ULGk	⸰田一口
授	REPc	扌爫冖又
瘦	UEHc	疒臼丨又
	UVHc	疒臼丨又
绶	XEPc	纟爫冖又

书	NNHy	乙乙丨丶
倏	WHTD	亻丨夂犬
殳	WCU	几又
	MCU	几又
抒	RCNH	扌乛乙丨
	RCBh	扌乛卩丨
叔	HIcy	上小又丶
	HICy	上小又丶
枢	SARy	木匚乂丶
	SAQy	木匚乂丶
姝	VTFY	女丿未丶
	VRIy	女𠂉小丶
殊	GQTf	一夕丿未
	GQRi	一夕𠂉小
梳	SYCk	木亠厶儿
	SYCq	木亠厶儿
淑	IHIc	氵上小又
	IHIC	氵上小又
菽	AHIc	廾上小又
疏	NHYk	乙止亠儿
	NHYq	乙止亠儿
纾	XCNh	纟乛乙丨
	XCBh	纟乛卩丨
舒	WFKH	人干口丨
	WFKB	人干口卩
摅	RHNy	扌虍心丶
	RHAN	扌虍七心
毹	WGEE	人一月毛
	WGEN	人一月乙
输	LWGj	车人一刂
蔬	ANHk	廾乙止儿
	ANHq	廾乙止儿

孰	YBVY	亠子九丶
塾	YBVF	亠子九土
熟	YBVo	亠子九灬

字	编码	拆分		字	编码	拆分		字	编码	拆分
秋	TSYy	禾木丶丶			shuāi			说	YUKq	讠丷口儿
赎	MFNd	贝十乙大		衰	YKGE	亠口一衣			shǔn	
	shǔ			摔	RYXf	扌亠幺十		吮	KCQn	口厶儿乙
暑	JFTj	日土丿日			shuǎi				shùn	
黍	TWIu	禾人氺冫		甩	ENV	月乙巛		顺	KDmy	川厂贝丶
署	LFTJ	罒土丿日			ENv	月乙巛		舜	EPQG	爫冖夕牛
鼠	ENUn	臼乙冫乙			shuài				EPQH	爫冖夕丨
	VNUn	臼乙冫乙		帅	JMHh	刂冂丨丨		瞬	HEPg	目爫冖牛
蜀	LQJU	罒勹虫		率	YXif	亠幺冫十			HEPh	目爫冖丨
薯	ALFJ	艹罒土日		蟀	JYXf	虫亠幺十			shuō	
曙	JLfj	日罒土日			shuān			说	YUK	讠丷口
属	NTKy	尸丿口丶		闩	UGD	门一三			YUKq	讠丷口儿
	shù			拴	RWGG	扌人王一			shuò	
术	SYi	木丶冫			RWGg	扌人王一		妁	VQYy	女勹丶丶
戍	AWI	戈人冫		栓	SWGG	木人王一		数	OVty	米女攵丶
	DYNT	厂丶乙丿			SWGg	木人王一			OVTy	米女攵丶
束	SKD	木口三			shuàn			烁	OTNi	火丿乙小
	GKIi	一口小冫		涮	INMj	氵尸冂刂			OQIy	火⺈小丶
沭	ISYY	氵木丶丶			shuāng			朔	UBTE	丷屮丿月
述	SYPi	木丶辶冫		双	CCy	又又丶		铄	QTNI	钅丿乙小
树	SCFy	木又寸丶		霜	FSH	雨木目			QQIy	钅⺈小丶
竖	JCUf	刂又立二			FShf	雨木目二		硕	DDMy	石厂贝丶
恕	VKNu	女口心冫		孀	VFSH	女雨木目		搠	RUBe	扌丷屮月
庶	OAOi	广廿灬冫			VFSh	女雨木目		蒴	AUBe	艹丷屮月
	YAOi	广廿灬冫		泷	IDXy	氵尤匕丶		槊	UBTS	丷屮丿木
数	OVty	米女攵丶			IDXn	氵尤匕乙			sī	
	OVTy	米女攵丶			shuǎng			厶	CNY	厶乙丶
腧	EWGJ	月人一刂		爽	DRRr	大乂乂乂		司	NGKd	乙一口三
墅	JFCF	日土マ土			DQQq	大乂乂乂		私	TCY	禾厶丶
漱	ISKW	氵木口人			shuí			丝	XXGf	纟纟一二
	IGKW	氵一口人		谁	YWYG	讠亻圭一		咝	KXXG	口纟纟一
澍	IFKF	氵士口寸			shuǐ			思	LNu	田心冫
	shuā			水	Iiii	水水水		鸶	XXGG	纟纟一一
刷	NMHj	尸冂丨刂			shuì			斯	DWRh	甘八斤丨
唰	KNMj	口尸冂刂		税	TUKq	禾丷口儿			ADWR	廾三八斤
	shuǎ			睡	HTgf	目丿一土		缌	XLN	纟田心
耍	DMJV	而冂刂女		说	YUK	讠丷口			XLNy	纟田心丶

蛳	JJGh	虫刂一丨		sōng			蝼	JEHc	虫臼丨又
厮	DDWr	厂茸八斤	忪	NWCy	忄八厶丶			JVHc	虫臼丨又
	DADr	厂井三斤	松	SWCy	木八厶丶			sǒu	
锶	QLNy	钅田心丶	淞	USWc	冫木八厶		叟	EHC	臼丨又
嘶	KDWr	口茸八斤	崧	MSWc	山木八厶			VHCu	臼丨又二
	KADr	口井三斤	凇	ISWC	氵木八厶		嗾	KYTd	口方𠂉大
撕	RDWR	扌茸八斤	菘	ASWc	艹木八厶		瞍	HEHc	目臼丨又
	RADr	扌井三斤	嵩	MYMk	山亠冂口			HVHc	目臼丨又
澌	IDWR	氵茸八斤		sǒng			撒	ROVT	扌米女攵
	IADR	氵井三斤	怂	WWNu	人人心二		薮	AOVt	艹米女攵
	sǐ		耸	WWBf	人人耳二			AOVT	艹米女攵
死	GQX	一夕匕	悚	NSKG	忄木口一			sòu	
	GQXb	一夕匕巛		NGKI	忄一口小		嗽	KSKW	口木口人
	sì		竦	USKG	立木口一			KGKW	口一口人
巳	NNGN	巳乙一乙		UGKI	立一口小			sū	
四	LHng	四丨乙一		sòng			苏	AEWu	艹力八二
寺	FFu	土寸二	宋	PSU	宀木二			ALWu	艹力八二
汜	INN	氵巳乙	诵	YCEH	讠マ用丨		酥	SGTY	西一禾丶
伺	WNGk	亻乙一口	送	UDPi	丷大辶氵		稣	QGT	鱼一禾
似	WNYw	亻乙丶人	颂	WCDm	八厶厂贝			QGTY	鱼一禾丶
兕	HNHQ	丨乙丨儿	讼	YWCY	讠八厶丶			sú	
	MMGQ	几冂一儿		YWCy	讠八厶丶		俗	WWWK	亻八人口
姒	VNYW	女乙丶人		sōu				sù	
祀	PYNN	礻丶巳乙	嗖	KEHc	口臼丨又		夙	WGQI	几一夕氵
泗	ILg	氵四一		KVHc	口臼丨又			MGQi	几一夕氵
	ILG	氵四一	搜	REHC	扌臼丨又		诉	YRYy	讠斤丶丶
饲	QNNK	𠂉乙乙口		RVHc	扌臼丨又			YRyy	讠斤丶丶
驷	CGLG	马一四一	溲	IEHc	氵臼丨又		肃	VHjw	ヨ丨刂八
	CLG	马四一		IVHc	氵臼丨又			VIJk	ヨ小刂川
俟	WCTd	亻厶丿大	馊	QNEC	𠂉乙臼又		涑	ISKG	氵木口一
笥	TNGk	竹乙一口		QNVC	𠂉乙臼又			IGKI	氵一口小
耜	FSN	二木自	飕	WREc	几乂臼又		素	GXIu	丰幺小二
	DINn	三小ヨヨ		MQVC	几乂臼又		速	SKP	木口辶
嗣	KMAk	口冂艹口	锼	QEHc	钅臼丨又			GKIP	一口小辶
肆	DVgh	镸ヨ丰丨		QVHC	钅臼丨又		宿	PWDJ	宀亻丆日
	DVfh	镸ヨ二丨	艘	TUEC	丿舟臼又		粟	SOU	西米二
				TEVC	丿舟臼又		谡	YLWt	讠田八夂

嗉	KGXI	口龶幺小
塑	UBTf	䒑凵丿土
	UBTf	丷凵丿土
愫	NGXi	忄龶幺小
溯	IUBe	氵䒑凵月
傈	WSOy	亻西米丶
蔌	ASKW	艹木口人
	AGKw	艹一口人
觫	QESk	𠂊用木口
	QEGI	𠂊用一小
簌	TSKW	𥫗木口人
	TGKW	𥫗一口人
suān		
狻	QTCT	犭丿厶夂
酸	SGCt	西一厶夂
suàn		
蒜	AFIi	艹二小小
算	THAj	𥫗目廾‖
suī		
虽	KJu	口虫=
荽	AEVf	艹爫女二
眭	HFFg	目土土一
睢	HWYG	目亻主一
濉	IHWy	氵目亻主
尿	NIi	尸水氵
	NII	尸水氵
suí		
绥	XEVg	纟爫女一
隋	BDAe	阝𠂇工月
随	BDEp	阝𠂇月辶
suǐ		
髓	MEDp	冎月𠂇辶
suì		
岁	MQU	山夕=
祟	BMFi	凵山二小
谇	YYWf	讠亠人十
遂	UEPi	䒑豕辶氵

遂	UEPi	丷豕辶氵
碎	DYWf	石亠人十
隧	BUEp	阝䒑豕辶
	BUEp	阝丷豕辶
燧	OUEp	火䒑豕辶
	OUEp	火丷豕辶
穗	TGJN	禾一日心
邃	PWUP	宀八䒑辶
	PWUP	宀八丷辶
sūn		
孙	BIy	子小丶
狲	QTBI	犭丿子小
荪	ABIU	艹子小=
飧	QWYV	夕人丶艮
	QWYE	夕人丶𧘇
sǔn		
损	RKMy	扌口贝丶
笋	TVTr	𥫗彐丿ク
隼	WYFJ	亻主十‖
榫	SWYF	木亻主十
suō		
嗍	KUBe	口䒑凵月
唆	KCWt	口厶八夂
娑	IITV	氵小丿女
挲	IITR	氵小丿手
桫	SIIt	木氵小丿
梭	SCWt	木厶八夂
睃	HCWt	目厶八夂
嗦	KFPI	口十冖小
羧	UCWT	𦍌厶八夂
	UDCT	丷𡗗厶夂
蓑	AYKe	艹亠口𧘇
缩	XPWj	纟宀亻日
suǒ		
所	RNrh	厂コ斤丨
唢	KIMy	口⺌贝丶
索	FPXi	十冖幺小

琐	GIMy	王⺌贝丶
锁	QIMy	钅⺌贝丶
tā		
她	VBN	女也乙
他	WBn	亻也乙
它	PXb	宀匕巛
铊	QPXn	钅宀匕乙
塌	FJNg	土日羽一
遢	JNPd	日羽辶三
溻	IJNg	氵日羽一
踏	KHIj	口止水曰
	KHIJ	口止水曰
tǎ		
塔	FAWk	土艹人口
	FAWK	土艹人口
獭	QTSm	犭丿木贝
	QTGM	犭丿一贝
鳎	QGJN	鱼一日羽
tà		
挞	RDPy	扌大辶丶
闼	UDPI	门大辶氵
榻	SJNg	木日羽一
蹋	KHJN	口止日羽
踏	KHIj	口止水曰
	KHIJ	口止水曰
沓	IJF	水曰二
拓	RDg	扌石一
嗒	KAWK	口艹人口
漯	ILXi	氵田幺小
tāi		
胎	ECKg	月厶口一
苔	ACKf	艹厶口二
tái		
台	CKf	厶口二
骀	CGCK	马一厶口
	CCKg	马厶口一
邰	CKBh	厶口阝丶

抬	RCKg	扌厶口一	坦	FJGg	土日一一	螳	JYVK	虫广彐口
夵	CKOu	厶口火⼆	袒	PUJG	衤日一	镗	QIPF	钅丷宀土
跆	KHCK	口止厶口	钽	QJGg	钅日一一	螳	JIPf	虫丷宀土
鲐	QGCk	鱼一厶口	毯	EOO	毛火火	醣	SGOK	西一广口
薹	AFKf	艹士口土		TFNO	丿二乙火	醣	SGYK	西一广口
	AFKF	艹士口土	**tàn**			**tǎng**		
tài			叹	KCY	口又丶	帑	VCMh	女又冂丨
太	DYi	大丶氵	炭	MDOu	山ナ火⼆	倘	WIMk	亻丷冂口
汰	IDYy	氵大丶丶	探	RPWS	扌冖八木	淌	IIMk	氵丷冂口
态	DYNu	大丶心⼆	碳	DMDo	石山ナ火	耥	FSIK	二木丷口
肽	EDYy	月大丶丶	**tāng**				DIIK	三小丷口
钛	QDYy	钅大丶丶	汤	INRt	氵乙乚丿	傥	WIPQ	亻丷宀儿
泰	DWIU	三人氺	锡	QINr	钅乙乚	惝	NIMk	忄丷冂口
酞	SGDY	西一大丶	羰	UMDO	丷山ナ火	躺	TMDK	丿冂三口
tān				UDMo	丷⺸山火	**tàng**		
贪	WYNM	人丶乙贝	镗	QIPF	钅丷宀土	烫	INRO	氵乙乚火
坍	FMYG	土门⼀一	耥	FSIK	二木丷口	趟	FHIk	土⻊丷口
摊	RCWy	扌又亻圭		DIIK	三小丷口	**tāo**		
滩	ICWy	氵又亻圭	**táng**			涛	IDTf	氵三丿寸
瘫	UCWY	疒又亻圭	饧	QNNR	饣乙乙丿	绦	XTSy	纟夂木丶
tán			唐	OVHk	广彐丨口	掏	RQTb	扌勹⺈凵
坛	FFCy	土二厶丶		YVHk	广彐丨口		RQRm	扌勹⺈山
昙	JFCU	日二厶⼆	堂	IPKF	丷宀口土	滔	IEEg	氵爫臼一
谈	YOOy	讠火火丶	棠	IPKS	丷宀口木		IEVg	氵爫臼一
郯	OOBh	火火阝丨	塘	FOVk	土广彐口	韬	FNHE	二乙丨白
覃	SJJ	西早刂		FYVk	土广彐口		FNHV	二乙丨白
弹	XUJf	弓丷日十	搪	ROVK	扌广彐口	饕	KGNV	口一乙艮
痰	UOOi	疒火火氵		RYVk	扌广彐口		KGNE	口一乙⻓
锬	QOOy	钅火火丶	溏	IOV	氵广彐	叨	KVT	口刀丿
镡	QSJH	钅西早丨		IYVK	氵广彐口		KVN	口刀乙
谭	YSJh	讠西早丨	瑭	GOVk	王广彐口	焘	DTFO	三丿寸灬
潭	ISJh	氵西早丨		GYVK	王广彐口	**táo**		
檀	SYLg	木亠口一	樘	SIPf	木丷宀土	洮	IQI	氵儿㐅
澶	IQD	氵⺈厂	膅	EIpf	月丷宀土		IIQn	氵㐅儿乙
	IQDY	氵⺈厂言	糖	OOVk	米广彐口	逃	QIP	儿㐅辶
tǎn				OYVK	米广彐口		IQPv	㐅儿辶巛
忐	HNU	上心⼆	螳	JOVk	虫广彐口	桃	SQI	木儿㐅

桃	SIQn	木冫儿乙
陶	BQtb	阝勹乍凵
	BQRm	阝勹乍凵
啕	KQTb	口勹乍凵
	KQRM	口勹乍凵
淘	IQTb	氵勹乍凵
	IQRm	氵勹乍凵
萄	AQTb	艹勹乍凵
	AQRm	艹勹乍凵
鼗	QIFc	儿冫士又
	IQFc	冫儿士又

tǎo		
讨	YFY	讠寸丶

tào		
套	DDU	大镸二

tè		
忑	GHNU	一卜心二
忒	ANYI	七心丶冫
	ANI	弋心冫
特	CFFY	牜土寸丶
	TRFf	丿扌土寸
铽	QANY	钅七心丶
	QANY	钅弋心丶
慝	AADN	匚艹尹心

tēi		
忒	ANYI	七心丶冫
	ANI	弋心冫

téng		
疼	UTUi	疒夂二冫
腾	EUGG	月丷夫一
	EUDc	月丷大马
誊	UGYf	丷夫言二
	UDYF	丷大言二
滕	EUGI	月丷夫水
	EUDI	月丷大水
藤	AEUi	艹月丷水
	AEUi	艹月丷水

tī		
剔	JQRJ	日勹𠂊刂
梯	SUXt	木丷弓丿
锑	QUXt	钅丷弓丿
踢	KHJr	口止日勿

tí		
啼	KYUh	口亠丷丨
	KUph	口立冖丨
提	RJgh	扌日一火
鹈	UXHG	丷弓丨一
题	JGHm	日一火贝
	JGHM	日一火贝
蹄	KHYH	口止亠丨
	KHUH	口止立丨
醍	SGJH	西一日火
缇	XJGh	纟日一火

tǐ		
体	WSGg	亻木一一

tì		
屉	NANv	尸廿乙巛
剃	UXHJ	丷弓丨刂
倜	WMFk	亻冂土口
悌	NUXt	忄丷弓丿
涕	IUXT	氵丷弓丿
绨	XUXT	纟丷弓丿
逷	QTOP	彳丿火辶
惕	NJQr	忄日勹勿
替	GGJ	夫夫日
	FWFj	二人二日
裼	PUJR	礻冫日勿
嚔	KFPH	口十冖火

tiān		
天	GDi	一大冫
添	IGDn	氵一大小

tián		
田	LLll	田田田田
	LLLl	田田田田

钿	QLG	钅田一
恬	NTDg	忄丿古一
畋	LTY	田攵丶
甜	TDF	丿古甘
	TDAF	丿古廾二
填	FFHw	土十且八
阗	UFHw	门十且八

tiǎn		
忝	GDNu	一大小
殄	GQWE	一夕人彡
腆	EMAw	月冂廿八
舔	TDGN	丿古一小

tiàn		
掭	RGDn	扌一大小
	RGDN	扌一大小

tiāo		
佻	WQIY	亻儿冫丶
	WIQn	亻冫儿乙
挑	RQIy	扌儿冫丶
	RIQn	扌冫儿乙
祧	PYQI	礻丶儿冫
	PYIQ	礻丶冫儿

tiáo		
条	TSu	夂木二
迢	VKPd	刀口辶三
笤	TVKf	竹刀口二
苕	AVKF	艹刀口二
龆	HWBK	止人凵口
蜩	JMFk	虫冂土口
	JMFK	虫冂土口
髫	DEVK	镸彡刀口
调	YMFk	讠冂土口
鲦	QGTS	鱼一夂木

tiǎo		
挑	RQIy	扌儿冫丶
	RIQn	扌冫儿乙
窕	PWQi	宀八儿冫

宛	PWIq	宀八<<儿	梃	STFP	木丿士廴		**tōu**		
	tiào		链	QTFP	钅丿士廴	偷	WWGJ	亻人一刂	
眺	HQIy	目儿<<丶	艇	TUTp	丿舟丿廴		**tóu**		
	HIQn	目<<儿乙	艇	TETp	丿舟廴	头	UDi	丷大氵	
粜	BMOu	凵山米丷		**tōng**			UDI	丷大氵	
跳	KHQI	口止儿<<	通	CEPk	マ用辶川	投	RWCy	扌几又丶	
	KHIq	口止<<儿	嗵	KCEp	口マ用辶		RMCy	扌几又丶	
	tiē		恫	NMGk	忄冂一口	骰	MEWc	凸月几又	
贴	MHKG	贝卜口一		**tóng**			MEMc	凸月几又	
萜	AMHK	艹冂卜口	仝	WAF	人 工 二		**tǒu**		
	tiě		同	Mgkd	冂一口三	钭	QUFh	钅丷十丨	
铁	QTGy	钅丿夫丶	佟	WTU	亻夂冫		**tòu**		
	QRwy	钅仁人丶		WTUY	亻夂冫丶	透	TBP	禾 乃 辶	
帖	MHHK	冂丨卜口	彤	MYEt	冂亠彡丿		TEPv	禾乃辶巛	
	tiè		茼	AMGk	艹冂一口		**tū**		
餮	GQWV	一夕人艮	桐	SMGK	木冂一口	凸	HGHg	丨一丨一	
	GQWE	一夕人长	砼	DWAg	石人工一		HGMg	丨一冂一	
	tīng		侗	WMGK	亻冂一口	秃	TWB	禾 几 巛	
厅	DSk	厂丁川	峒	MMGK	山冂一口		TMB	禾 几 巛	
汀	ISH	氵丁丨	垌	FMGK	土冂一口	突	PWDu	宀八犬丷	
听	KRh	口斤丨	铜	QMGK	钅冂一口		**tú**		
烃	OCAg	火又工一	酮	SGMK	西一冂口	图	LTUi	囗夂冫氵	
	OCag	火又工一	童	UJFF	立日土二	徒	TFHY	彳土龰	
	tíng		僮	WUJf	亻立日土	涂	IWGS	氵人一木	
廷	TFPD	丿士廴三	潼	IUJF	氵立日土		IWTy	氵人禾丶	
亭	YPSj	亠冖丁川	瞳	HUjf	目立日土	荼	AWGS	艹人一木	
庭	OTfp	广丿士廴		**tǒng**			AWTu	艹人禾丷	
	YTFP	广丿士廴	统	XYCq	纟亠厶儿	途	WGSP	人一木辶	
停	WYPs	亻亠冖丁	捅	RCEh	扌マ用丨		WTPi	人禾辶氵	
婷	VYPs	女亠冖丁	桶	SCEh	木マ用丨	屠	NFTj	尸土丿日	
葶	AYPs	艹亠冖丁	筒	TMGK	竹冂一口	酴	SGWS	西一人木	
楚	ATFP	艹丿士廴		**tòng**			SGWT	西一人禾	
蜓	JTFP	虫丿士廴	恸	NFCE	忄二厶力	菟	AQKY	艹⺈口丶	
霆	FTFp	雨丿士廴		NFCL	忄二厶力		**tǔ**		
	tǐng		痛	UCek	疒マ用川	土	FFFF	土 土 土	
町	LSH	田丁丨		UCEk	疒マ用川	钍	QFG	钅土一	
挺	RTFP	扌丿士廴							

tù		
吐	KFG	口 土 一
兔	QKQY	⺈ 口 儿 、
块	FQKy	土 ⺈ 口 、

tuān		
湍	IMDj	氵 山 厂 刂

tuán		
团	LFte	口 十 丿 彡
团	LFTe	口 十 丿 彡
抟	RFNy	扌 二 乙 、

tuǎn		
疃	LUJf	田 立 日 土

tuàn		
彖	XEU	彑 豖 二
彖	XEU	彑 豖 二

tuī		
推	RWYG	扌 亻 圭 一
忒	ANYI	七 心 、 氵
忒	ANI	弋 心 氵

tuí		
颓	TWDm	禾 儿 厂 贝
颓	TMDM	禾 儿 厂 贝

tuǐ		
腿	EVPy	月 艮 辶 、
腿	EVEp	月 彐 长 辶

tuì		
退	VPi	艮 辶 氵
退	VEPi	彐 长 辶 氵
煺	OVPy	火 艮 辶
煺	OVEp	火 彐 长 辶
蜕	JUKq	虫 丷 口 儿
褪	PUVP	衤 冫 艮 辶
褪	PUVP	衤 冫 彐 辶

tūn		
吞	GDKf	一 大 口 二
暾	JYBt	日 亩 子 攵

tún		
囤	LGBn	口 一 凵 乙
屯	GBNv	一 凵 乙 巛
屯	GBnv	一 凵 乙 巛
饨	QNGN	⺈ 乙 一 乙
豚	EGEY	月 一 豕 、
豚	EEY	月 豕 、
臀	NAWE	尸 廾 八 月

tǔn		
氽	WIU	人 水 〓

tùn		
褪	PUVP	衤 冫 艮 辶
褪	PUVP	衤 冫 彐 辶

tuō		
乇	TAV	丿 七 巛
托	RTAn	扌 丿 七 乙
拖	RTBn	扌 ⺈ 也 乙
脱	EUKq	月 丷 口 儿

tuó		
驮	CGDY	马 一 大 、
驮	CDY	马 大 、
佗	WPXn	亻 宀 匕 乙
陀	BPXn	阝 宀 匕 乙
坨	FPXN	土 宀 匕 乙
沱	IPXn	氵 宀 匕 乙
驼	CGPx	马 一 宀 匕
驼	CPxn	马 宀 匕 乙
柁	SPXn	木 宀 匕 乙
砣	DPXn	石 宀 匕 乙
鸵	QGPx	鸟 一 宀 匕
鸵	QYNX	勹 、 乙 匕
跎	KHPX	口 止 宀 匕
酡	SGPx	西 一 宀 匕
橐	GKHS	一 口 丨 木
鼍	KKLn	口 口 田 乙

tuǒ		
椭	SBDe	木 阝 𠂆 月

妥	EVf	爫 女 二
庹	OANY	广 廿 尸 、
庹	YANY	广 廿 尸 、

tuò		
拓	RDg	扌 石 一
魄	RRQC	白 白 儿 厶
柝	SRYY	木 斤 、 、
唾	KTGf	口 丿 一 士
箨	TRCg	𥫗 扌 又 丰
箨	TRCH	𥫗 扌 又 丨

wā		
哇	KFFg	口 土 土 一
挖	RPWN	扌 宀 八 乙
洼	IFFG	氵 土 土 一
娲	VKMw	女 口 冂 人
蛙	JFFg	虫 土 土 一

wá		
娃	VFFG	女 土 土 一
娃	VFFg	女 土 土 一

wǎ		
瓦	GNNy	一 乙 乙 、
瓦	GNYn	一 乙 、 乙
佤	WGNY	亻 一 乙 、
佤	WGNn	亻 一 乙 乙

wà		
袜	PUGs	衤 冫 一 木
腽	EJLg	月 日 皿 一

wāi		
歪	DHGh	厂 卜 一 止
歪	GIGh	一 小 一 止

wǎi		
崴	MDGV	山 戊 一 女
崴	MDGT	山 厂 一 丿

wài		
外	QHy	夕 卜 、

wān		
弯	YOXb	亠 小 弓 巛

剜	PQBJ	⅄夕凵刂		**wǎng**		違	FNHP	二乙丨辶
湾	IYOx	氵亠小弓	网	MRRi	冂乄乄氵	闱	UFNh	门二乙丨
蜿	JPQb	虫宀夕凵		MQQi	冂乄乄氵	桅	SQDb	木⅄厂巳
豌	GKUB	一口⅄巳	往	TYGg	彳丶王一	润	ILFh	氵口二丨

wán

丸	VYI	九丶氵	枉	SGG	木王一	唯	KWYG	口亻隹一
纨	XVYY	纟九丶丶	罔	MUYn	冂⅄亠乙	帷	MHWy	冂丨亻隹
芄	AVYu	艹九丶冫	惘	NMUn	忄冂⅄乙	惟	NWYg	忄亻隹一
完	PFQb	宀二儿巛	辋	LMUn	车冂⅄乙	维	XWYg	纟亻隹一
玩	GFQn	王二儿乙	魍	RQCN	白儿厶乙	嵬	MRQc	山白儿厶
顽	FQDm	二儿厂贝		**wàng**		潍	IXWy	氵纟亻隹
烷	OPFq	火宀二儿	忘	YNNU	亠乙心冫		**wěi**	

wǎn

宛	PQbb	宀夕巛	妄	YNVF	亠乙女二	伟	WFNh	亻二乙丨
挽	RQKQ	扌⅄口儿	旺	JGG	日王一	伪	WYEY	亻丶力丶
晚	JQkq	日⅄口儿	望	YNEG	亠乙月王		WYLy	亻丶力丶
娩	VQKq	女⅄口儿		**wēi**		尾	NEv	尸毛巛
莞	APFQ	艹宀二儿	危	QDBb	⅄厂巳		NTFn	尸丿二乙
婉	VPQb	女宀夕巳	威	DGVd	戊一女三	纬	XFNH	纟二乙丨
惋	NPQB	忄宀夕巳		DGVt	厂一女丿	苇	AFNh	艹二乙丨
绾	XPN	纟宀自	崴	MDGV	山戊一女	委	TVf	禾女二
	XPNn	纟宀彐彐		MDGT	山厂一丿	炜	OFNh	火二乙丨
脘	EPFq	月宀二儿	偎	WLGE	亻田一𠄌	玮	GFNh	王二乙丨
菀	APQB	艹宀夕巳	逶	TVPd	禾女辶三	洧	IDEG	氵𠂇月一
琬	GPQb	王宀夕巳	隈	BLGe	阝田一𠄌	娓	VNE	女尸毛
皖	RPFq	白宀二儿		BLGE	阝田一𠄌		VNTN	女尸丿乙
畹	LPQb	田宀夕巳	葳	ADGv	艹戊一女	诿	YTVg	讠禾女一
碗	DPQb	石宀夕巳		ADGt	艹厂一丿	萎	ATVf	艹禾女二

wàn

万	GQe	一勹彡	微	TMGt	彳山一攵	隗	BRQc	阝白儿厶
	DNV	厂乙巛	煨	OLGe	火田一𠄌	猥	QTLe	犭丿田𠄌
腕	EPQb	月宀夕巳	薇	ATMt	艹彳山攵		QTLE	犭丿田𠄌
蔓	AJLc	艹日罒又	巍	MTVc	山禾女厶	痿	UTVd	疒禾女三

wāng

亡	YNV	亠乙巛		**wéi**		艉	TUNe	丿舟尸毛
王	GGGg	王王王王	韦	FNHk	二乙丨Ⅲ		TENn	丿舟尸乙
			圩	FGFh	土一十丨	韪	JGHH	日一龰丨
			围	LFNH	囗二乙丨	鲔	QGDE	鱼一𠂇月
			帏	MHFh	冂丨二丨		**wèi**	
			沩	IYEY	氵丶力丶	卫	BGd	卩一三
				IYLy	氵丶力丶	未	FGGY	未一一丶

汉字	编码	拆分
未	FII	二小丶
为	YEYi	丶力丶
为	YLyi	丶力丶
位	WUG	亻立一
味	KFY	口未丶
味	KFIy	口二小丶
畏	LGEu	田一长丷
胃	LEF	田月二
胃	LEf	田月二
叀	LKF	车口二
叀	GJFK	一日十口
尉	NFIF	尸二小寸
喂	KLge	口田一长
喂	KLGe	口田一长
谓	YLEg	讠田月一
渭	ILEg	氵田月一
猬	QTLE	犭丿田月
蔚	ANFf	艹尸二寸
慰	NFIn	尸二小心
魏	TVRc	禾女白厶

wēn		
温	IJLg	氵日皿一
瘟	UJLd	疒日皿三

wén		
文	YYGY	文丶一
纹	XYY	纟文丶
闻	UBd	门耳三
蚊	JYY	虫文丶
阌	UEPC	门一冖又
雯	FYU	雨文二

wěn		
刎	QRJh	勹丿刂丨
吻	KQRt	口勹丿
稳	TQvn	禾勹彐心
稳	TQVn	禾勹彐心
紊	YXIu	文幺小二
紊	YXIU	文幺小二

wèn		
问	UKd	门口三
问	UKD	门口三
纹	XYY	纟文丶
汶	IYY	氵文丶
璺	EMGY	臼门一丶
璺	WFMy	亻二门丶

wēng		
翁	WCNf	八厶羽二
嗡	KWCn	口八厶羽

wěng		
蓊	AWCn	艹八厶羽

wèng		
瓮	WCG	八厶一
瓮	WCGn	八厶一乙
蕹	AYXY	艹亠幺主

wō		
挝	RFPy	扌寸辶丶
倭	WTVg	亻禾女一
涡	IKMw	氵口门人
莴	AKMw	艹口门人
喔	KNGF	口尸一土
窝	PWKw	宀八口人
窝	PWKW	宀八口人
蜗	JKMw	虫口门人

wǒ		
我	TRNY	丿扌乙丶
我	TRNt	丿扌乙丿

wò		
沃	ITDY	氵丿大丶
肟	EFNn	月二乙乙
卧	AHNH	匚丨コ卜
幄	MHNF	冂丨尸土
握	RNGf	扌尸一土
渥	INGf	氵尸一土
硪	DTRy	石丿扌丶
硪	DTRt	石丿扌丿

斡	FJWF	十早人十
齷	HWBF	止人凵土

wū		
乌	TNNg	丿乙乙一
乌	QNGd	勹乙一三
圬	FFNn	土二乙乙
污	IFNn	氵二乙乙
邬	TNNB	丿乙乙阝
邬	QNGB	勹乙一阝
呜	KTNG	口丿乙一
呜	KQNG	口勹乙一
巫	AWW	工人人
巫	AWWi	工人人氵
诬	YAWw	讠工人人
屋	NGCf	尸一厶土
钨	QTNG	钅丿乙一
钨	QQNg	钅勹乙一

wú		
无	FQv	二儿巛
毋	NNDe	乙乙𠂇彡
毋	XDE	母𠂇彡
吴	KGDu	口一大二
吾	GKF	五口二
芜	AFQ	艹二儿
芜	AFQB	艹二儿巛
唔	KGKG	口五口一
梧	SGKg	木五口一
浯	IGKG	氵五口一
蜈	JKGd	虫口一大
鼯	ENUK	臼乙二口
鼯	VNUK	臼乙二口

wǔ		
五	GGhg	五一丨一
午	TFJ	𠂉十刂
仵	WTFH	亻𠂉十丨
伍	WGG	亻五一
妩	VFQn	女二儿乙

字	编码	字根
庞	OFQv	广二儿巛
	YFQv	广二儿巛
忏	NTFH	忄丿十丨
怃	NFQn	忄二儿乙
迂	TFPK	一十辶川
武	GAHy	一七止、
	GAHd	一弋止三
侮	WTX	亻一母
	WTXu	亻一口二
捂	RGKG	扌五口一
牾	CGKG	牛五口一
	TRGK	丿扌五口
鹉	GAHG	一七止一
	GAHG	一弋止三
舞	TGLg	一一川半
	RLGh	二川一丨

wù		
误	YKGd	讠口一大
兀	GQV	一儿巛
勿	QRe	勹丿彡
	QRE	勹丿彡
务	TEr	夂力丿
	TLb	夂力巛
戊	DGTY	戊一丿、
	DNYt	厂乙、丿
坞	FTNG	土丿乙一
	FQNG	土勹乙一
阢	BGQn	阝一儿乙
杌	SGQN	木一儿乙
芴	AQRR	艹勹丿丿
物	CQrt	牜勹丿丿
	TRqr	丿扌勹丿
悟	NGKG	忄五口一
晤	JGKg	日五口一
焐	OGKg	火五口一
婺	CNHV	乛乙丨女
	CBTV	乛卩丿女

字	编码	字根
痦	UGKD	疒五口三
鹜	CNHG	乛乙丨一
	CBTC	乛卩丿马
雾	FTER	雨夂力丿
	FTLb	雨夂力巛
寤	PUGK	宀爿五口
	PNHK	宀乙丨口
鹙	CNHG	乛乙丨一
	CBTG	乛卩丿一
鉴	ITDQ	氵丿大金

xī		
蹊	KHED	口止爫大
裼	PUJR	衤丨日丿
夕	QTNY	夕丿乙、
兮	WGNb	八一乙巛
	WGNB	八一乙巛
汐	IQY	氵夕、
西	SGHG	西一丨一
茜	ASF	艹西二
栖	SSG	木西一
吸	KBYy	口乃、、
	KEyy	口乃、、
希	RDMh	乂ナ门丨
	QDMh	乂ナ门丨
昔	AJF	艹日二
析	SRh	木斤丨
矽	DQY	石夕、
穸	PWQu	宀八夕二
郗	RDMB	乂ナ门阝
	QDMB	乂ナ门阝
唏	KRDh	口乂ナ丨
	KQDh	口乂ナ丨
奚	EXDu	爫幺大二
息	THNu	丿目心二
浠	IRDH	氵乂ナ丨
	IQDH	氵乂ナ丨
牺	CSg	牛西一

字	编码	字根
牺	TRSg	丿扌西一
悉	TONu	丿米心二
惜	NAJG	忄艹日一
欷	RDMW	乂ナ门人
	QDMW	乂ナ门人
淅	ISRh	氵木斤
烯	ORDh	火乂ナ丨
	OQDh	火乂ナ丨
硒	DSG	石西一
薪	ASRj	艹木斤川
晰	JSRh	日木斤丨
犀	NITg	尸水丿半
	NIRh	尸水乁
稀	TRdh	禾乂ナ丨
	TQDh	禾乂ナ丨
粞	OSG	米西一
翕	WGKN	人一口羽
舾	TUSG	丿舟西一
	TESG	丿舟西一
溪	IEXd	氵爫幺大
皙	SRRF	木斤白二
	SRRf	木斤白二
锡	QJQr	钅日勹丿
僖	WFKK	亻士口口
熄	OTHN	火丿目心
熙	AHKO	匚丨口灬
蜥	JSRH	虫木斤丨
嘻	KFKk	口士口口
嬉	VFKk	女士口口
膝	ESWi	月木人氺
樨	SNIg	木尸氺半
	SNIH	木尸氺丨
歙	WGKW	人一口人
熹	FKUO	士口䒑灬
羲	UGTy	丷王禾、
	UGTt	丷王禾丿

螅	JTHN	虫丿目心	阅	UVQv	门白儿巛	厦	DDHt	厂丆目夂
蟋	JTOn	虫丿米心	细	XLg	纟田一	罅	TFBF	𠂉十山十
醯	SGYL	酉一亠皿	鸟	EQOu	臼勹灬		RMHH	𠂉山广丨
曦	JUGy	日丷王丶		VQOu	臼勹灬	唬	KHWN	口虍儿乙
	JUGt	日丷王丿	隙	BIJi	阝小日小		KHAM	口虍七儿
臇	ENUD	臼乙䒑大	禊	PYDD	礻丶三大	**xiān**		
	VNUD	臼乙䒑大	郄	RDCB	乄龶厶阝	仙	WMh	亻山丨
xí				QDCb	乄龶厶阝	先	TFQb	丿土儿巛
习	NUd	乙冫三	**xiā**			氙	RMK	气山⫽
席	OAmh	广廿门丨	呷	KLH	口甲丨		RNMj	𠂉乙山⫽
	YAMh	广廿门丨	虾	JGHY	虫一卜丶	籼	OMH	米山丨
袭	DXYE	龙匕丶𧘇	瞎	HPdk	目宀三口	莶	AWGG	艹人一一
	DXYe	龙匕丶衣	**xiá**				AWGI	艹人一丷
觋	AWWQ	工人人儿	匣	ALK	匚甲⫽	掀	RRQw	扌斤⺈人
媳	VTHn	女丿目心	侠	WGUd	亻一丷大	纤	XTFh	纟丿十丨
	VTHN	女丿目心		WGUw	亻一丷人	跹	KHTP	口止丿辶
隰	BJXo	阝日幺灬	狎	QTLh	犭丿甲丨	酰	SGTQ	酉一丿儿
檄	SRYt	木白方攵	峡	MGUd	山一丷大	锨	QRQw	钅斤⺈人
xǐ				MGUw	山一丷人	鲜	QGUh	鱼一羊丨
洗	ITFq	氵丿土儿	柙	SLH	木甲丨		QGUd	鱼一丷手
玺	QIGy	⺈小王丶	狭	QTGD	犭丿一大	暹	JWYp	日佳辶
徙	THHy	彳止⺁丶		QTGW	犭丿一人	**xián**		
铣	QTFQ	钅丿土儿	硖	DGUD	石一丷大	闲	USI	门木氵
喜	FKUk	士口䒑口		DGUW	石一丷人	贤	JCMu	⫽又贝䒑
蒽	ALNu	艹田心	瘕	UNHc	疒コ⼁又	弦	XYXy	弓亠幺丶
	ALNU	艹田心		UNHC	疒コ⼁又	咸	DGKi	戊一口氵
屣	NTHh	尸彳止⺁	遐	NHFp	⼁コ二辶		DGKt	厂一口丿
	NTHH	尸彳止⺁	暇	JNHc	日コ⼁又	涎	ITHP	氵丿止辶
蓰	ATHh	艹彳止⺁	瑕	GNHc	王コ⼁又	娴	VUSy	女门木丶
禧	PYFK	礻丶士口	辖	LPDk	车宀三口	舷	TUYX	丿舟亠幺
xì				LPDK	车宀三口		TEYX	丿舟亠幺
戏	CA	又戈	霞	FNHC	雨コ⼁又	衔	TQGs	彳钅一丁
	CAt	又戈丿	黠	LFOK	罒土灬口		TQFh	彳钅二丨
系	TXIu	丿幺小	**xià**			痫	UUSi	疒门木氵
忾	QNRN	⺈乙气乙	下	GHi	一卜氵	鹇	USQg	门木鸟一
	QNRN	⺈乙𠂉乙	吓	KGHy	口一卜丶		USQg	门木⺈一
阋	UEQ	门白儿	夏	DHTu	丆目夂䒑	嫌	VUvw	女丷彐八

第一列

字	编码	拆分
嫌	VUvo	女⸺ヨ小
xiǎn		
冼	UTFq	冫丿土儿
显	JOf	曰业二
显	JOgf	曰业一二
险	BWGG	阝人一一
险	BWGi	阝人一业
猃	QTWG	犭丿人一
猃	QTWI	犭丿人业
蚬	JMQn	虫冂儿乙
筅	TTFq	竹丿土儿
筅	TTFQ	竹丿土儿
跣	KHTQ	口止丿儿
铣	QTFQ	钅丿土儿
鲜	QGUh	鱼一羊丨
鲜	QGUd	鱼一丷手
藓	AQGU	艹鱼一羊
藓	AQGD	艹鱼一手
燹	GEGo	一豕一火
燹	EEOu	豕豕火⸺
xiàn		
县	EGCu	月一厶⸺
岘	MMQn	山冂儿乙
岘	MMQN	山冂儿乙
苋	AMQb	艹冂儿《
现	GMqn	王冂儿乙
限	BVy	阝艮丶
限	BVey	阝ヨ长丶
线	XGay	纟一戈丶
线	XGt	纟戋丿
宪	PTFq	宀丿土儿
陷	BQEg	阝⺈臼一
陷	BQvg	阝⺈臼一
馅	QNQE	⺈乙⺈臼
馅	QNQV	⺈乙⺈臼
羡	UGUw	丷王冫人
献	FMUd	十冂丷犬

第二列

字	编码	拆分
献	FMUD	十冂丷犬
腺	ERIy	月白水丶
霰	FAEt	雨艹月攵
xiāng		
乡	XTe	幺丿彡
乡	XTE	幺丿彡
芗	AXTr	艹幺丿丿
相	SHg	木目一
香	TJF	禾日二
厢	DSHd	厂木目三
湘	ISHG	氵木目一
葙	ASHf	艹木目二
缃	XSHg	纟木目一
缃	XShg	纟木目一
箱	TSHf	竹木目二
襄	YKKe	亠口口衣
骧	CGYE	马一亠衣
骧	CYKe	马亠口衣
镶	QYKe	钅亠口衣
xiáng		
详	YUh	讠羊丨
详	YUDh	讠丷手丨
庠	OUK	广羊Ⅲ
庠	YUDK	广丷手Ⅲ
祥	PYUh	礻丶羊丨
祥	PYUd	礻丶丷手
翔	UNG	羊羽一
翔	UDNG	丷手羽一
降	BTgh	阝夂丰丨
降	BTah	阝夂⺁丨
xiǎng		
享	YBf	亠子二
享	YBF	亠子二
响	KTMk	口丿冂口
饷	QNTK	⺈乙丿口
缃	XTWv	幺丿人艮
缃	XTWe	幺丿人长

第三列

字	编码	拆分
想	SHNu	木目心⸺
鲞	UGQG	丷夫鱼一
鲞	UDQG	丷大鱼一
xiàng		
向	TMKd	丿冂口三
向	TMkd	丿冂口三
巷	AWNb	丗八巳《
项	ADMy	工厂贝丶
象	QKEu	⺈口豕⸺
象	QJEu	⺈囗豕⸺
像	WQKe	亻⺈口豕
像	WQJe	亻⺈囗豕
橡	SQKe	木⺈口豕
橡	SQJe	木⺈囗豕
蟓	JQKE	虫⺈口豕
蟓	JQJe	虫⺈囗豕
xiāo		
枭	QSU	鸟木⸺
枭	QYNS	勹丶乙木
哓	KATq	口七丿儿
宵	PIef	宀业月二
肖	IEf	业月二
蛸	JIEg	虫业月一
削	IEJh	业月刂丨
绡	XIEg	纟业月一
枵	SKGn	木口一乙
骁	CGAQ	马一七儿
骁	CATQ	马七丿儿
消	IIEg	氵业月一
逍	IEPd	业月辶三
萧	AVHw	艹ヨ丨八
萧	AVIj	艹ヨ小川
硝	DIEg	石业月一
销	QIEg	钅业月一
潇	IAVW	氵艹ヨ八
潇	IAVJ	氵艹ヨ川
箫	TVHw	竹ヨ丨八

字	编码	拆分
箫	TVIj	⺮彐小川
霄	FIEf	雨⺌月二
魈	RQCE	白儿厶月
嚣	KKDK	口口⺁口
xiáo		
崤	MRDe	山乂⺄月
	MQDE	山乂⺄月
淆	IRDe	氵乂⺄月
	IQDe	氵乂⺄月
xiǎo		
小	IHty	小丨丿丶
晓	JAtq	日七丿儿
	JATq	日七丿儿
筱	TWHt	⺮亻丨夂
xiào		
孝	FTBf	土丿子二
哮	KFTb	口土丿子
效	URTy	六乂攵丶
	UQTy	六乂攵丶
校	SUR	木六乂
	SUQy	木六乂丶
笑	TTDu	⺮丿大⺀
啸	KVhw	口彐丨八
	KVIj	口彐小川
xiē		
些	HXFf	止匕二二
楔	SDHD	木三丨大
	SDHd	木三丨大
歇	JQWW	日勹人人
	JQWw	日勹人人
蝎	JJQn	虫日勹乙
xié		
协	FEwy	十力八丶
	FLwy	十力八丶
邪	AHTB	匚丨丿阝
胁	EEWy	月力八丶
	ELWy	月力八丶
挟	RGUd	扌一丷大
	RGUw	扌一丷大
偕	WXXr	亻匕匕白
	WXXR	亻匕匕白
谐	YXXr	讠匕匕白
	YXXR	讠匕匕白
斜	WGSF	人一木十
	WTUF	人禾⺀十
携	RWYB	扌亻圭乃
	RWYE	扌亻圭乃
勰	EEEN	力力力心
	LLLN	力力力心
颉	FKDm	士口⺁贝
擷	RFKM	扌士口贝
缬	XFKM	纟士口贝
鞋	AFFF	廿串土土
xiě		
写	PGNg	⺆一乙一
血	TLD	丿皿三
xiè		
泄	IANN	氵廿乙乙
泻	IPGg	氵⺈一一
	IPGG	氵⺈一一
卸	TGHB	⺦一止卩
	RHBh	⺧止卩丨
屑	NIED	尸⺌月三
械	SAAh	木戈井丨
	SAah	木戈井丨
褻	YRVe	亠扌九衣
渫	IANS	氵廿乙木
楣	SNIe	木尸⺌月
榭	STMf	木丿门寸
谢	YTMf	讠丿门寸
廨	OQEG	广⺈用丰
	YQEh	广⺈用丨
懈	NQeg	忄⺈用丰
	NQeh	忄⺈用丨
獬	QTQG	犭丿⺈丰
	QTQH	犭丿⺈丨
薤	AGQG	廿一夕一
邂	QEVP	⺈用刀辶
澥	IHQg	氵丨夕一
蟹	QEVJ	⺈用刀虫
爕	YOOC	言火火又
	OYOc	火言火又
躞	KHYC	口止言又
	KHOC	口止火又
xīn		
心	NYny	心丶乙丶
忻	NRH	忄斤丨
芯	ANU	廿心二
辛	UYGH	辛丶一丨
昕	JRH	日斤丨
欣	RQWy	斤⺈人丶
莘	AUJ	廿辛刂
锌	QUH	钅辛丨
新	USRh	立木斤丨
歆	UJQW	立日⺈人
薪	AUSr	廿立木斤
馨	FNWJ	士尸几日
	FNMj	士尸几日
鑫	QQQF	金金金二
xín		
镡	QSJh	钅西早丨
	QSJH	钅西早丨
xìn		
信	WYg	亻言一
囟	TLRi	丿口乂氵
	TLQI	丿口乂氵
衅	TLUg	丿皿丷丰
	TLUf	丿皿丷十
xīng		
兴	IGW	⺍一八
	IWu	⺍八⺀

星	JTGf	日丿主二		苇	AXB	艹弓《		嗅	KTHD	口丿目犬
惺	NJTg	忄日丿主		泂	IRBh	氵乂凵丨		**xū**		
猩	QTJG	犭丿日日			IQBH	氵乂凵丨		圩	FGFh	土一十丨
腥	EJTg	月日丿主		胸	EQrb	月勹乂凵		戌	DGD	戌一三
xíng					EQqb	月勹乂凵			DGNt	厂一乙丿
刑	GAJH	一廾刂丨		**xióng**				吁	KGFH	口一十丨
行	TGSh	彳一丁丨		雄	DCWy	𠂇厶亻隹		盱	HGFh	目一十丨
	TFhh	彳二丨丨		熊	CEXO	厶月匕灬		胥	NHEf	乙疋月二
邢	GABh	一廾阝丨		**xiū**				耆	DHDF	三丨石二
形	GAEt	一廾彡丿		休	WSy	亻木丶		须	EDmy	彡丆贝丶
陉	BCAg	阝又工一		修	WHTe	亻丨夂彡			EDMy	彡丆贝丶
型	GAJF	一廾刂土		咻	KWSy	口亻木丶		顼	GDMy	王丆贝丶
硎	DGAJ	石一廾刂		庥	OWSi	广亻木氵		虚	HOd	虍业三
饧	QNNR	𠂊乙乙丿			YWSi	广亻木氵			HAOg	广七业一
荥	APIu	艹冖水⺀		羞	UNHg	丷乙丨一		嘘	KHOg	口虍业一
xǐng					UDNf	丷ヲ乙土			KHAG	口广七一
醒	SGJg	西一日主		鸺	WSQg	亻木鸟一		需	FDMj	雨丆冂刂
擤	RTHJ	扌丿目刂			WSQg	亻木勹一		墟	FHOg	土虍业一
	RTHj	扌丿目刂		貅	EWSy	豸亻木丶			FHAG	土广七一
省	ITHf	小丿目二			EEWs	四犭亻木		**xú**		
xìng				馐	QNUG	𠂊乙丷一		徐	TWGs	彳人一木
兴	IGW	丷一八			QNUF	𠂊乙丷土			TWTy	彳人禾丶
	IWu	丷八⺀		髹	DEWs	镸彡亻木		**xǔ**		
杏	SKF	木口二		**xiǔ**				栩	SNG	木羽一
姓	VTGg	女丿主一		朽	SGNN	木一乙乙		糈	ONHe	米乙疋月
幸	FUFj	土丷十刂		宿	PWDJ	宀亻丆日		醑	SGNE	西一乙月
性	NTGg	忄丿主一		**xiù**				诩	YNG	讠羽一
荇	ATGS	艹彳一丁		秀	TBr	禾乃丿		许	YTFh	讠丿十丨
	ATFH	艹彳二丨			TEb	禾乃《		浒	IYTF	氵讠丿十
悻	NFUF	忄十丷十		岫	MMG	山由一		**xù**		
xiōng				袖	PUMg	衤丨由一		旭	VJd	九日三
凶	RBK	乂凵《		绣	XTBt	纟禾乃丿		序	OCnh	广マ乙丨
	QBK	乂凵《			XTEN	纟禾乃乙			YCBk	广マ卩川
兄	KQb	口儿《		锈	QTBT	钅禾乃丿		叙	WGSC	人一木又
	KQB	口儿《			QTEN	钅禾乃乙			WTCy	人禾又丶
匈	QRBk	勹乂凵川		臭	THDU	丿目犬⺀		恤	NTLg	忄丿皿一
	QQBk	勹乂凵川		溴	ITHD	氵丿目犬		洫	ITLg	氵丿皿一

汩	ITLG	氵丿皿一
畜	YXLf	亠幺田二
勖	JHEt	曰目力丿
	JHLn	曰目力乙
绪	XFTj	纟土丿日
续	XFNd	纟十乙大
酗	SGRb	西一乂凵
	SGQB	西一乂凵
婿	VNHE	女乙止月
潊	IWGC	氵人一又
	IWTC	氵人禾又
絮	VKXi	女口幺小
煦	JQKO	日勹口灬
蓄	AYXl	艹亠幺田

| x u |
| 蓿 | APWJ | 艹宀亻日 |

| x u ā n |
轩	LFH	车 干 丨
	LFh	车 干 丨
宣	PGJg	宀一日一
喧	KPgg	口宀一一
揎	RPGg	扌宀一一
萱	APGG	艹宀一一
暄	JPGg	日宀一一
煊	OPGg	火宀一一
儇	WLGE	亻罒一衣

| x u á n |
玄	YXU	亠幺冫
痃	UYXi	疒亠幺氵
悬	EGCN	月一厶心
旋	YTNh	方𠂆乙止
漩	IYTH	氵方𠂆止
璇	GYTH	王方𠂆止

| x u ǎ n |
选	TFQP	丿土儿辶
癣	UQGu	疒鱼一羊
	UQGd	疒鱼一手

	x u à n		
绚	XQJg	纟勹日一
券	UGV	⺷夫刀
	UDVb	丷大刀巛
泫	IYXy	氵亠幺丶
炫	OYXy	火亠幺丶
眩	HYXy	目亠幺丶
	HYxy	目亠幺丶
铉	QYXy	钅亠幺丶
渲	IPGG	氵宀一一
楦	SPGg	木宀一一
碹	DPGG	石宀一一
镟	QYTH	钅方𠂆止

	x u ē		
靴	AFWX	廿㬚亻匕
削	IEJh	⺌月刂丨
薛	ATNu	艹丿自辛
	AWNU	艹丿㠯辛

	x u é		
穴	PWU	宀八冫
学	IPBf	⺍冖子二
	IPbf	⺍冖子二
泶	IPIu	⺍冖一水
踅	RRKH	扌斤口止
嚯	KHGE	口虍一豕
	KHAE	口𢌿七豕

	x u ě		
雪	FVf	雨彐二
鳕	QGFV	鱼一雨彐

	x u è		
血	TLD	丿皿三
谑	YHAg	讠虍匚一
	YHAg	讠𢌿七一

	x u ū n		
勋	KME	口贝力
	KMLn	口贝力乙
埙	FKM	土口贝

埙	FKMY	土口贝丶
熏	TGLO	丿一罒灬
	TGLo	丿一罒灬
窨	PWUJ	宀八立日
獯	QTTO	犭丿丿灬
薰	ATGO	艹丿一灬
曛	JTGO	日丿一灬
醺	SGTO	西一丿灬
荤	APLj	艹冖车刂
	APLJ	艹冖车刂

| x ú n |
寻	VFu	彐寸冫
巡	VPV	巛辶巛
	VPv	巛辶巛
旬	QJd	勹日三
峋	MQJg	山勹日一
	MQJG	山勹日一
询	YQjg	讠勹日一
	YQJg	讠勹日一
恂	NQJg	忄勹日一
洵	IQJg	氵勹日一
郇	QJBh	勹日阝丨
浔	IVFY	氵彐寸丶
荀	AQJf	艹勹日二
循	TRFh	彳𠂆十目
	TRFH	彳𠂆十目
蕁	AVFu	艹彐寸冫
鲟	QGVF	鱼一彐寸

| x ù n |
驯	CGKh	马一川丨
	CKH	马 川 丨
训	YKh	讠 川 丨
汛	INFh	氵乙十丨
讯	YNFh	讠乙十丨
迅	NFPk	乙十辶⺌
徇	TQJg	彳勹日一
逊	BIPi	子小辶氵

殉	GQQj	一夕勹日	亚	GOGd	一业一三	芫	AFQB	卅二儿《
巽	NNAw	巳巳共八	垭	FGOg	土一业一	岩	MDF	山石二
浚	ICWT	氵厶八夂	垭	FGOg	土一业一	沿	IWKg	氵几口一
蕈	ASJj	卅西早刂	娅	VGOg	女一业一	沿	IMKg	氵几口一
yā			娅	VGOg	女一业一	炎	OOu	火火冫
丫	UHK	⺷丨⺀	迓	AHTP	匚丨丿辶	研	DGAh	石一廾丨
压	DFYi	厂土丶氵	砑	DAHt	石匚丨丿	盐	FHLf	土卜皿二
呀	KAht	口匚丨丿	讶	YAHt	讠匚丨丿	阎	UQEd	门⺈臼三
押	RLh	扌甲丨	氩	RGO	气一业	阎	UQVD	门⺈臼三
鸦	AHTG	匚丨丿一	氩	RNGG	气乙一一	筵	TTHp	竹丿止辶
桠	SGOG	木一业一	揠	RAJV	扌匚日女	筵	TTHP	竹丿止辶
桠	SGOG	木一业一	**yān**			蜒	JTHP	虫丿止辶
鸭	LQGg	甲鸟一一	咽	KLDy	口囗大丶	颜	UTEM	立丿彡贝
鸭	LQYg	甲⺈丶一	恹	NDDY	忄厂犬丶	檐	SQDY	木⺈厂言
yá			烟	OLDy	火囗大丶	阽	BHKG	阝卜口一
牙	AHte	匚丨丿㇒	烟	OLdy	火囗大丶	**yǎn**		
伢	WAHt	亻匚丨丿	胭	ELDy	月囗大丶	兖	UCQb	六厶儿《
岈	MAHt	山匚丨丿	崦	MDJn	山大日乙	奄	DJNb	大日乙《
芽	AAHt	卅匚丨丿	淹	IDJn	氵大日乙	俨	WGOt	亻一业丿
琊	GAHB	王匚丨阝	焉	GHGo	一止一灬	俨	WGOd	亻一业厂
蚜	JAHt	虫匚丨丿	菸	AYWU	卅方人冫	衍	TIGs	彳氵一丁
崖	MDFF	山厂土土	阏	UYWU	门方人冫	衍	TIFh	彳氵二丨
涯	IDFf	氵厂土土	阉	UDJn	门大日乙	偃	WAJV	亻匚日女
睚	HDFf	目厂土土	阉	UDJN	门大日乙	厣	DDLk	厂犬甲Ⅲ
睚	HDff	目厂土土	湮	ISFG	氵西土一	掩	RDJn	扌大日乙
衙	TGKS	彳五口丁	腌	EDJn	月大日乙	掩	RDJN	扌大日乙
衙	TGKh	彳五口丨	腌	EDJN	月大日乙	眼	HVy	目艮丶
yǎ			鄢	GHGB	一止一阝	眼	HVey	目彐长丶
哑	KGOg	口一业一	嫣	VGHo	女一止灬	郾	AJVb	匚日女阝
哑	KGOg	口一业一	**yán**			琰	GOOy	王火火丶
痖	UGO	疒一业	言	YYYy	言言言言	剡	OOJh	火火刂丨
痖	UGOG	疒一业一	延	THNP	丿卜乙廴	罨	LDJn	罒大日乙
雅	AHTY	匚丨丿圭	延	THPd	丿止廴三	罨	LDJN	罒大日乙
疋	NHI	乙⺊氵	闫	UDD	门三三	演	IPGW	氵宀一八
yà			严	GOT	一业丿	演	IPGw	氵宀一八
轧	LNN	车乙乙	严	GODr	一业厂丿	魇	DDRc	厂犬白厶
亚	GOd	一业三	妍	VGAh	女一廾丨	黡	ENUV	臼乙冫女

字	编码	拆分		字	编码	拆分		字	编码	拆分
巤	VNUV	臼乙 ⼐女		**yáng**				夭	TDI	ノ大 氵
yàn				扬	RNRt	扌乙 ノノ		吆	KXY	口幺、
厌	DDI	厂犬 氵		羊	UYTh	羊、丿丨		妖	VTDy	女ノ大、
彦	UTEE	立丿彡彡			UDJ	⼉手 ‖		腰	ESVg	月西女一
	UTER	立丿彡丿		阳	BJg	阝日一		邀	RYTp	白方攵辶
谚	YUTe	讠立丿彡		杨	SNRt	木乙 ノノ			RYTP	白方攵辶
砚	DMQn	石冂儿乙			SNrt	木乙 ノノ		**yáo**		
唁	KYg	口言一		炀	ONRT	火乙 ノノ		铫	QQIy	钅儿乂、
	KYG	口言一		佯	WUH	亻羊丨			QIQn	钅乂儿乙
宴	PJVf	宀日女二			WUDH	亻⼉手丨		爻	RRU	乂乂 二
晏	JPVf	日宀女二		疡	UNRe	疒乙 ノ彡			QQU	乂乂 二
艳	DHQc	三丨⼍巴		祥	TUH	礻羊丨		尧	ATGQ	七丿一儿
验	CGWg	马一人一			TUDh	礻⼉手丨		肴	RDEf	乂𠂊月二
	CWGi	马人一⼧		洋	IUh	氵羊丨			QDEf	乂𠂊月二
堰	FAJV	土匚日女			IUdh	氵⼉手丨		姚	VQIy	女儿乂、
焰	OQEg	火⼍臼一		烊	OUH	火羊丨			VIQn	女乂儿乙
	OQVg	火⼍臼一			OUDh	火⼉手丨		轺	LVKg	车刀口一
焱	OOOU	火火火 二		蛘	JUH	虫羊丨		珧	GQIY	王儿乂、
雁	DWWy	厂亻亻亻			JUDh	虫⼉手丨			GIQn	王乂儿乙
滟	IDHC	氵三丨巴		**yǎng**				窑	PWTB	宀八丿山
酽	SGGT	西一一丿		仰	WQBh	亻⺈卩丨			PWRm	宀八⺈山
	SGGD	西一一厂			WQBH	亻⺈卩丨		谣	YETb	讠⻍⺈山
谳	YFMd	讠十冂犬		养	UGJj	⺍⺅夫‖			YERm	讠⻍⺈山
赝	DDWV	厂犬人艮			UDYJ	⼉手、‖		徭	TETb	彳⻍⺈山
	DDWe	厂犬人⻏		氧	RUK	气羊‖			TERM	彳⻍⺈山
燕	AKUo	廿口⼐灬			RNUd	⼌乙手		摇	RETb	扌⻍⺈山
	AUko	廿⼐口灬		痒	UUK	疒羊⼧‖			RERm	扌⻍⺈山
赝	DWWM	厂亻亻贝			UUDk	疒⼉手‖		遥	ETFp	⻍⺈十辶
yāng				**yàng**					ERmp	山⻍⺈辶
央	MDi	冂大 氵		怏	NMDY	忄冂大、		瑶	GETb	王⻍⺈山
泱	IMDY	氵冂大、		恙	UGNu	⺍王心 二			GERm	王⻍⺈山
殃	GQMd	一夕冂大		样	SUh	木羊丨		繇	ETFI	⻍⺈十小
秧	TMDY	禾冂大、			SUdh	木⼉手丨			ERMI	山⻍⺈小
鸯	MDQg	冂大鸟一		漾	IUGI	氵⼉王乂		鳐	QGEB	鱼一⻍山
	MDQg	冂大⺈一		**yāo**					QGEM	鱼一⻍山
鞅	AFMD	廿革冂大		幺	XXXX	幺幺幺幺		**yǎo**		
					XNNY	幺乙乙、		咬	KUry	口六乂、

咬	KUQy	口六乂丶		曳	JNTe	日乙丿彡		迤	TBPv	丿也辶巛
窈	PWXE	宀八幺力			JXE	日匕彡		饴	QNCk	𠂉乙厶口
	PWXL	宀八幺力		谒	YJQn	讠日勹乙		咦	KGXw	口一弓人
舀	EEF	爫臼二		页	DMU	丆贝丷		姨	VGX	女一弓
	EVF	爫臼二		邺	OBH	业阝丨			VGxw	女一弓人
杳	SJF	木日二			OGBh	业一阝丨		荑	AGXw	艹一弓人
yào				晔	JWXf	日亻七十		贻	MCKg	贝厶口一
疟	UAG	疒匚一		烨	OWXf	火亻七十		眙	HCKg	目厶口一
	UAGD	疒匚一三		夜	YWTy	亠亻夂丶		胰	EGXw	月一弓人
药	AXqy	艹纟勹丶		掖	RYWy	扌亠亻丶		痍	UGXw	疒一弓人
要	Svf	西女二		液	IYWy	氵亠亻丶			UGXW	疒一弓人
钥	QEG	𠂉月一		腋	EYWY	月亠亻丶		移	TQQy	禾夕夕丶
鹞	ETFG	爫冖十一		靥	DDDF	厂犬亠二		遗	KHGP	口丨一辶
	ERMG	爫冂山一			DDDL	厂犬亠口		颐	AHKm	匚丨口贝
曜	JNWy	日羽亻隹		**yī**					AHKM	匚丨口贝
耀	IGQY	业一儿隹		一	Ggll	（单笔）		疑	XTDh	匕𠂉大疋
	IQNY	业儿羽隹		壹	FPGu	士冖一丷			XTDH	匕𠂉大疋
yē				伊	WVTt	亻彐丿丿		嶷	MXTh	山匕𠂉疋
椰	SBBh	木耳阝丨		衣	YEu	亠𧘇二		彝	XOXA	彐米幺廾
噎	KFPu	口士冖丷		医	ATDi	匚𠂉大氵			XGOa	彐一米廾
耶	BBH	耳阝丨		依	WYEy	亻亠𧘇丶		**yǐ**		
yé				咿	KWVT	口亻彐丿		乙	NNLL	（单笔）
爷	WRB	八乂卩		猗	QTDK	犭丿大口		已	NNnn	已已已已
	WQBj	八乂卩刂		铱	QYEy	𠂉亠𧘇丶			NNNN	已已已已
邪	AHTB	匚丨丿阝		揖	RKBg	扌口耳一		以	NYWy	乙丶人
揶	RBBh	扌耳阝丨		欹	DSKW	大丁口人		钇	QNN	𠂉乙乙
铘	QAHb	𠂉匚丨阝		漪	IQTK	氵犭丿口		矣	CTdu	厶𠂉大二
	QAHB	𠂉匚丨阝		噫	KUJN	口立日心		苡	ANYw	艹乙丶人
yě				黟	LFOQ	四土灬夕		舣	TUYR	丿舟丶乂
冶	UCKg	冫厶口一		**yí**					TEYQ	丿舟丶乂
野	JFCh	日土マ丨		仪	WYRy	亻丶乂丶		蚁	JYRy	虫丶乂丶
	JFCb	日土マ卩			WYQy	亻丶乂丶			JYQy	虫丶乂丶
也	BNhn	也乙丨乙		圯	FNN	土巳乙		倚	WDSk	亻大丁口
yè				夷	GXWi	一弓人氵		椅	SDSk	木大丁口
业	OHhg	业丨丨一		沂	IRH	氵斤丨		酏	SGBn	西一也乙
	OGd	业一三		宜	PEGf	宀月一二		旖	YTDK	方𠂉大口
叶	KFh	口十丨		怡	NCKg	忄厶口一				

	yì	
亿	WNn	亻乙乙
义	YRi	丶乂氵
	YQi	丶丶乂氵
弋	AYI	弋丶氵
	AGNY	弋一乙丶
刈	RJH	乂刂丨
	QJH	乂刂丨
忆	NNn	忄乙乙
艺	ANb	艹乙《
	ANB	艹乙《
议	YYRy	讠丶乂
	YYQy	讠丶乂
亦	YOu	亠小
	YOU	亠小
弈	YOAj	亠小廾刂
奕	YODu	亠小大二
仡	WTNn	亻丿乙乙
屹	MTNn	山丿乙乙
	MTNN	山丿乙乙
异	NAj	巳廾刂
	NAJ	巳廾刂
佚	WTGY	亻丿夫丶
	WRWy	亻匚人丶
呓	KANn	口艹乙乙
役	TWCy	彳几又丶
	TMCy	彳几又丶
抑	RQBh	扌匚卩丨
译	YCGh	讠又丰丨
	YCFh	讠又二丨
邑	KCB	口巴《
佾	WWEg	亻八月一
峄	MCGh	山又丰丨
	MCFh	山又二丨
怿	NCGh	忄又丰丨
	NCFH	忄又二丨
绎	XCGh	纟又丰丨

绎	XCFh	纟又二丨
易	JQRr	日勹丿丿
驿	CGCG	马一又丰
	CCFh	马又二丨
疫	UWCi	疒几又氵
	UMCi	疒几又氵
羿	NAJ	羽廾刂
轶	LTGy	车丿夫丶
	LRWy	车匚人丶
悒	NKCn	忄口巴乙
挹	RKCn	扌口巴乙
益	UWLf	丷八皿二
谊	YPEg	讠宀月一
埸	FJQr	土日勹丿
翊	UNG	立羽一
翌	NUF	羽立二
逸	QKQP	𠂉口儿辶
意	UJNu	立日心
溢	IUWl	氵丷八皿
缢	XUWl	纟丷八皿
诣	YXJg	讠匕日一
肄	XTDG	匕𠂆大丰
	XTDH	匕𠂆大丨
裔	YEMK	亠衣冂口
	YEMk	亠衣冂口
瘗	UGUF	疒一丷土
蝎	JJQR	虫日勹丿
毅	UEWc	立豕几又
	UEMc	亠豕几又
熠	ONRG	火羽白一
镒	QUWl	钅丷八皿
劓	THLJ	丿目田刂
殪	GQFU	一夕士丷
薏	AUJN	艹立日心
翳	ATDN	匚𠂆大羽
翼	NLAw	羽田艹八
臆	EUJn	月立日心

癔	UUJN	疒立日心
镱	QUJN	钅立日心
懿	FPGN	士冖一心
	yīn	
因	LDi	囗大氵
阴	BEg	阝月一
姻	VLdy	女囗大丶
	VLDy	女囗大丶
洇	ILDY	氵囗大丶
茵	ALDu	艹囗大二
荫	ABEf	艹阝月二
音	UJF	立日二
殷	RVNc	厂彐乙又
氤	RLDi	气囗大氵
	RNLd	𠂉乙囗大
铟	QLDY	钅囗大丶
喑	KUJg	口立日一
堙	FSFG	土西土一
	FSFg	土西土一
	yín	
吟	KWYN	口人丶乙
垠	FVY	土艮丶
	FVEy	土彐𧘇丶
狺	QTYG	犭丿言一
寅	PGMw	宀一由八
淫	IETf	氵爫丿士
银	QVY	钅艮丶
	QVEy	钅彐𧘇丶
鄞	AKGB	廿口丰阝
夤	QPGW	夕宀一八
龈	HWBV	止人山艮
	HWBE	止人山𧘇
霪	FIEF	雨氵爫士
	yǐn	
尹	VTE	彐丿彡
引	XHh	弓丨丨
吲	KXHh	口弓丨丨

饮	QNQw	𠂉乙𠂉人
蚓	JXHh	虫弓丨丨
隐	BQVn	阝𠂉彐心
	BQvn	阝𠂉彐心
瘾	UBQn	疒阝𠂉心
殷	RVNc	厂彐乙又

yìn		
印	QGBh	𠂎一卩丨
茚	AQGB	艹𠂎一卩
胤	TXEN	丿幺月乙
窨	PWUJ	宀八立日

yīng		
应	OIgd	广⺍一三
	YID	广⺍三
英	AMDu	艹冂大⺀
莺	APQg	艹冖鸟一
	APQg	艹冖勹一
婴	MMVf	贝贝女二
瑛	GAMd	王艹冂大
嘤	KMMv	口贝贝女
撄	RMMv	扌贝贝女
缨	XMMv	纟贝贝女
罂	MMTb	贝贝𠂉凵
	MMRm	贝贝⺄山
樱	SMMv	木贝贝女
	SMMV	木贝贝女
璎	GMMV	王贝贝女
鹦	MMVG	贝贝女一
膺	OWWE	广亻亻月
	YWWE	广亻亻月
鹰	OWWG	广亻亻一
	YWWG	广亻亻一

yíng		
迎	QBpk	𠂎卩辶⺀
茔	APFF	艹冖土二
盈	BCLf	乃又皿二
	ECLf	乃又皿二

荥	APIu	艹冖水⺀
荧	APOu	艹冖火⺀
莹	APGy	艹冖王丶
萤	APJu	艹冖虫⺀
营	APKk	艹冖口口
萦	APXi	艹冖幺小
楹	SBCl	木乃又皿
	SECl	木乃又皿
滢	IAPY	氵艹冖丶
蓥	APQF	艹冖金二
潆	IAPI	氵艹冖小
蝇	JKjn	虫口日乙
赢	YEVy	亠月女丶
	YNKY	亠乙口丶
羸	YEMy	亠月贝丶
	YNKY	亠乙口丶
瀛	IYEy	氵亠月丶
	IYNY	氵亠乙丶

yǐng		
郢	KGBH	口王阝丨
颖	XIDm	匕水丆贝
颍	XTDM	匕禾丆贝
	XTDm	匕禾丆贝
影	JYie	日亠小彡
	JYIE	日亠小彡
瘿	UMMv	疒贝贝女

yìng		
应	OIgd	广⺍一三
	YID	广⺍三
映	JMDy	日冂大丶
硬	DGJr	石一日乂
	DGJq	石一日乂
媵	EUGV	月丷夫女
	EUDV	月⺍大女

yō		
哟	KXqy	口纟勹丶
唷	KYCe	口亠厶月

yōng		
佣	WEh	亻用丨
	WEH	亻用丨
拥	REh	扌用丨
	REH	扌用丨
痈	UEK	疒用⺣
邕	VKCb	巛口巴⺰
庸	OVEh	广彐月丨
	YVEH	广彐月丨
雍	YXTy	亠幺亻主
墉	FOVH	土广彐丨
	FYVH	土广彐丨
慵	NOVH	忄广彐丨
	NYVH	忄广彐丨
塞	YXTF	亠幺亻土
镛	QOVh	钅广彐丨
	QYVH	钅广彐丨
臃	EYXy	月亠幺主
鳙	QGOH	鱼一广丨
	QGYH	鱼一广丨
饔	YXTV	亠幺亻艮
	YXTE	亠幺亻⻊

yóng		
喁	KJMy	口日冂丶

yǒng		
永	YNIi	丶乙⺀氵
甬	CEJ	乛用刂
咏	KYNi	口丶乙⺀
泳	IYNI	氵丶乙⺀
俑	WCEh	亻乛用丨
勇	CEEb	乛用力⺰
	CELb	乛用力⺰
涌	ICEh	氵乛用丨
恿	CENu	乛用心⺀
蛹	JCEH	虫乛用丨
踊	KHCe	口止乛用

yòng		
用	ETnh	用丿乙丨
yōu		
优	WDNy	亻尤乙丶
优	WDNn	亻尤乙乙
忧	NDNy	忄尤乙丶
忧	NDNn	忄尤乙乙
攸	WHTY	亻丨丨攵
呦	KXET	口幺力丿
呦	KXLn	口幺力乙
幽	MXxi	山幺幺氵
幽	XXMk	幺幺山丨丨丨
悠	WHTN	亻丨攵心
yóu		
尤	DNYi	尤乙丶氵
尤	DNV	尤乙巛
由	MHng	由丨乙一
犹	QTDY	犭丿尤丶
犹	QTDN	犭丿尤乙
邮	MBh	由阝丨
油	IMg	氵由一
油	IMG	氵由一
柚	SMG	木由一
疣	UDNy	疒尤乙丶
疣	UDNV	疒尤乙巛
莜	AWHt	艹亻丨攵
莸	AQTY	艹犭丿
莸	AQTN	艹犭丿乙
铀	QMG	钅由一
蚰	JMG	虫由一
游	IYTB	氵方丿子
鱿	QGDY	鱼一尤丶
鱿	QGDn	鱼一尤乙
猷	USGD	丷西一犬
蝣	JYTb	虫方丿子
蝣	JYTB	虫方丿子

yǒu		
友	DCu	𠂇又冫
有	DEF	𠂇月二
卣	HLNf	卜口コ二
酉	SGD	西一三
莠	ATB	艹禾乃
莠	ATEb	艹禾乃巛
锈	QDEg	钅𠂇月一
锈	QDEG	钅𠂇月一
牖	THGS	丿丨一甫
牖	THGY	丿丨一
黝	LFOE	囬土灬力
黝	LFOL	囬土灬力
yòu		
又	CCCc	又又又又
右	DKf	𠂇口二
幼	XET	幺力丿
幼	XLN	幺力乙
佑	WDKg	亻𠂇口一
侑	WDEg	亻𠂇月一
囿	LDEd	囗𠂇月三
宥	PDEF	宀𠂇月二
诱	YTBT	讠禾乃丿
诱	YTEn	讠禾乃乙
蚴	JXE	虫幺力
蚴	JXLn	虫幺力乙
釉	TOMg	丿米由一
鼬	ENUM	臼乙二由
鼬	VNUM	臼乙二由
yū		
纡	XGFh	纟一十丨
迂	GFPk	一十辶丨丨丨
淤	IYWU	氵方人冫
瘀	UYWU	疒方人冫
yú		
于	GFk	一十丨丨丨
予	CNhj	マ乙丨丨丨

予	CBJ	マ卩丨丨
余	WGSu	人一木冫
余	WTU	人禾冫
好	VCNH	女マ乙丨
好	VCBH	女マ卩丨
欤	GNGW	一乙一人
於	YWUy	方人冫丶
盂	GFLf	一十皿二
臾	EWI	臼人氵
臾	VWI	臼人氵
鱼	QGF	鱼一二
俞	WGEJ	人一月刂
渝	IWGJ	氵人一刂
禺	JMHY	日门丨丶
竽	TGFj	𥫗一十丨
舁	EAJ	臼廾刂
舁	VAJ	臼廾刂
娱	VKGD	女口一大
狳	QTWS	犭丿人木
狳	QTWT	犭丿人禾
馀	QNWS	𠂊乙人木
馀	QNWt	𠂊乙人禾
谀	YEWy	讠臼人丶
谀	YVWY	讠臼人丶
渔	IQGG	氵鱼一一
萸	AEWU	艹臼人冫
萸	AVWu	艹臼人冫
隅	BJMy	阝日门丶
雩	FFNb	雨二乙巛
雩	FFNB	雨二乙巛
嵛	MWGj	山人一刂
愉	NWGj	忄人一刂
愉	NWgj	忄人一刂
揄	RWGJ	扌人一刂
腴	EEWY	月臼人丶
腴	EVVy	月臼人丶
逾	WGEP	人一月辶

愚	JMHN	日门丨心		聿	VFHK	⽇二丨川		蜮	JAKg	虫戈口一
榆	SWGJ	木人一刂		芋	AGFj	艹一十刂		豫	CNHE	⼄乙丨豕
瑜	GWGj	王人一刂		妪	VARy	女匚乂			CBQe	⼄卩勹豕
虞	HKGd	虍口一大			VAQy	女匚乂		燠	OTMd	火丿门大
	HAKd	虍七口大		饫	QNTD	𠂊乙丿大		鹬	CNHG	⼄乙丨一
觎	WGEQ	人一月儿		育	YCEf	亠厶月二			CBTG	⼄卩丿一
窬	PWWJ	宀八人刂		郁	DEBh	𠂇月⻖丨		鬻	XOXH	弓米弓丨
舆	ELgw	臼车一八		谷	WWKf	八人口二		yuān		
	WFLw	亻二车八		鸽	WWKG	八人口一		鸢	AYQg	七丶鸟一
蝓	JWGJ	虫八一刂		昱	JUF	日立二			AQYG	弋勹丶一
yǔ				狱	QTYd	犭丿讠犬		冤	PQKy	冖𠂊口丶
与	GNgd	一乙一三			QTYD	犭丿讠犬		智	QBHF	夕巴目二
予	CNhj	⼄乙丨刂		峪	MWWK	山八人口		鸳	QBQg	夕巴鸟一
	CBJ	⼄卩刂		浴	IWWk	氵八人口			QBQg	夕巴勹一
伛	WARy	亻匚乂		钰	QGYY	钅王丶丶		渊	ITOH	氵丿米丨
	WAQY	亻匚乂		预	CNHM	⼄乙丨贝			ITOh	氵丿米丨
宇	PGFj	宀一十刂			CBDm	⼄卩𠃌贝		箢	TPQb	𥫗宀夕巴
屿	MGNg	山一乙一		域	FAkg	土戈口一		yuán		
羽	NNYg	羽乙丶一			FAKG	土戈口一		元	FQB	二儿巛
雨	FGHY	雨一丨丶		閾	UAKg	门戈口一		芫	AFQB	艹二儿巛
俣	WKGd	亻口一大		欲	WWKW	八人口人		员	KMu	口贝⼆
禹	TKMy	丿口门丶		谕	YWGJ	讠人一刂		园	LFQv	口二儿巛
语	YGKg	讠五口一		喻	KWGJ	口人一刂		沅	IFQn	氵二儿乙
圄	LGKD	口五口一		寓	PJMy	宀日门丶		垣	FGJg	土一日一
圉	LFUf	口土丷十		御	TTGb	彳𠂉一卩			FGJG	土一日一
庾	OEWi	广臼人氵			TRHb	彳⺧止卩		爰	EGDC	爫一𠂇又
	YVWI	广臼人氵		裕	PUWk	衤氵八口			EFTc	爫二丿又
瘐	UEWI	疒臼人氵		遇	JMhp	日门丨辶		原	DRii	厂白小氵
	UVWI	疒臼人氵		愈	WGEn	人一月心		圆	LKMi	口口贝氵
窳	PWRY	宀八厂丶			WGEN	人一月心			LKMI	口口贝氵
龉	HWBK	止⼆凵口		煜	OJUg	火日立一		袁	FKEu	土口𧘇⼆
yù				蓣	ACNM	艹⼄乙贝		援	REGc	扌爫一又
玉	GYi	王丶氵			ACBM	艹⼄卩贝			REFc	扌爫二又
驭	CGCy	马一又丶		誉	IGWY	丷一八言		鼋	FQKn	二儿口乙
	CCY	马又丶			IWYF	丷八言二			FQKN	二儿口乙
吁	KGFH	口一十丨		毓	TXYk	⺧母亠儿		缘	XXEy	纟彑豕丶
聿	VGK	⼐聿 川			TXGQ	⺧⼐一儿			XXEy	纟彑豕丶

塬	FDRi	土厂白小	阅	UUKQ	门丷口儿	恽	NPLh	忄宀车丨
源	IDRi	氵厂白小		UUKq	门丷口儿	酝	SGFc	西一二厶
猿	QTFe	犭丿土𧘇	跃	KHTD	口止丿大	愠	NJLG	忄日皿一
	QTFE	犭丿土𧘇	粤	TLOn	丿口米乙	韫	FNHL	二乙丨皿
辕	LFKe	车土口𧘇	越	FHAn	土止戈乙	韵	UJQU	立日勹丷
圜	LLGe	囗罒一𧘇		FHAt	土止匚丿	熨	NFIO	尸二小火
橼	SXXE	木纟彑豕	樾	SFHN	木土止乙	蕴	AXJl	艹纟日皿
	SXXE	木纟彑豕		SFHT	木土止丿	**zā**		
螈	JDRi	虫厂白小	龠	WGKA	人一口卅	匝	AMHk	匚冂丨丨
yuǎn			瀹	IWGA	氵人一卅	咂	KAMh	口匚冂丨
远	FQPv	二儿辶巛	**yūn**			扎	RNN	扌乙乙
yuàn			晕	JPLj	日宀车刂	挲	RVQy	扌巛夕丶
苑	AQBb	艹夕㔾巛		JPlj	日宀车刂	**zá**		
怨	QBNu	夕㔾心㘝	氲	RJLd	气日皿三	杂	VSu	九木㘝
院	BPFq	阝宀二儿		RNJL	𠂉乙日皿	砸	DAM	石匚冂
垸	FPFq	土宀二儿	**yún**				DAMH	石匚冂丨
媛	VEGC	女爫一又	云	FCU	二厶㘝	**zǎ**		
	VEFC	女爫二又	匀	QUd	勹冫三	咋	KTHF	口丿丨二
掾	RXEY	扌彑豕丶	芸	AFCU	艹二厶㘝	**zāi**		
	RXEy	扌彑豕丶	纭	XFCy	纟二厶丶	灾	POu	宀火㘝
瑗	GEGC	王爫一又	昀	JQUg	日勹冫一	甾	VLF	巛田二
	GEFC	王爫二又	郧	KMBh	口贝阝丨	哉	FAKd	十戈口三
愿	DRIN	厂白小心	耘	FSFC	二木二厶	栽	FASi	十戈木氵
yuē				DIFC	三小二厶	**zǎi**		
曰	JHNG	日丨乙一	筼	TFQU	𥫗土勹冫	宰	PUJ	宀辛刂
约	XQyy	纟勹丶丶	**yǔn**			载	FALi	十戈车氵
yuě			允	CQB	厶儿巛		FAlk	十戈车刂
哕	KMQy	口山夕丶		CQb	厶儿巛	崽	MLNu	山田心㘝
yuè			狁	QTCQ	犭丿厶儿	仔	WBG	亻子一
月	EEEe	月月月月		QTCq	犭丿厶儿	**zài**		
刖	EJH	月刂丨	陨	BKMy	阝口贝丶	再	GMFd	一冂土三
岳	RMJ	丘山刂	殒	GQKm	一夕口贝	在	Dhfd	𠂇丨土三
	RGMj	斤一山刂	**yùn**			**zān**		
钥	QEG	钅月一	孕	BBF	乃子二	糌	OTHJ	米夂卜日
悦	NUKq	忄丷口儿		EBF	乃子二	簪	TAQj	𥫗匚儿日
钺	QANn	钅戈乙乙	运	FCPi	二厶辶氵	**zán**		
	QANT	钅匚乙丿	郓	PLBh	宀车阝丨	咱	KTHg	口丿目一

zǎn

字	编码	字根
昝	THJf	夂卜日二
攒	RTFM	扌丿土贝
趱	FHTm	土止丿贝
拵	RVQy	扌巛夕丶

zàn

字	编码	字根
暂	LRJf	车斤日二
赞	TFQM	丿土儿贝
鏨	LRQf	车斤金二
瓒	GTFM	王丿土贝

zāng

字	编码	字根
赃	MOfg	贝广土一
	MYFg	贝广土一
脏	EOfg	月广土一
	EYFg	月广土一
臧	AUAh	戈丬匚丨
	DNDt	厂乙尹丿

zǎng

字	编码	字根
驵	CGEg	马一月一
	CEGg	马月一一

zàng

字	编码	字根
奘	UFDU	丬士大二
	NHDD	乙丨尹大
葬	AGQa	艹一夕廾
藏	AAUh	艹戈丬丨
	ADNT	艹厂乙丿

zāo

字	编码	字根
遭	GMAp	一冂共辶
	GMAP	一冂共辶
糟	OGMJ	米一冂日

záo

字	编码	字根
凿	OUFB	业丷十凵
	OGUb	业一丷凵

zǎo

字	编码	字根
早	JHnh	早丨乙丨
枣	SMUU	木冂冫二
	GMIU	一冂小二

字	编码	字根
蚤	CYJu	又丶虫二
澡	IKKs	氵口口木
	IKks	氵口口木
藻	AIKs	艹氵口木

zào

字	编码	字根
灶	OFG	火土一
	OFg	火土一
皂	RAB	白七《
唣	KRAn	口白七乙
造	TFKP	丿土口辶
噪	KKKS	口口口木
燥	OKks	火口口木
	OKKs	火口口木
躁	KHKS	口止口木

zé

字	编码	字根
则	MJh	贝刂丨
择	RCGh	扌又キ丨
	RCFh	扌又二丨
泽	ICGh	氵又キ丨
	ICFh	氵又二丨
责	GMU	丰贝二
迮	THFP	𠂉丨二辶
啧	KGMy	口丰贝丶
帻	MHGM	冂丨丰贝
笮	TTHF	竹𠂉丨二
	TTHf	竹𠂉丨二
舴	TUTF	丿舟𠂉二
	TETF	丿舟𠂉二
箦	TGMU	竹丰贝二
赜	AHKM	匚丨口贝

zè

字	编码	字根
仄	DWI	厂人氵
昃	JDWu	日厂人二

zéi

字	编码	字根
贼	MADT	贝戈𠂇丿

zěn

字	编码	字根
怎	THFN	𠂉丨二心

---

zèn

字	编码	字根
谮	YAQ	讠匚儿
	YAQJ	讠匚儿日

zēng

字	编码	字根
曾	ULjf	丷罒日二
增	FUlj	土丷罒日
憎	NUlj	忄丷罒日
缯	XUlj	纟丷罒日
罾	LULj	罒丷罒日

zèng

字	编码	字根
锃	QKGg	钅口王一
甑	ULJY	丷罒日丶
	ULJN	丷罒日乙
赠	MUlj	贝丷罒日
综	XPfi	纟宀二小

zhā

字	编码	字根
吒	KTAN	口丿七乙
咋	KTHF	口𠂉丨二
哳	KRRH	口扌斤丨
喳	KSJg	口木日一
揸	RSJg	扌木日一
渣	ISJG	氵木日一
楂	SSJg	木木日一
扎	RNN	扌乙乙

zhá

字	编码	字根
札	SNn	木乙乙
	SNN	木乙乙
轧	LNN	车乙乙
闸	ULk	门甲三
	ULK	门甲三
铡	QMJh	钅贝刂丨

zhǎ

字	编码	字根
眨	HTPy	目丿之丶
砟	DTHf	石𠂉丨二

zhà

字	编码	字根
炸	OTHf	火𠂉丨二
乍	THF	𠂉丨二

乍	THFd	𠂉丨二三
诈	YTHF	讠𠂉丨二
	YTHf	讠𠂉丨二
咤	KPTA	口宀丿七
栅	SMMg	木冂冂一
痄	UTHF	疒𠂉丨二
蚱	JTHF	虫𠂉丨二
柞	STHf	木𠂉丨二
榨	SPWf	木宀八二
zhāi		
斋	YDMj	文丆冂二
摘	RYUD	扌亠丷古
	RUMd	扌立冂古
zhái		
宅	PTAb	宀丿七巛
翟	NWYF	羽亻二主
zhǎi		
窄	PWTF	宀八𠂉二
zhài		
债	WGMy	亻龶贝丶
	WGMY	亻龶贝丶
砦	HXDf	止匕石二
寨	PAWS	宀龶八木
	PFJS	宀二‖木
瘵	UWFi	疒癶二小
祭	WFIu	癶二小⺀
zhān		
沾	IHKg	氵⺊口一
毡	EHkd	毛⺊口三
	TFNK	丿二乙口
旃	YTMY	方𠂉冂亠
粘	OHKG	米⺊口一
	OHkg	米⺊口一
詹	QDWy	𠂊厂八言
谵	YQDY	讠𠂊厂言
瞻	HQDy	目𠂊厂言

zhǎn		
斩	LRh	车斤丨
展	NAEi	尸龷𧘇氵
盏	GALf	一戈皿二
	GLF	戈皿二
崭	MLrj	山车斤
搌	RNAE	扌尸龷𧘇
辗	LNAe	车尸龷𧘇
zhàn		
战	HKA	⺊口戈
	HKAt	⺊口戈丿
占	HKf	⺊口二
栈	SGA	木一戈
	SGT	木戋丿
站	UHKG	立⺊口一
	UHkg	立⺊口一
绽	XPGh	纟宀一龰
湛	IDWn	氵甘八乙
	IADn	氵艹三乙
颤	YLKM	亠囗口贝
蘸	ASGO	艹西一灬
zhāng		
张	XTAy	弓丿七丶
	XTay	弓丿七丶
章	UJJ	立早‖
鄣	UJBh	立早阝丨
嫜	VUJH	女立早丨
彰	UJEt	立早彡丿
漳	IUJh	氵立早丨
獐	QTUJ	犭丿立早
樟	SUJh	木立早丨
璋	GUJh	王立早丨
蟑	JUJH	虫立早丨
zhǎng		
仉	WWN	亻几乙
	WMN	亻几乙
涨	IXty	氵弓丿丶

长	TAyi	丿七丶氵
掌	IPKR	⺌冖口手
zhàng		
丈	DYI	ナ丶氵
仗	WDYY	亻ナ丶丶
帐	MHTy	冂丨丿丶
杖	SDYy	木ナ丶丶
胀	ETAy	月丿七丶
账	MTAy	贝丿七丶
障	BUJh	阝立早丨
嶂	MUJh	山立早丨
幛	MHUJ	冂丨立早
瘴	UUJK	疒立早‖
zhāo		
钊	QJH	钅刂丨
招	RVKg	扌刀口一
昭	JVKg	日刀口一
啁	KMFk	口冂土口
朝	FJEg	十早月一
	KFJe	口十早月
zháo		
着	UH	𦍌目
	UDHf	丷𡗗目二
zhǎo		
找	RA	扌戈
	RAt	扌戈丿
沼	IVKg	氵刀口一
爪	RHYI	𠂆丨丶氵
zhào		
召	VKF	刀口二
兆	QII	儿⺀氵
	IQV	⺀儿巛
诏	YVKg	讠刀口一
赵	FHRi	土龰㐅氵
	FHQi	土龰㐅氵
笊	TRHY	竹厂丨丶
棹	SHJh	木⺊早丨

照	JVKO	日刀口灬
罩	LHJj	罒卜早二
肇	YNTG	、尸攵丰
肇	YNTH	、尸攵丨

zhē

蜇	RRJu	扌斤虫⼆
遮	OAOP	广廿灬辶
遮	YAOP	广廿灬辶
折	RRh	扌斤丨

zhé

折	RRh	扌斤丨
哲	RRKf	扌斤口二
辄	LBNn	车耳乙乙
蛰	RVYJ	扌九、虫
谪	YYUD	讠讠丷古
谪	YUMd	讠立冂古
摺	RNRG	扌羽白一
磔	DQGS	石夕丰木
磔	DQAS	石夕匚木
辙	LYCt	车⼇厶攵
乇	TAV	丿七巛

zhě

者	FTJf	土丿日二
锗	QFTj	钅土丿日
赭	FOFJ	土小土日
褶	PUNR	衤冫羽白

zhè

这	YPI	文辶氵
这	YPi	文辶氵
柘	SDG	木石一
浙	IRRh	氵扌斤丨
蔗	AOAO	廿广廿灬
蔗	AYAo	廿广廿灬
鹧	OAOG	广廿灬一
鹧	YAOG	广廿灬一

zhe

着	UH	羊目

着	UDHf	丷⺹目二

zhēn

贞	HMu	卜贝⼆
针	QFh	钅十丨
侦	WHMy	亻卜贝、
帧	MHHM	冂卜卜贝
浈	IHMy	氵卜贝、
珍	GWet	王人彡丿
胗	EWEt	月人彡丿
桢	SHMy	木卜贝、
真	FHWu	十且八⼆
碪	DHKG	石卜口一
祯	PYHm	礻卜贝
祯	PYHM	礻卜贝
斟	DWNF	其八乙十
斟	ADWF	廿三八十
椹	SDWN	木其八乙
椹	SADN	木廿三乙
甄	SFGY	西土一、
甄	SFGN	西土一乙
蓁	ADWt	廿三人禾
蓁	ADWT	廿三人禾
榛	SDWT	木三人禾
箴	TDGK	𥫗戊一口
箴	TDGT	𥫗厂一丿
臻	GCFT	一厶土禾
溱	IDWT	氵三人禾
溱	IDWt	氵三人禾

zhěn

诊	YWEt	讠人彡丿
枕	SPqn	木宀儿乙
枕	SPQn	木宀儿乙
轸	LWEt	车人彡丿
畛	LWET	田人彡丿
疹	UWEe	疒人彡彡
缜	XFHw	纟十且八
稹	TFHW	禾十且八

zhèn

圳	FKH	土川丨
阵	BLh	阝车丨
鸩	PQQg	宀儿鸟一
鸩	PQQg	宀儿勹一
振	RDFe	扌厂二⺀
赈	MDFE	贝厂二⺀
朕	EUDy	月丷大
朕	EUDY	月丷大
镇	QFHW	钅十且八
震	FDFe	雨厂二⺀

zhēng

争	QVhj	𠂉彐丨丨
征	TGHg	彳一止一
怔	NGHg	忄一止一
峥	MQVh	山𠂉彐丨
挣	RQVh	扌𠂉彐丨
挣	RQVH	扌𠂉彐丨
狰	QTQH	犭丿𠂉丨
钲	QGHG	钅一止一
睁	HQVh	目𠂉彐丨
铮	QQVh	钅𠂉彐丨
筝	TQVH	𥫗𠂉彐丨
蒸	ABIo	廿了⺅灬
潳	TMGT	彳山一攵

zhěng

拯	RBIg	扌了⺅一
整	SKTh	木口攵止
整	GKIH	一口小止

zhèng

正	GHD	一止三
证	YGHg	讠一止一
净	YQVH	讠𠂉彐丨
郑	UDBh	丷大阝丨
政	GHTy	一止攵、
症	UGHd	疒一止三

zhī		
之	PPpp	之之之之
只	KWu	口 八 ⼆
支	FCu	十 又 ⼆
巵	RGB	厂 一 巴
巵	RGBV	厂 一 巴 巛
汁	IFH	氵 十 丨
芝	APu	艹 之
吱	KFCy	口 十 又 丶
枝	SFCy	木 十 又 丶
知	TDkg	丿 大 口 一
织	XKWy	纟 口 八 丶
肢	EFCy	月 十 又 丶
栀	SRGB	木 厂 一 巴
祗	PYQy	礻 丶 匚 丶
祗	PYQY	礻 丶 匚 丶
胝	EQAy	月 匚 七 丶
脂	EXjg	月 匕 日 一
蜘	JTDK	虫 丿 大 口
zhí		
执	RVYy	扌 九 丶 丶
侄	WGCF	亻 一 厶 土
直	FHf	十 且 二
值	WFHG	亻 十 且 一
埴	FFHG	土 十 且 一
职	BKwy	耳 口 八 丶
植	SFHG	木 十 且 一
殖	GQFh	一 夕 十 且
絷	RVYI	扌 九 丶 小
跖	KHDG	口 止 石 一
摭	ROAo	扌 广 廿 灬
摭	RYAo	扌 广 廿 灬
蹠	KHUB	口 止 丷 阝
zhǐ		
止	HHG	止 丨 一
止	HHhg	止 丨 丨 一
只	KWu	口 八 ⼆

旨	XJf	匕 日 二
纸	XQAn	纟 ⺈ 七 乙
址	FHG	土 止 一
芷	AHF	艹 止 二
祉	PYHg	礻 丶 止 一
咫	NYKw	尸 丶 口 八
指	RXjg	扌 匕 日 一
指	RXJg	扌 匕 日 一
枳	SKWy	木 口 八 丶
轵	LKWy	车 口 八 丶
趾	KHHg	口 止 止 一
黹	OIU	业 黹
黹	OGUI	业 一 丷 小
酯	SGXj	西 一 匕 日
徵	TMGT	彳 山 一 夂
zhì		
至	GCFf	一 厶 土 二
志	FNu	士 心 ⺀
忮	NFCY	忄 十 又 丶
豸	ETY	豸 丿 丶
豸	EER	爫 豸 丿
制	TGMj	丿 一 门 刂
制	RMHJ	二 门 丨 刂
夹	MHTG	门 丿 夫
夹	MHRW	门 丨 二 人
帜	MHKW	门 丨 口 八
治	ICKg	氵 厶 口 一
炙	QOu	夕 火
质	RFmi	厂 十 贝 氵
质	RFMi	厂 十 贝 氵
郅	GCFB	一 厶 土 阝
峙	MFFy	山 土 寸 丶
栉	SABh	木 艹 卩 丨
陟	BHHt	阝 止 少 丿
陟	BHIt	阝 止 小 丿
挚	RVYR	扌 九 丶 手
桎	SGCF	木 一 厶 土

秩	TTgy	禾 丿 夫 丶
秩	TRWy	禾 ⺁ 人 丶
致	GCFT	一 厶 土 夂
贽	RVYM	扌 九 丶 贝
轾	LGCf	车 一 厶 土
掷	RUDB	扌 丷 大 阝
痔	UFFI	疒 土 寸 氵
室	PWGF	宀 八 一 土
室	PWGf	宀 八 一 土
鸷	RVYG	扌 九 丶 一
螽	XTDX	夂 一 大 匕
螽	XGXX	夂 一 匕 匕
智	TDKJ	丿 大 口 日
滞	IGKh	氵 一 川 丨
痣	UFNi	疒 士 心 氵
痣	UFNI	疒 士 心 氵
蛭	JGCf	虫 一 厶 土
鹭	BHHG	阝 止 少 一
鹭	BHIC	阝 止 小 马
稚	TWYg	禾 亻 圭 一
置	LFHF	罒 十 且 二
雉	TDWY	丿 大 亻 圭
膣	EPWF	月 宀 八 土
觯	QEUF	⺈ 用 丷 十
踬	KHRm	口 止 厂 贝
踬	KHRM	口 止 厂 贝
zhōng		
中	Khk	口 丨 川
忠	KHNu	口 丨 心 ⺀
盅	KHLf	口 丨 皿 二
钟	QKHH	钅 口 丨 丨
终	XTUy	纟 夂 ⺀
舯	TUKH	丿 舟 口 丨
舯	TEKh	丿 舟 口 丨
衷	YKHE	亠 口 丨 ⾐
忪	NWCy	忄 八 厶 丶
锺	QTGF	钅 丿 一 土

字	编码	拆分
蠢	TUJJ	夂 ⿰ 虫 虫

zhǒng

肿	EKHh	月口丨丨
肿	EKhh	月口丨丨
种	TKHh	禾口丨丨
冢	PGEY	宀一豕丶
冢	PEYu	宀豕丶⿱
踵	KHTF	口止丿土

zhòng

仲	WKHH	亻口丨丨
众	WWWu	人人人⿱
重	TGJF	丿一日土
重	TGJf	丿一日土

zhōu

州	YTYH	丶丿丶丨
舟	TUI	丿舟氵
舟	TEI	丿舟氵
周	MFKd	冂土口三
洲	IYTh	氵丶丿丨
粥	XOXn	弓米弓乙
诌	YQVg	讠⿰彐一
诌	YQVG	讠⿰彐一
啁	KMFk	口冂土口

zhóu

妯	VMg	女由一
轴	LMg	车由一
碡	DGXy	石⿱母丶
碡	DGXu	石⿱口⿱

zhǒu

| 肘 | EFY | 月寸丶 |
| 帚 | VPMh | 彐冖冂丨 |

zhòu

纣	XFY	纟寸丶
咒	KKWb	口口几《
咒	KKMb	口口几《
宙	PMf	宀由二
绉	XQVg	纟⿰彐一

昼	NYJg	尸丶日一
胄	MEF	由月二
荮	AXFu	艹纟寸⿱
皱	QVBY	⿰彐皮
皱	QVHC	⿰彐⿸又
酎	SGFY	西一寸丶
骤	CGBi	马一耳氺
骤	CBCi	马耳又氺
箍	TRQl	艹扌匚田
箍	TRQL	艹扌匚田

zhū

朱	TFI	丿未氵
朱	RIi	⿱小氵
侏	WTFY	亻丿未丶
侏	WRIy	亻⿱小丶
诛	YTFY	讠丿未丶
诛	YRIy	讠⿱小丶
邾	TFBH	丿未阝丨
邾	RIBh	⿱小阝丨
洙	ITFY	氵丿未丶
洙	IRIy	氵⿱小丶
茱	ATFU	艹丿未⿱
茱	ARIu	艹⿱小⿱
株	STFy	木丿未丶
株	SRIy	木⿱小丶
珠	GTFy	王丿未丶
珠	GRiy	王⿱小丶
诸	YFTj	讠土丿日
猪	QTFJ	犭土丿日
铢	QTFY	钅丿未丶
铢	QRIy	钅⿱小丶
蛛	JTFy	虫丿未丶
蛛	JRIy	虫⿱小丶
槠	SYFj	木讠土日
槠	SYFJ	木讠土日
潴	IQTJ	氵犭丿日
潴	QTFS	犭丿土木

zhú

竹	THTh	丿丨丿丨
竹	TTGh	竹丿一丨
竺	TFF	⺮二二
烛	OJy	火虫丶
逐	GEPi	一豕辶氵
逐	EPI	豕辶氵
舳	TUMG	丿舟由一
舳	TEMG	丿舟由一
瘃	UGEY	疒一豕丶
瘃	UEYi	疒豕丶氵
躅	KHLJ	口止罒虫

zhǔ

主	Ygd	丶王三
拄	RYGg	扌丶王一
渚	IFTj	氵土丿日
属	NTKy	尸丿口丶
煮	FTJO	土丿日灬
嘱	KNTy	口尸丿丶
麈	OXXG	声匕匕王
麈	YNJG	广⺄‖王
瞩	HNTy	目尸丿丶

zhù

伫	WPgg	亻宀一一
住	WYGG	亻丶王一
助	EGEt	月一力丿
助	EGLn	月一力乙
苎	APGF	艹宀一二
杼	SCNH	木マ乙丨
杼	SCBh	木マ卩丨
注	IYG	氵丶王
注	IYgg	氵丶王一
贮	MPGg	贝宀一一
驻	CGYG	马一丶王
驻	CYgg	马丶王一
柱	SYGg	木丶王一
炷	OYGg	火丶王一

字	编码	字根
祝	PYKq	礻、口儿
痊	UYGD	疒、王三
著	AFTj	艹土丿日
蛀	JYGg	虫、王一
筑	TAWy	竹工几、
筑	TAMy	竹工几、
铸	QDTf	钅三丿寸
箸	TFTj	竹土丿日
翥	FTJN	土丿日羽
zhuā		
抓	RRHY	扌厂丨、
挝	RFPy	扌寸辶、
zhuǎ		
爪	RHYI	厂丨、氵
zhuǎi		
转	LFNy	车二乙、
zhuài		
拽	RJN	扌日乙
拽	RJXt	扌日匕丿
zhuān		
专	FNYi	二乙、氵
砖	DFNy	石二乙、
砖	DFNY	石二乙、
颛	MDMm	山厂冂贝
颛	MDMM	山厂冂贝
zhuǎn		
转	LFNy	车二乙、
zhuàn		
赚	MUVw	贝丷彐八
赚	MUVo	贝丷彐小
啭	KLFY	口车二、
撰	RNNW	扌巳巳八
篆	TXEu	竹彑豕⼆
篆	TXEu	竹彑豕⼆
馔	QNNW	𠂉乙巳八
传	WFNy	亻二乙、
传	WFNY	亻二乙、
zhuāng		
妆	UVg	丬女一
庄	OFd	广土三
庄	YFD	广土三
桩	SOFg	木广土一
桩	SYFg	木广土一
装	UFYe	丬士亠衣
zhuǎng		
奘	NHDD	乙丨丬大
zhuàng		
壮	UFG	丬士一
状	UDY	丬犬、
幢	MHUf	冂丨立土
撞	RUJf	扌立日土
僮	WUJf	亻立日土
戆	UJTN	立早攵心
zhuī		
追	TNPd	丿自辶三
追	WNNP	亻コ乛辶
骓	CGWY	马一亻隹
骓	CWYG	马亻隹一
椎	SWYg	木亻隹一
锥	QWYg	钅亻隹一
隹	WYG	亻隹一
zhuì		
坠	BWFF	阝人土二
缀	XCCc	纟又又又
惴	NMDJ	忄山厂刂
缒	XTNP	纟丿自辶
缒	XWNP	纟亻コ辶
赘	GQTM	敖勹攵贝
zhūn		
肫	EGBn	月一凵乙
屯	GBNv	一凵乙巛
屯	GBnv	一凵乙巛
窀	PWGN	宀八一乙
谆	YYBg	讠亠子一
谆	YYBG	讠亠子一
zhǔn		
准	UWYG	冫亻隹一
准	UWYg	冫亻隹一
zhuō		
拙	RBMh	扌凵山丨
倬	WHJH	亻⺊早丨
捉	RKHy	扌口龰
桌	HJSu	⺊日木⼆
焯	OHJh	火⺊早丨
涿	IGEY	氵一豕、
涿	IEYY	氵豕、、
zhuó		
卓	HJJ	⺊早刂
灼	OQYy	火勹、、
茁	ABMj	艹凵山刂
斫	DRH	石斤丨
浊	IJy	氵虫、
浞	IKHY	氵口丨龰
酌	SGQy	西一勹、
啄	KGEy	口一豕、
啄	KEYY	口、豕、
琢	GGEy	王一豕、
琢	GEYy	王、豕、
诼	YGEY	讠一豕、
诼	YEYy	讠、豕、
襊	PYUO	礻丷丷灬
擢	RNWY	扌羽亻隹
濯	INWy	氵羽亻隹
镯	QLQJ	钅罒勹虫
zī		
吱	KFCy	口十又、
孜	BTY	子攵、
兹	UXXu	丷幺幺⼆
咨	UQWK	冫人人口
姿	UQWV	冫人人女
訾	HXMu	止匕贝⼆

资	UQWM	冫⺈人贝		zōng		足	KHU	口⻊二	
淄	IVLg	氵巛田一	枞	SWWy	木人人丶	卒	YWWf	亠人人十	
缁	XVLg	纟巛田一	宗	PFIu	宀二小二		YWWF	亠人人十	
谘	YUQk	讠冫⺈口	综	XPfi	纟宀二小	族	YTTd	方⺊⺀大	
孳	UXXB	丷幺幺子	棕	SPF	木宀二	镞	QYTD	钅方⺊大	
嵫	MUXx	山丷幺幺		SPfi	木宀二小		zǔ		
滋	IUXx	氵丷幺幺	腙	EPFI	月宀二小	诅	YEGg	讠目一一	
粢	UQWO	冫⺈人米	踪	KHPi	口⻊宀小	阻	BEGG	阝目一一	
辎	LVLg	车巛田一	鬃	DEPi	髟宀小	组	XEgg	纟目一一	
觜	HXQe	⻊匕⺈用		zǒng			XEGg	纟目一一	
趑	FHUW	土⻊冫人	总	UKNu	丷口心二	俎	WWEg	人人月一	
锱	QVLg	钅巛田一	偬	WQRn	亻勹⺈心		WWEG	人人月一	
趾	HWBX	⻊人凵匕		WQRN	亻勹⺈心	祖	PYEg	礻丶月一	
髭	DEHx	髟⻊匕		zòng			zuān		
鲻	QGVL	鱼一巛田	纵	XWWy	纟人人丶	躜	KHTM	口⻊丿贝	
訾	HXYf	⻊匕言二	粽	OPFI	米宀二小		zuǎn		
	zǐ			zōu		缵	XTFM	纟丿土贝	
子	BBbb	子子子子	邹	QVBh	⺈ヨ阝丨	纂	THDI	⺮目大小	
仔	WBG	亻子一	驺	CGQV	马一⺈ヨ		zuàn		
籽	OBg	米子一		CQVg	马⺈ヨ一	钻	QHKg	钅⺊口一	
姊	VTNT	女丿乙丿	诹	YBCy	讠耳又丶	攥	RTHI	扌⺮目小	
秭	TTNt	禾丿乙丿	陬	BBCy	阝耳又丶	赚	MUVw	贝丷ヨ八	
	TTNT	禾丿乙丿	鄹	BCIB	耳又氺阝		MUVo	贝丷ヨ小	
籽	FSBg	二木子一		BCTB	耳又丿阝		zuǐ		
	DIBg	三小子一	鲰	QGBC	鱼一耳又	咀	KEGg	口目一一	
第	TTNT	⺮丿乙丿		zǒu		觜	HXQe	⻊匕⺈用	
茈	AHXb	卄⻊匕巛	走	FHU	土⻊二	嘴	KHXe	口⻊匕用	
訾	HXYf	⻊匕言二		zòu			zuì		
梓	SUH	木辛丨	奏	DWGD	三人一大	最	JBcu	日耳又二	
紫	HXXi	⻊匕幺小		DWGd	三人一大	罪	LHDd	罒丨三三	
滓	IPUh	氵宀辛丨	揍	RDWD	扌三人大		LDJd	罒三刂三	
	zì		榛	SDWD	木三人大	蕞	AJBc	卄日耳又	
字	PBf	宀子二		zū		醉	SGYF	西一亠十	
自	THD	丿目三	租	TEGg	禾月一一		SGYf	西一亠十	
恣	UQWN	冫⺈人心	菹	AIEg	卄氵月一		zūn		
渍	IGMy	氵主贝丶		zú		尊	USGf	丷西一寸	
眦	HHXn	目⻊匕乙	足	KHu	口⻊二	遵	USGP	丷西一辶	

樽	SUSf	木丷西寸
	SUSF	木丷西寸
鳟	QGUF	鱼一丷寸
z ǔ n		
撙	RUSf	扌丷西寸
z u ō		
嘬	KJBc	口曰耳又
z u ó		
昨	JTHf	日𠂉丨二
	JThf	日𠂉丨二
筰	TTHF	竹𠂉丨二
	TTHf	竹𠂉丨二
琢	GGEy	王一豖丶
	GEYy	王豖丶丶
z u ǒ		
左	D A f	𠂇工二
佐	WDAg	亻𠂇工一
撮	RJBc	扌曰耳又
z u ò		
作	WThf	亻𠂉丨二
阼	BTHf	阝𠂉丨二
怍	NTHf	忄𠂉丨二
坐	WWFf	人人土二
柞	STHf	木𠂉丨二
祚	PYTf	礻丶𠂉二
胙	ETHf	月𠂉丨二
唑	KWWf	口人人土
座	OWWf	广人人土
	YWWf	广人人土
做	WDTy	亻古夂丶
凿	OUFB	业丷十凵
	OGUb	业一丷凵
酢	SGTF	西一𠂉二